教育部高职高专规划教材

建筑工程施工图读解

第三版

龚小兰 章斌全 钟 建 主编

钱可强 主审

化学工业出版社

·北京·

本书选用了某高校电教信息大楼的建筑施工图、结构施工图、建筑给水排水施工图、通风空调施工图、建筑电气施工图以及某复式住宅室内装饰施工图作为读图实例，对图纸编排、图纸内容和读图方法进行读图指导。在各章后面附有学习小结、综合识图绘图、构造等综合练习题以及检查与测试，用于检查理解各专业图中的内容。

本书可作为高职高专建筑工程及相关专业如给排水工程、建筑电气工程、供热通风与空调工程的读图指导教材，并且对课程设计和毕业设计具有参考价值。也可作为此专业工程技术人员的参考用书。

图书在版编目（CIP）数据

建筑工程施工图读解/龚小兰，章斌全，钟建主编.
3版. —北京：化学工业出版社，2016.8（2024.2重印）
教育部高职高专规划教材
ISBN 978-7-122-27491-5

Ⅰ.①建…　Ⅱ.①龚…　②章…　③钟…　Ⅲ.①建筑工程-建筑制图-高等学校-教材　Ⅳ.①TU204

中国版本图书馆 CIP 数据核字（2016）第 148837 号

责任编辑：李仙华　　　　　　　　　　　　　　　　装帧设计：张　辉
责任校对：宋　玮

出版发行：化学工业出版社（北京市东城区青年湖南街 13 号　邮政编码 100011）
印　　装：涿州市般润文化传播有限公司
787mm×1092mm　1/8　印张 16¾　字数 448 千字　2024 年 2 月北京第 3 版第 3 次印刷

购书咨询：010-64518888　　　　　　　　　　　售后服务：010-64518899
网　　址：http://www.cip.com.cn
凡购买本书，如有缺损质量问题，本社销售中心负责调换。

定　价：42.00 元　　　　　　　　　　　　　　　版权所有　违者必究

出 版 说 明

高职高专教材建设工作是整个高职高专教学工作中的重要组成部分。改革开放以来，在各级教育行政部门、有关学校和出版社的共同努力下，各地先后出版了一些高职高专教育教材。但从整体上看，具有高职高专教育特色的教材极其匮乏，不少院校尚在借用本科或中专教材，教材建设落后于高职高专教育的发展需要。为此，1999年教育部组织制定了《高职高专教育专门课课程基本要求》（以下简称《基本要求》）和《高职高专教育专业人才培养目标及规格》（以下简称《培养规格》），通过推荐、招标及遴选，组织了一批学术水平高、教学经验丰富、实践能力强的教师，成立了"教育部高职高专规划教材"编写队伍，并在有关出版社的积极配合下，推出一批"教育部高职高专规划教材"。

"教育部高职高专规划教材"计划出版500种，用5年左右时间完成。这500种教材中，专门课（专业基础课、专业理论与专业能力课）教材将占很高的比例。专门课教材建设在很大程度上影响着高职高专教学质量。专门课教材是按照《培养规格》的要求，在对有关专业的人才培养模式和教学内容体系改革进行充分调查研究和论证的基础上，充分吸取高职、高专和成人高等学校在探索培养技术应用性专门人才方面取得的成功经验和教学成果编写而成的。这套教材充分体现了高等职业教育的应用特色和能力本位，调整了新世纪人才必须具备的文化基础和技术基础，突出了人才的创新素质和创新能力的培养。在有关课程开发委员会组织下，专门课教材建设得到了举办高职高专教育的广大院校的积极支持。我们计划先用2~3年的时间，在继承原有高职高专和成人高等学校教材建设成果的基础上，充分汲取近几年来各类学校在探索培养技术应用性专门人才方面取得的成功经验，解决新形势下高职高专教育教材的有无问题；然后再用2~3年的时间，在《新世纪高职高专教育人才培养模式和教学内容体系改革与建设项目计划》立项研究的基础上，通过研究、改革和建设，推出一大批教育部高职高专规划教材，从而形成优化配套的高职高专教育教材体系。

本套教材适用于各级各类举办高职高专教育的院校使用。希望各用书学校积极选用这批经过系统论证、严格审查、正式出版的规划教材，并组织本校教师以对事业的责任感对教材教学开展研究工作，不断推动规划教材建设工作的发展与提高。

教育部高等教育司

前 言

《建筑工程施工图读解》教材是与钱可强等主编的《建筑制图》配套的系列教材。本教材拟在培养学生综合读图与审图能力，并作为后续课"房屋建筑学"、"钢筋混凝土结构"、"建筑工程概预算"以及相关专业如给排水工程、建筑电气工程、供热通风与空调工程等的读图指导范例。并且在课程设计和毕业设计中具有参考价值。

本教材选用了某高校电教信息大楼的建筑施工图、结构施工图、建筑给水排水施工图、通风空调施工图、建筑电气施工图以及某复式住宅室内装饰施工图作为读图实例，对图纸编排、图纸内容和读图方法进行读图指导。在读图的每一部分附有综合练习题、检查与测试，用于检查理解各专业图中的内容，其中部分综合练习题要在学完相关的专业课后才能回答。

本教材的编写突出培养学生综合识读和审核完整建筑工程施工图的能力，使学生或刚从事建筑工程相关的同志在较短的时间掌握施工图样的识读和审核的方法。

本书第三版结合第二版的使用情况，听取各方面的意见，由龚小兰、章斌全结合新技术、新规范进行了修订，增加了部分建筑结构施工图；由龚小兰对建筑结构练习题进行了修订，增加了建筑与结构的检查与测试，在施工图审核中增加了BIM建模及应用。第三版建筑结构施工图相对比较完整，可用于建模、计量与计价及相关专业课学习。

本教材的读图实例建筑工程部分选用了中国成达化学工程公司（原化学工业部第八设计院深圳分院）设计的图纸，在教材选用中对原图进行了适当的删减、修改。由于图幅限制，线型、比例有所调整。在此对提供设计图纸的中国成达化学工程公司表示衷心的感谢！

本教材的读图实例装饰工程部分选用了汇美设计制作有限公司陈邵宁设计的图纸，在教材选用中对原图进行了适当的删减、修改。在此对汇美设计制作有限公司表示衷心的感谢！

对为本书付出辛勤劳动的编辑同志表示衷心的感谢！

由于编者水平有限，书中不妥之处在所难免，希望同行及读者指正。

编 者

第一版前言

《建筑工程施工图读解》是与钱可强等主编的《建筑制图》教材配套的系列教材。本教材拟在培养学生综合读图与审图能力，并作为后续课房屋建筑学、钢筋混凝土结构、建筑工程概预算以及相关专业如给排水工程、建筑电气、通风空调等课程的读图指导范例。并且对课程设计和毕业设计具有参考价值。

本教材突出培养学生综合识读和审核完整建筑工程施工图的能力，使学生或刚从事建筑工程相关的同志在较短的时间掌握施工图样的识读和审核的方法。

本书文字部分：第1、3、8、9章由龚小兰编写，第2章由章斌全编写，第4章由龚小兰、赵惠琳编写，第5章由钟建、邓湘平编写，第6章由沈瑞珠编写，第7章由刘万忠编写。本书建筑工程图纸部分编辑整理：建筑施工图部分由章斌全编写；结构施工图部分由龚小兰、侯友然编写；建筑给水排水部分由章斌全、龚小兰编写；通风与空调部分由章斌全、龚小兰编写；建筑电气部分由沈瑞珠、章斌全编写；装饰工程部分由刘万忠编写。全书由龚小兰、钱可强统稿，钱可强担任主审。

本教材的读图实例建筑工程部分选用了中国成达化学工程公司（原化学工业部第八设计院深圳分院）设计的图纸，在教材选用中对原图进行了适当的删减、修改。由于图幅限制，线型、比例有所调整。在此对提供设计图纸的原化学工业部第八设计院深圳分院表示衷心的感谢！

本教材的读图实例装饰工程部分选用了汇美设计制作有限公司陈邵宁设计的图纸，在教材选用中对原图进行了适当的删减、修改。在此对汇美设计制作有限公司表示衷心的感谢！

陈锦昌、邓学雄教授对本书提出了宝贵的意见，在此表示衷心的感谢！

对为本书付出辛勤劳动的编辑同志表示衷心的感谢！

由于我们水平有限，书中的缺点在所难免，希望同行及读者指正。

编者
2002 年 10 月

第二版前言

《建筑工程施工图读解》是与钱可强等主编的《建筑制图》教材配套的系列教材。本教材拟在培养学生综合读图与审图能力，并作为后续课房屋建筑学、混凝土结构、建筑工程计量与计价以及相关专业如给排水工程、建筑电气、通风空调工程的读图指导范例。并且对课程设计和毕业设计具有参考价值。

本教材突出培养学生综合识读和审核完整建筑工程施工图的能力，使学生或刚从事建筑工程相关行业的同志在较短的时间内掌握施工图样的识读和审核的方法。

本书文字部分：第1、3、8、9章由龚小兰编写，第2章由章斌全编写，第4章由龚小兰、赵惠琳编写，第5章由钟建、邓湘平编写，第6章由沈瑞珠编写，第7章由刘万忠编写。本书建筑工程图纸部分编辑整理：建筑施工图部分由章斌全编写；结构施工图部分由龚小兰、侯友然编写；建筑给水排水部分和通风与空调部分由章斌全、龚小兰编写；建筑电气部分由沈瑞珠、章斌全编写；装饰工程部分由刘万忠编写。全书由龚小兰、钱可强统稿，钱可强担任主审。

本书是在第一版的基础上，作者结合多年教学经验，并听取了各方的意见和建议，在建筑施工图读解、结构施工图读解、给排水施工图读解、空调施工图读解、电气施工图读解、装饰施工图读解各章后面增加了学习小结和综合读图、绘图、构造等综合练习题。使《建筑工程施工图读解》这本教材更便于教师组织教学，学生自学，及相关读者检查理解工程图的效果，帮助读者更正确、完整地理解工程图。

第二版建筑施工图读解、结构施工图读解、装饰施工图读解综合练习部分由龚小兰编写；给排水施工图读解、空调施工图读解、电气施工图读解综合练习部分由邓湘平编写。

本教材的读图实例建筑工程部分选用了中国成达化学工程公司（原化学工业部第八设计院深圳分院）设计的图纸，在教材选用中对原图进行了适当的删减、修改。由于图幅限制，线型、比例有所调整。在此对提供设计图纸的原化学工业部第八设计院深圳分院表示衷心的感谢！

本教材的读图实例装饰工程部分选用了汇美设计制作有限公司陈邵宁设计的图纸，在教材选用中对原图进行了适当的删减、修改。在此对汇美设计制作有限公司表示衷心的感谢！

对为本书付出辛勤劳动的编辑同志表示衷心的感谢！

由于我们水平有限，书中的缺点在所难免，希望同行及读者指正。

编者
2011 年 5 月于深圳

目　录

第1章 建筑工程施工图概述

1.1 建筑物的组成

建筑物一般由以下几部分组成：基础（或地下室）、主体结构（墙、柱、梁、板或屋架等）、门窗、屋面（包括保温、隔热、防水层或瓦屋面）、楼面和地面（地面和楼面的各层构造、也包括人流交通的楼梯、电梯）、各种装饰（见图1-1）。除了以上六部分外，人们为了生活、生产的需要还要安装给水、排水、动力、照明、采暖和空调等系统。

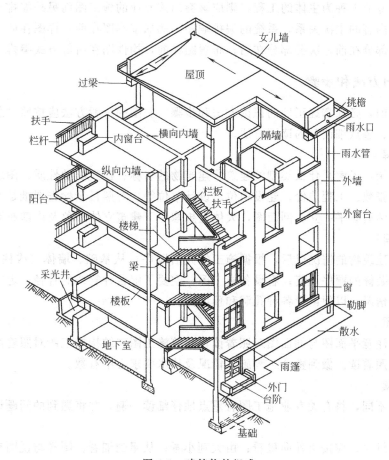

图 1-1　建筑物的组成

1.2 建筑设计内容

建筑物的设计包括三方面的内容，即建筑设计、结构设计和设备设计。

1.2.1 建筑设计

在总体规划的前提下，根据建设任务要求和工程技术条件进行房屋的空间组合设计和细部设计，并以建筑设计图的形式表示出来。建筑设计是整个设计工作的先行，常常处于主导地位。随着社会的进步、建设规模越来越大、建筑技术日趋复杂、建筑质量要求越来越高，没有其他设计工种的配合也是难以做好建筑设计的。建筑设计一般由建筑师来完成。

1.2.2 结构设计

主要任务是配合建筑设计选择切实可行的结构方案，进行结构构件的计算和设计，并用结构设计图表示。结构设计通常由结构工程师完成。

1.2.3 设备设计

指建筑物的给排水、采暖、通风和电气等方面的设计。这些设计一般是由有关的工程师配合建筑设计完成，并分别以水、暖（或通风空调）、电等设计图表示。

1.3 建筑设计程序

1.3.1 设计前的准备

（1）熟悉设计任务书

设计任务书包括以下内容：

① 建设项目的总要求，建筑面积，以及各种用途之间的面积分配；

② 建设项目的总投资，单方造价，并说明土建费用、设备费用以及道路等室外设施费用；

③ 建设基地范围大小、周围原有建筑物、道路、地段环境的描述，并附有地形测量图；

④ 供电、供水和采暖、空调等设备方面的要求，并附有水源、电源的许可文件；

⑤ 设计期限和项目的进度要求。

（2）调查研究

① 访问使用单位对建筑物的要求，调查同类建筑物实际使用情况，进行分析和总结；

② 了解建筑材料供应和结构施工等技术条件；

③ 基地踏勘，根据当地城市建设管理部门所规定的红线进行现场踏勘，了解基地周围建筑环境的现状；

④ 了解当地传统建筑经验和生活习惯。

设计人员应在熟悉设计任务的基础上进行调查研究，为设计阶段做好准备。

1.3.2 建筑设计阶段

一个建筑工程项目，从可行性研究到最终建成，必须经过一系列的过程。

建筑工程设计，是由设计单位根据设计任务书的要求及有关设计资料如房屋的用途、规模、建筑物所在现场的自然条件、地理情况，以及计算用的数据、建筑艺术风格等多方面的因素，设计绘制成图。根据建筑工程的复杂程度，其设计过程分两阶段设计和三阶段设计两种。两阶段设计包括初步设计和施工图设计，一般情况下都按两阶段设计，对于较大的或技术上较复杂、设计要求高的工程，应在初步设计阶段和施工图设计之间插入一个技术设计阶段。

（1）初步设计阶段

这一阶段主要是根据建设单位提出的设计任务和要求，进行调查研究，收集资料，提出设计方案，然后初步绘出草图，有一些要求绘出透视图和制作模型。初步设计的图纸和有关文件只能作为提供研究和审批使用，不能作为施工的依据。

（2）技术设计阶段

这一阶段主要是根据初步设计确定的内容，进一步解决建筑、结构、材料、设备（水、暖、电、通风）上的技术问题，使各工种之间取得统一，达到互相协调配合，为第三阶段施工图设计提供比较详细的资料。

（3）施工图设计阶段

建筑工程施工图是建筑工程从设计到建成过程中的一个重要环节。施工图设计主要是为满足工程施工中的各项具体技术要求，提供一切准确可靠的施工依据，包括全套工程图纸和相配套的有关说明。整套施工图纸是设计人员的最终成果，是施工单位进行施工的依据。

1.4 施工图的编制依据和要求

1.4.1 施工图的编制依据

① 施工图设计的编制必须贯彻执行国家有关工程建设的政策和法令,符合国家(包括行业和地方)现行的建筑工程建设标准、设计规范和制图标准,进行设计工作程序。住建部等实施的制图标准分别为《房屋建筑制图统一标准》GB/T 50001—2010、《总图制图标准》GB/T 50103—2010、《建筑制图标准》GB/T 50104—2010、《建筑结构制图标准》GB/T 50105—2010、《建筑给水排水制图标准》GB/T 50106—2010 和《暖通空调制图标准》GB/T 50114—2010 等六项标准。建筑电气图采用了国际电工委员会(IEC)《电气简图用图形符号》,国家标准代号为GB 4728,这些标准在国际上具有通用性。

② 施工图设计中应因地制宜地积极推广和使用国家、行业和地方的标准设计,并在图纸总说明或有关图纸说明中注明图集名称与页次。当采用标准设计时,应根据其使用条件正确选用。

重复利用其他工程图纸时,要详细了解原图利用的条件和内容,并作必要的核算和修改。

1.4.2 施工图的编制要求

各专业工种施工图设计文件的编制应满足《建筑工程设计文件编制深度的规定》要求。对施工图的要求主要有以下几方面。

(1) 设计文件的要求

施工图设计根据已批准的初步设计及施工图设计任务书进行编制。其主要内容以图纸为主,应包括:图纸目录、设计总说明(或首页)、图纸、工程预算书等。

施工图设计内容应完整,文字说明、图纸要准确清晰,并应经过严格核审及有关专业会审。施工图完成后必须经本设计技术责任者(设计、制图、校审、主任设计师、主任工程师、室主任、总设计师等)签字,并经有关专业设计人会签认可,方可发图。

(2) 施工图深度应满足以下要求

① 能据以编制施工图预算;

② 能据以安排材料、设备订货;

③ 能据以进行施工和安装;

④ 能据以进行工程验收。

1.5 施工图的种类和编排顺序

一套房屋建筑的施工图按其建筑的复杂程度不同,可以由几张或几十张图纸组成。大型复杂的建筑工程图纸甚至有几百张。建筑工程施工图按专业分工不同,可分为建筑施工图、结构施工图和设备施工图。土建一次装修图包含在建筑施工图内,二次装修的装饰施工图需根据房屋的使用特点和业主的要求由装饰公司在建筑工程图的基础上进行装饰设计,并编制相应的装饰施工图。

施工图一般以子项为编排单位。一般编排顺序如下。

1.5.1 建筑施工图

建筑施工图主要包括建筑总平面图、各层平面图、各个方向立面图、剖面图和建筑施工详图。在图类中以建施××图标志。

1.5.2 结构施工图

结构施工图包括基础平面图、基础详图、结构平面图、楼梯结构图、结构构件详图及其说明书等。在图类中以结施××图标志。

1.5.3 给水排水施工图

给水排水施工图主要表明房屋中用水点的布置及其排出的装置。它包括设备平面布置图、系统图和施工详图及其说明书等。在图类中以水施××图标志。

1.5.4 采暖和通风空调施工图

采暖通风空调施工图主要是为控制室内温度调节空气,需装置的设备及其线路的图纸。包括平面图、剖面图、系统图和施工详图及其说明书等。在图纸中以暖施××图或空施××图标志。

1.5.5 电气设备施工图

电气设备施工图主要说明房屋内电气设备位置、线路走向、总线功率、用线规格和品种等。包括平面图、剖面图、系统图和施工详图及其说明书等。在图类中以电施××图标志。

各工种的施工图一般包括基本图和详图两部分。基本图表示全局性的内容;详图则表示某些构配件和局部节点构造等详细情况。

如果是以某专业工种为主体的工程,则应该突出该专业的施工图而另外编排。各专业的施工图,应按照图纸内容的主次关系,系统的编排顺序。例如基本图在前,详图在后;总图在前,局部图在后;主要部分在前,次要部分在后;布置图在前,构件图在后等方式编排。

1.6 一般看图方法和步骤

识读施工图前,必须掌握正确的识读方法和步骤。看图的一般方法应按照"总体了解、顺序识读、前后对照、重点细读"的读图方法。

1.6.1 总体了解

先看图纸目录:了解是什么类型的建筑,建筑物的名称、建筑物的性质、图纸的种类、建筑物的面积、图纸张数、工程造价、建设单位、设计单位。对照目录检查图纸是否齐全,采用了哪些标准图集,然后看平、立、剖面图,大体上想像一下建筑立体形象及内部布置。

1.6.2 顺序识读

在总体了解建筑物的情况以后,根据施工的先后顺序,从基础、墙体(或柱)、结构平面布置、建筑构造及装修的顺序识读;看设备施工图,主要了解各种管线的管径、走向和标高,了解设备安装的大致情况,以便留设各种孔洞和预埋件。

1.6.3 前后对照

读图时,要注意平面图与剖面图对照着读;建筑施工图与结构施工图对照着读;土建施工图与设备施工图对照着读。做到整个工程施工情况及技术要求心中有数。

1.6.4 重点细读

根据工种的不同,将有关专业施工图有重点地仔细读一遍,并将遇到的问题记录下来,及时向设计部门反映。

识读一张图纸时,应按由外向里看;由大到小看;从粗到细看;图样与说明交替看;有关图纸对照看的方法,重点看轴线及各种尺寸关系。

要想熟练地识读施工图,除了要掌握正投影原理,熟悉国家制图标准,了解图集的常用构造做法,还应掌握各专业施工图的用途、图示内容和表达方法。此外,还要经常深入到施工现场,对照图纸,观察实物,这样才能有效地培养读图能力。

综合练习题

一、填空题

1. 建筑物一般由以下几部分组成:基础(或地下室)、( )、门窗、屋面(包括保温、隔热、防水层或瓦屋面)、( )各层构造、也包括人流交通的楼梯、电梯），及各种装饰（见图 1-1）。除了以上六部分外，人们为了生活、生产的需要还要安装上给水、排水、（　　　　　　　　　　　　　　　　　　　　　）等系统。

2. 建筑物的设计包括三方面的内容，即（　　　　　　　　　　　　　　　　）。

3. 建筑工程图纸的设计，根据建筑工程的复杂程度，其设计过程分（　　　　　　　　）两种。

4. 填写图 1-2 中建筑物构件名称

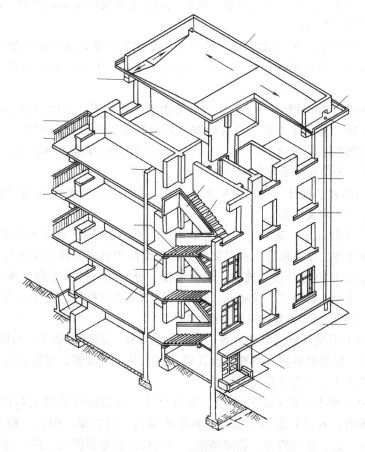

图 1-2　建筑物的组成

二、简述题

1. 简述施工图的种类和编排顺序。

2. 简述建筑工程一般看图方法。

第 2 章　建筑施工图读解

2.1　建筑施工图概述

2.1.1　建筑构成要素

从建筑的发展历史来看，不同的时代、不同的地区、不同的民族创造了各式各样不同风格的建筑。然而，不管是原始社会简单的建筑，还是现代复杂的建筑，本质上是由以下三个基本要素组成的。

（1）建筑的功能

人们建造建筑物，是为了满足人们物质生产和文化生活的需要，不同的功能要求不同的建筑物。建筑的功能要求随着科技的进步、物质生产和文化水平的提高而日益复杂。因而对建筑的功能提出了更高的要求。

（2）建筑的物质技术条件

建筑材料、结构、施工技术和建筑设备是建筑物的物质要素。如钢材、水泥和钢筋混凝土的出现，解决了现代建筑中大跨度和多层建筑结构问题。

（3）建筑形象

建筑物以其内部和外部的空间组合、建筑体型、立面式样、细部装饰和色彩处理等构成的建筑形象，表现出某个时代的生产力水平、文化生活水平及建筑空间的民族特点和地方特征。

2.1.2　建筑施工图的特点

① 建筑施工图是表示建筑物总体布局、外部造型、内部布置、细部构造、内外装饰和施工要求的图样。其图示方法是依据正投影原理绘制而成，如图 2-1 所示。

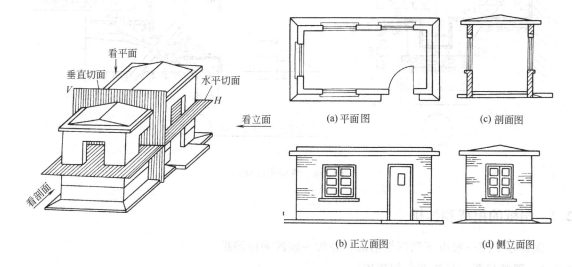

图 2-1　建筑施工图的投影原理

② 绘制建筑施工图应遵守《房屋建筑制图统一标准》GB/T 50001—2010 等国家标准。常用建筑材料图例见附录一，常用建筑构造及运输装置图例见附录二。

③ 对定型的构配件可选用国家或地方现行标准图册，图 2-2 是几个典型的构造详图。

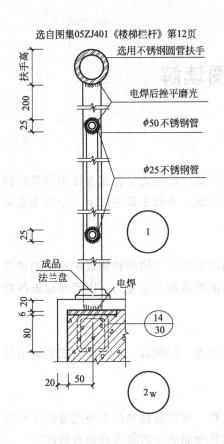

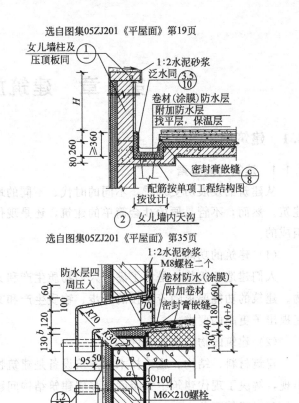

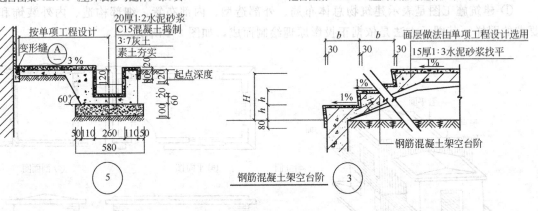

图 2-2　典型构造详图

2.2　图纸的组成和编排

建筑施工图一般由下列图纸组成，并按一定的顺序编排。

2.2.1　图纸目录（见读图实例建施）

除包含本套建筑施工图的目录外，建议包含引用标准图册的图册号与图册名称。

2.2.2　建筑设计总说明（见读图实例建施-1）

包括工程设计的依据、批文，相关整体工程或相关配套工程的概括说明，建筑用料、门窗明细表以及其他未尽事宜。

2.2.3　建筑总平面图（见读图实例建施-3）

总平面图反映新建工程的总体布局，表示原有的和新建房屋的位置、标高、道路、构筑物、地形、地貌等情况。根据总平面图可以进行房屋定位、施工放线、土方施工、施工总平面布置和总平面中其他环境设施等。

2.2.4　各层建筑平面图（见读图实例建施-4～建施-9）

建筑平面图反映房屋的形状、大小及房间的布置，墙、柱的位置，门窗的类型和位置等。因此建筑平面图是施工放线、砌墙、安装门窗、预留孔洞、室内装修及编制预算、施工备料等工作的重要依据。一般包括如下内容。

① 表示房屋的平面形状、房间的布置、名称编号及相互关系，表示定位轴线、墙和柱的尺寸、门窗的位置及编号，入口处的台阶、栏板、走廊、楼梯、电梯，室外的散水、雨水管，阳台、雨篷等。

② 标高及尺寸标注。标高要以 m（米）为单位注出室外地面、各层地面、楼面的标高以及有高度变化部位的标高。除房屋总长、定位轴线以及门窗位置的三道尺寸外，室外的散水、台阶、栏板等详尽尺寸都要标注齐全。图形内部要标注出不同类型各房间的净长、净宽尺寸。内墙上门、窗洞口的定形、定位尺寸及细部详尽的尺寸。

③ 标注出各详图的索引符号。在一层平面图上标注出剖面图的剖切符号及编号。表明采用的标准构配件的编号及文字说明等。

④ 综合反映其他工种如水、暖、电、煤气等对土建工程的要求：各工种要求的水池、地沟、配电箱、消火栓、预埋件、墙或楼板上的预留洞等在平面图中需表明其位置和尺寸。

⑤ 屋顶平面图表示屋顶的形状、挑檐、屋面坡度、分水线、排水方向、落水口及突出屋面的电梯间、水箱间、烟囱、通风道、检查孔、屋顶变形缝、索引符号、文字说明等。

2.2.5　建筑立面图（见读图实例建施-10、建施-11）

① 表示房屋外形上可见部分的全部内容。从室外地坪线、房屋的勒脚、台阶、栏板、花池、门、窗、雨篷、阳台、墙面分格线、挑檐、女儿墙、雨水斗、雨水管、屋顶上可见的烟囱、水箱间、通风道及室外楼梯等全部内容及其位置。

② 标高。建筑立面图上一般不标注高度方向的尺寸，而是标注外墙上各部位的相对标高。标高要注写出室外地面、入口处地面、勒脚、各层的窗台、门窗顶、阳台、檐口、女儿墙等标高。标高符号应大小一致、排列整齐、数字清晰。一般标注在立面图的左侧，必要时左右两侧均可标注，个别的可标注在图内。

③ 立面图上某些细部或墙上的预留洞需注出定形、定位尺寸。

④ 标注出局部详图的索引，或个别外墙详图的索引及文字说明。

⑤ 立面图上要用图例或文字说明外墙面的建筑材料、装修做法等。

2.2.6　建筑剖面图（见读图实例建施-12）

① 剖面图一般表示房屋高度方向的结构形式。如墙身与室外地面散水、室内地面、防潮层、各层楼面、梁的关系；墙身上的门、窗洞口的位置；屋顶的形式、室内的门、窗洞口、楼梯、踢脚、墙裙等可见部分。

② 标高和尺寸标注。标注出各部位的标高。如室外地面标高、室内一层地面及各层楼面标高、楼梯平台、各层的窗台、窗顶、屋面、屋面以上的阁楼、烟囱及水箱间等标高。

标注高度方向的尺寸。外部尺寸主要是外墙上在高度方向上门、窗的定形、定位尺寸。内部尺寸主要是室内门、窗、墙裙等高度尺寸。

③ 多层构造说明。如果需要直接在剖面图上表示地面、楼面、屋面等的构造作法，一般可以用多层构造共用引出线，引出线应通过被引出的各层，文字说明宜注写在横线的端部或横线的

上方。说明的顺序由上至下，并应与被说明的层次相互一致。

④ 索引符号及文字说明。各节点构造的具体作法，应以较大比例绘制成详图，并用索引符号表明详图的编号和所在图纸号，及必要的文字说明。

2.2.7 建筑详图（见读图实例建施-13～建施-19）

由于建筑平、立、剖面图的比例较小，只能在宏观上将房屋的主体表示出来，却无法把所有细部内容表达清楚。因此用较大的比例将房屋的细部或构配件的构造做法、尺寸、构配件的相互关系、材料等详尽地绘制出来的图样称为建筑详图。

建筑详图的图示方法常用局部平面图、局部立面图、局部剖面图或节点大样图表示。具体的各部位的详图视各部位的复杂程度不同，其图示方法也各不相同。如墙身详图用一个剖面图即可。楼梯详图则需要平面图、剖面图和节点大样图。

2.3 读图方法和步骤

阅读建筑施工图，除应了解建筑施工图的特点和制图标准之外，还应按照一定的顺序进行阅读，才能够比较全面而系统地读懂图纸。

一套建筑施工图所包含的内容比较多，图纸往往有很多张。在阅读一套建筑施工图时，应该从宏观到微观，从整体到局部，然后再回到整体的过程。一般分以下三个阶段。

2.3.1 了解建筑整体概况阶段

（1）看标题栏及图纸目录

了解工程名称、项目内容、设计日期等。

（2）看设计总说明

了解有关建设规模、经济技术指标，室内室外的装修标准。

（3）看总平面图

通过阅读总平面图，了解该建筑单体与周边建筑环境的关系，主要了解周边的用地功能、建筑类型与规模；了解周边自然地形或人工改造地形与建筑单体的关系，如坡地、护坡、水面、绿地等；了解周边道路与建筑单体的关系，如道路的级别、行车类型、宽度、坡度、与建筑物距离等；了解建筑各入口与周边道路的关系，如主次入口的位置、人流车流流线、消防与疏散线路；了解建筑景观，包含从外部多视角动态地对建筑单体的观察、建筑对周边环境的影响，也包含从建筑单体内部对主要外围环境的观察；了解建筑单体与土地规划红线的关系；了解有关建筑经济指标，如绿地率、建筑密度、容积率、日照间距或退缩间距等。

（4）看立面图

大体了解建筑整体形象、层数规模和外墙装饰做法等。

（5）看各层平面图

本阶段是对整体建筑的概况了解阶段，只需了解各层平面布局、房间的分隔等。

（6）看剖面图

了解各层层高、建筑总高、各楼层关系、是否有地下室及其深度。

2.3.2 深入了解建筑平面、剖面、空间、造型、功能等阶段

（1）看底层平面图

阅读轴线网、了解尺度；认清各区域空间的功能和结构形式；认清交通疏散空间如楼梯间、电梯间、走道、入口、消防前室等；认清各房间或各空间尺度、功能、门窗位置。了解结构形式、空间形式及相互关系。

（2）看标准层平面图

除阅读以上内容之外，还应了解各部分空间与下部楼层的功能与结构对应关系。

（3）看顶部各层平面图

建筑顶部楼层因功能、造型等因素可能与其下部楼层差别较大，如减少结构柱的大空间会议厅、屋顶花园与室内外空间的穿插变化。注意建筑功能、交通、结构等与下部楼层的对应关系；注意屋面类型、排水方式、檐口类型等。

（4）看地下室各层平面图

主要了解地下室与上部建筑在结构布置、垂直交通、建筑功能等方面的对应关系，要求按照轴线对应的方式与一层平面图对照读图。了解地下室的功能类型与分区，如部分地下室兼有地下车库和战时人防两种功能。这两种功能相差甚大，其平时车库的交通流线与战时人防的人流流线可能完全是两套系统；平时的消防分区和战时人防分区也是完全不同的两套系统。另外地下室还可能包含水池水箱、水泵房、变配电室、发电机房、空调机房等设备用房；也可能是一层空间向下的延伸，如展厅、商场等。尤其要注意各种管道、电缆井、通风井、排烟气井等与上部建筑的关系。

（5）看剖面图，并对照相应楼层平面图

首先了解剖切位置和观察方向，进一步了解各楼层结构的关系、建筑空间关系、功能关系；详细了解层高、总高、室内外高差、门窗阳台栏杆等高度、吊顶及其他空间尺度与标高。

（6）看立面图

首先看图名，了解立面图的观察方位，然后要求与各层平面图对应读图；了解建筑的外形；了解屋顶的形式以及门窗、阳台、台阶、檐口等的形状与位置；了解建筑各部位外立面的装修做法、材料、色彩以及了解建筑物的总高度和各部位的标高。

2.3.3 深入理解工程做法及构造详图阶段

通过以上两阶段的读图，已经完整地、详细地了解了该工程，此时您会在内心主动地提出一些疑问，如楼梯栏杆的做法、卫生间的详细分隔与防水、装修等做法，如雨篷的具体造型与做法等。然后再进一步深入了解细部构造，为详细计算工程量与造价、施工组织、材料准备、放样施工等具体工作提供信息准备。

阅读建筑详图不一定需要按照规定的先后顺序阅读，可以先通过目录了解本工程图纸包含哪些详图，然后逐一阅读，但应注意同时阅读与该详图有关的图纸。

2.4 读图实例

本工程是某高校电教信息大楼，是整个学院电脑、多媒体、电子等教学与科研的中心，位于图书馆南部及南大门主入口中轴线上，距南大门约50m。它是六层框架结构建筑，功能相对单一简单，便于初学者阅读学习。

本书仅挑选图纸目录中打√的图纸加以点评说明，有关阅读方法顺序见上一节。

设计单位名称	工程名称 PROJECT NAME ＸＸＸＸ电教信息大楼		
	签 名 SIGNATURE	设计阶段 DESIGN STAGE	施工图
设计 DESIGN			
制图 DRAW	图 纸 目 录	图号：DRAWING No.	
校核 CHECK		S1234-建施	△
审核 APPR.	合同号 CONTRACT NO.	专业 建筑	第 1 张 SHEET 共 1 张 OF	比例 SCALE	版次 REV.

设 计 说 明

一、设计依据

1. ××××市规划国土局××分局对本工程初步设计审批意见书:
城规初字第××号№××。

2. ××××市公安消防局下达的初步设计消防审核意见书:公消建审(××)初××号。

3. 有关国家的设计规范及××××市有关规定和规程。

4. 业主提供的有关设计基础资料。

二、工程概述

本工程系××××××××学院图书馆二期工程,是整个学院电脑、多媒体、电子教学科研的中心,也是为教学,科研提供服务和信息资源开发利用的中心,位于图书馆南部与南大门主入口中轴线上,距南大门约50m,东、南、西三面环路。

三、本工程抗震设防烈度为7度

四、建筑室内标高±0.000相当于绝对标高19.000m(同图书馆)

五、墙体工程

1. 本工程±0.000以上墙体均采用容重为06级、强度35级200厚加气混凝土砌块,M5混合砂浆砌筑,加气混凝土砌块应符合GB 11968—2006的各项指标,其施工严格按照砌体规范执行。

2. ±0.000以下均采用Mu10粘土砖、M5水泥砂浆砌筑。

外墙防水

3.1 外墙框架与墙体连结处用150宽Φ1镀锌钢丝网,用射钉固定。

3.2 外墙窗樘与墙体之间的填缝采用聚合物水泥砂浆。

3.3 需在外墙固定配件,其预埋件用C15混凝土填实,填缝采用聚合物水泥砂浆。

3.4 外墙防水构造详见构造表。

六、门窗工程

1. 外墙门、窗均采用白铝5厚绿玻(同图书馆),其分格尺寸方式详见门窗分格图。

2. 玻璃幕墙均采用隐框绿玻幕墙(同图书馆),其分格尺寸方式详见门窗分格图。

3. 内门采用夹板门、隔声门、防火门。

4. 内木门设置门套。木门油漆采用银灰色醇酸磁漆,底漆二道、面漆二道。

七、屋面工程

1. 本工程屋面属Ⅱ级防水等级,采用刚柔防水屋面,详见建筑构造表,并严格执行《屋面工程技术规范》GB 50345—2012。

2. 屋面排水坡度为2%,雨水沟排水坡为1%,其找坡由保温层作出。

3. 雨水管采用Φ100白色PVC管,雨水斗、管卡等配件应成套配置。

八、楼地面工程

1. 架空层下回填土必须分层夯实,其干容重不小于16kN/m³,压缩系数大于0.94。

2. 楼地面作法详见建筑构造表。

3. 卫生间防水

3.1 卫生间地坪比同层标高降低30mm,地面排水坡度2%,坡向地漏。

3.2 卫生间隔墙地上200采用C15混凝土(厚度同墙)浇筑。

九、其他

1. 电梯井道、门洞及机房尺寸,待电梯定货后经厂商确认方可施工。

2. 室外坡道及踏步的面层作法为花岗石面,花色、规格同图书馆。

3. 场地硬地绿化作混凝土垫层100厚。

4. 室外楼梯栏杆扶手均为Φ80不锈钢管,立杆为Φ50不锈钢管。

5. 土建施工过程中,应与各专业密切配合,确保预留孔洞和预埋件准确无误。

6. 本工程二次装修由甲方自理。

7. 本工程除总平图及标高以米计外,其余均以毫米为单位。

8. 本工程设计说明未尽事宜应严格按照国家颁布的有关规范执行。

建 筑 构 造 表

编号	名 称	构 造	使用部位
坪1	地砖地面	10厚地砖,素水泥擦缝 4厚水泥胶结合层 20厚1:2水泥砂浆压平 素水泥浆结合层一道 100厚C10混凝土 素土回填夯实	天井
楼1	网络地板	600×600网络地板(厂商成品) 20厚1:2水泥砂浆找平 钢筋混凝土楼板	电脑教室 管理办公室
楼2	地砖楼面	600×600×10防滑地砖白水泥擦缝 3厚水泥胶结合层 20厚1:3水泥砂浆找平 素水泥浆结合层一道 钢筋混凝土楼板	通信配线间 展厅、走廊 楼梯间 电梯厅
楼3	地砖楼面	400×400×10防滑地砖白水泥浆擦缝 3厚聚合物水泥砂浆结合层 10厚聚合物水泥砂浆找平(兼防水) 1:3水泥砂浆找坡 钢筋混凝土楼板	卫生间 开水间
楼4	花岗石楼面	05ZJ001-楼13	门厅
楼5	细石混凝土楼面	05ZJ001-楼5	配电室 电梯、空调机房 储藏室
内墙1	乳胶漆	05ZJ001-内墙3 05ZJ001-涂20 白色乳胶漆	高度至吊顶
内墙2	釉面磁砖	200×300釉面磁砖白水泥浆擦缝 5厚聚合物水泥砂浆粘贴(兼防水) 15厚纤维砂浆 墙基	高度至吊顶 卫生间 开水间
踢脚1	木踢脚	05ZJ001-踢38	有网络地板房间
踢脚2	墙地砖踢脚	05ZJ001-踢19	
踢脚3	仿花岗石踢脚	05ZJ001-踢27	
天棚1	铝合金板吊顶	98ZJ521 铝合金板600×600	有空调房间
天棚2	铝合金板吊顶	98ZJ521 穿孔铝合金板600×600 50% 铝合金板600×600 50%	走廊 卫生间
天棚3	乳胶漆	15厚1:1:6水泥石灰砂浆 5厚1:0.5:3水泥石灰砂浆 05ZJ001 白色乳胶漆	楼梯间 电梯机房 设备竖井 设备用房 储藏室

建 筑 构 造 表

编号	名 称	构 造	使用部位
屋1	刚柔防水屋面	Ⅱ屋A21111b111 结构层 1:8水泥陶粒找坡 15厚1:3水泥砂浆 100厚加气混凝土块 15厚1:3水泥砂浆 基层处理剂 2厚合成高分子涂膜 1:2厚合成高分子卷材 干铺油毡一层 40厚普通细石混凝土 浅色地砖	上人屋面
屋2	刚柔防水屋面	Ⅱ屋A21111b110 结构层 1:8水泥陶粒局部找坡 15厚1:3水泥砂浆 100厚加气混凝土块 15厚1:3水泥砂浆 基层处理剂 2厚合成高分子涂膜 1:2厚合成高分子卷材 干铺油毡一层 40厚普通细石混凝土	不上人屋面
刷1	磁砖外墙	聚合物水泥砂浆勾缝 面砖(45×95×6) 5厚聚合物水泥砂浆 1厚聚合物水泥基防水涂膜 15厚1:3水泥砂浆	白色 同图书馆 见立面图
刷2	磁砖外墙	聚合物水泥砂浆勾缝 面砖(45×95×6) 5厚聚合物水泥砂浆 1厚聚合物水泥基防水涂膜 15厚1:3水泥砂浆	蓝灰色 同图书馆 见立面图
刷3	铝塑板	灰色	雨篷、构架

选用标准图集目录

序号	图集名称	图集号	附注
1	建筑构造用料做法	05ZJ001	中南标
2	变形缝	98ZJ111	中南标
3	平屋面	05ZJ201	中南标
4	楼梯栏杆	05ZJ401	中南标
5	内墙装修及配件	98ZJ501	中南标
6	厨、厕设施	98ZJ511	中南标
7	吊顶、轻隔断	88ZJ521	中南标
8	常用木门	88ZJ601	中南标
9	室外装修及配件	98ZJ901	中南标
10	建筑防水构造图集	05ZJ201	中南标
11	隔声门	J649	国标

设计单位名称	××××电教信息大楼		
绘 图			
设 计		设计说明建筑构造表	
校 对			
审 定			
专业负责人		比 例	设计阶段 施工图
工程负责人		日 期	档案号 S1234-建施-1

室内装修表

房间名称	楼地面	墙面	踢脚	顶棚	附注
一层(±0.000)					
电脑教室	楼1	内墙1	踢脚1	天棚1	
管理办公室	楼1	内墙1	踢脚1	天棚1	
展厅	楼2	内墙1	踢脚2	天棚1	
配电室、储藏室	楼5	内墙1	踢脚2	天棚3	
卫生间、开水间	楼3	内墙2		天棚2	
楼梯间	楼2	内墙1	踢脚2	天棚3	
门厅及走道	楼4	内墙1	踢脚3	天棚2	
设备竖井	楼5	内墙1		天棚3	
二~五层					
电脑教室,管理办公室,中心控制室,应用开发部,终端信息接收室,维修机房	楼1	内墙1	踢脚1	天棚1	
通信配线间,备件库,设备维修、工具库	楼3	内墙1	踢脚2	天棚3	
储藏室、杂物间	楼5	内墙1	踢脚2	天棚3	
卫生间、开水间	楼3	内墙2		天棚2	
楼梯间	楼2	内墙1	踢脚2	天棚3	
门厅及走道	楼4	内墙1	踢脚3	天棚2	
设备竖井	楼5	内墙1		天棚3	
六层及屋顶电梯机房					
教师培训,管理办公室、接待、CAI制作室,音像备课室,卫星录制室,磁带库	楼1	内墙1	踢脚1	天棚1	
通信配线间	楼3	内墙1	踢脚2	天棚3	
储藏室、杂物间,电梯机房,空调机房,工作间	楼5	内墙1	踢脚2	天棚3	
卫生间、开水间	楼3	内墙2		天棚2	
楼梯间	楼2	内墙1	踢脚2	天棚3	
门厅及走道	楼4	内墙1	踢脚3	天棚2	
设备竖井	楼5	内墙1		天棚3	
演播厅、灯控室,电源控制室,导播室,录音室	二次装修	二次装修	二次装修	二次装修	
演播室,导控室、机房	二次装修	二次装修	二次装修	二次装修	

门窗表

编号	名称	标准图号	型号	洞宽/mm	洞高/mm	数量	备注
C-1	铝合金窗	SZ115S-建施-20	C-1	1500	1800	17	
C-2	铝合金窗	SZ115S-建施-20	C-2	700	1800	10	
C-3	铝合金窗	SZ115S-建施-20	C-3	3800	3600	8	
C-4	铝合金窗	SZ115S-建施-20	C-4	2700	1800	5	
C-5	铝合金窗	SZ115S-建施-20	C-5	2300	2400	60	
C-6	铝合金窗	SZ115S-建施-20	C-6	2450	2400	20	
C-7	铝合金窗	SZ115S-建施-20	C-7	2200	2400	5	
C-8	铝合金窗	SZ115S-建施-20	C-8	4050	2400	10	
C-9	铝合金窗	SZ115S-建施-20	C-9	3800	2400	5	
C-10	铝合金窗	SZ115S-建施-20	C-10	4600	2400	16	
C-11	铝合金窗	SZ115S-建施-20	C-11	3400	2400	4	
C-12	铝合金窗	SZ115S-建施-20	C-12	3600	3100	2	
C-13	铝合金窗	SZ115S-建施-20	C-13	3800	1600	2	
C-14	铝合金窗	SZ115S-建施-20	C-14	1800	1600	6	
C-15	铝合金窗	SZ115S-建施-20	C-15	2300	2300	12	
C-16	铝合金窗	SZ115S-建施-20	C-16	2450	2300	4	
C-17	铝合金窗	SZ115S-建施-20	C-17	2200	2300	1	
C-18	铝合金窗	SZ115S-建施-20	C-18	4050	2300	2	
C-19	铝合金窗	SZ115S-建施-20	C-19	3800	2300	1	
C-20	铝合金窗	SZ115S-建施-20	C-20	4600	2300	1	
C-21	铝合金窗	SZ115S-建施-21	C-21	5400	1500	1	
C-22	铝合金窗	SZ115S-建施-21	C-22	1800	1400	4	
C-23	铝合金窗	SZ115S-建施-21	C-23	17400	3500	1	
BC-1	无框玻璃窗	SZ115S-建施-21	C-22	1800	1400	1	
MQ-1	隐框玻璃幕墙	SZ115S-建施-21	MQ-1	1700	21400	2	
MQ-2	隐框玻璃幕墙	SZ115S-建施-21	MQ-2	10740	2800	1	
MQ-3	隐框玻璃幕墙	SZ115S-建施-21	MQ-3	8300	9800	1	
MQ-4	隐框玻璃幕墙	SZ115S-建施-21	MQ-4	14129	10600	1	
MQ-5	隐框玻璃幕墙	SZ115S-建施-21	MQ-5	1300	2300	8	

备注:

1.外墙铝合金窗采用白色框料、绿色玻璃,框料及玻璃均同图书馆。
内墙铝合金窗采用白色框料,5厚白色玻璃。

2.无框玻璃窗采用12厚钢化透明玻璃制作。

3.隐框玻璃幕墙

3.1 隐框玻璃幕墙须由有相应资质等级的专业厂商根据高度、风压等结构因素进行设计、施工。

3.2 隐框玻璃幕墙所需固定龙骨数、框料、预埋件等均由供应厂商提供具体作法及位置。

3.3 隐框玻璃幕墙所用玻璃材质和颜色同图书馆。

门窗表

编号	名称	标准图号	型号	洞宽/mm	洞高/mm	数量	备注
M-1	木门	88ZJ601	M21-0921	900	2100	16	
M-2	木门	88ZJ601	M23-0921	900	2100	11	
M-3	木门	88ZJ601	参M21-0721	600	1800	18	
M-4	木门	88ZJ601	M237-1321	1300	2100	95	
M-5	木门	88ZJ601	M23-1221	1200	2100	2	
FM-1221	防火门			1200	2100	14	乙级防火门
FM-1521	防火门			1500	2100	12	乙级防火门
LM-1	铝合金地弹门	SZ115S-建施-20	LM-1	1800	2100	2	
LM-2	铝合金地弹门	SZ115S-建施-20	LM-2	2550	2700	2	
YM-1	隔声门	J649(一)	GM2-0918	900	1800	2	
YM-2	隔声门	J649(一)	GM2-1524	1500	2400	3	
YM-3	隔声门	J649(一)	GM2-1021	1000	2100	4	

备注:

铝合金地弹簧门玻璃采用12厚钢化透明玻璃制作。

设计单位名称 ××××电教信息大楼

绘 图
设 计
校 对
审 核
专业负责人
工程负责人

室内装饰表 门窗表

比 例
日 期
设计阶段 施工图
档案号 S1234-建施-2

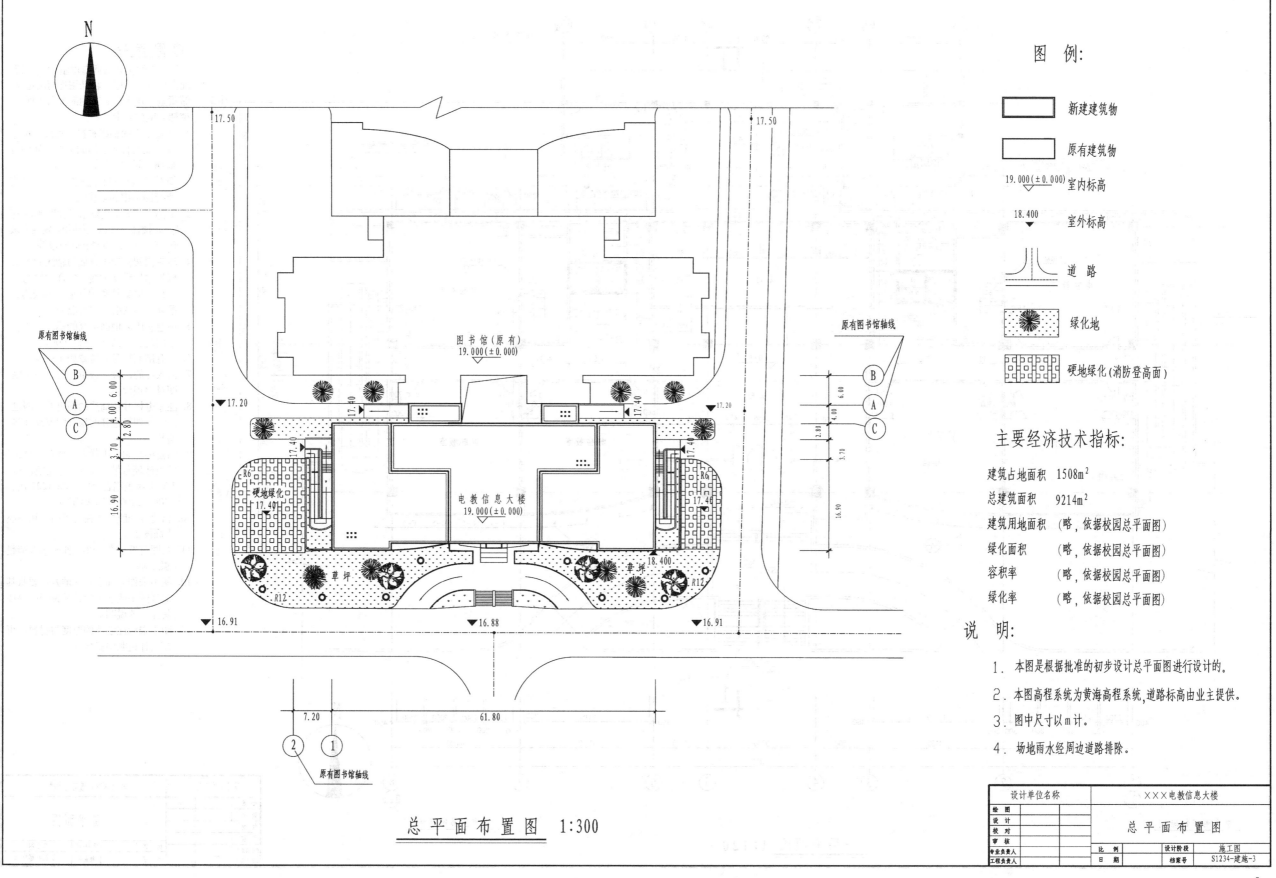

图 例:

新建建筑物

原有建筑物

19.000(±0.000) 室内标高

18.400 ▽ 室外标高

道 路

绿化地

硬地绿化(消防登高面)

主要经济技术指标:

建筑占地面积　1508m²

总建筑面积　9214m²

建筑用地面积　(略,依据校园总平面图)

绿化面积　(略,依据校园总平面图)

容积率　(略,依据校园总平面图)

绿化率　(略,依据校园总平面图)

说 明:

1. 本图是根据批准的初步设计总平面图进行设计的。

2. 本图高程系统为黄海高程系统,道路标高由业主提供。

3. 图中尺寸以m计。

4. 场地雨水经周边道路排除。

原有图书馆轴线

图书馆(原有)
19.000(±0.000)

电教信息大楼
19.000(±0.000)

硬地绿化
17.40

草坪

草坪

R6

R12

R12

R6

总平面布置图 1:300

设计单位名称		×××电教信息大楼		
绘 图		总 平 面 布 置 图		
设 计				
校 对				
审 核				
专业负责人		比 例	设计阶段	施工图
工程负责人	S1234-建施-3	日 期	档案号	S1234-建施-3

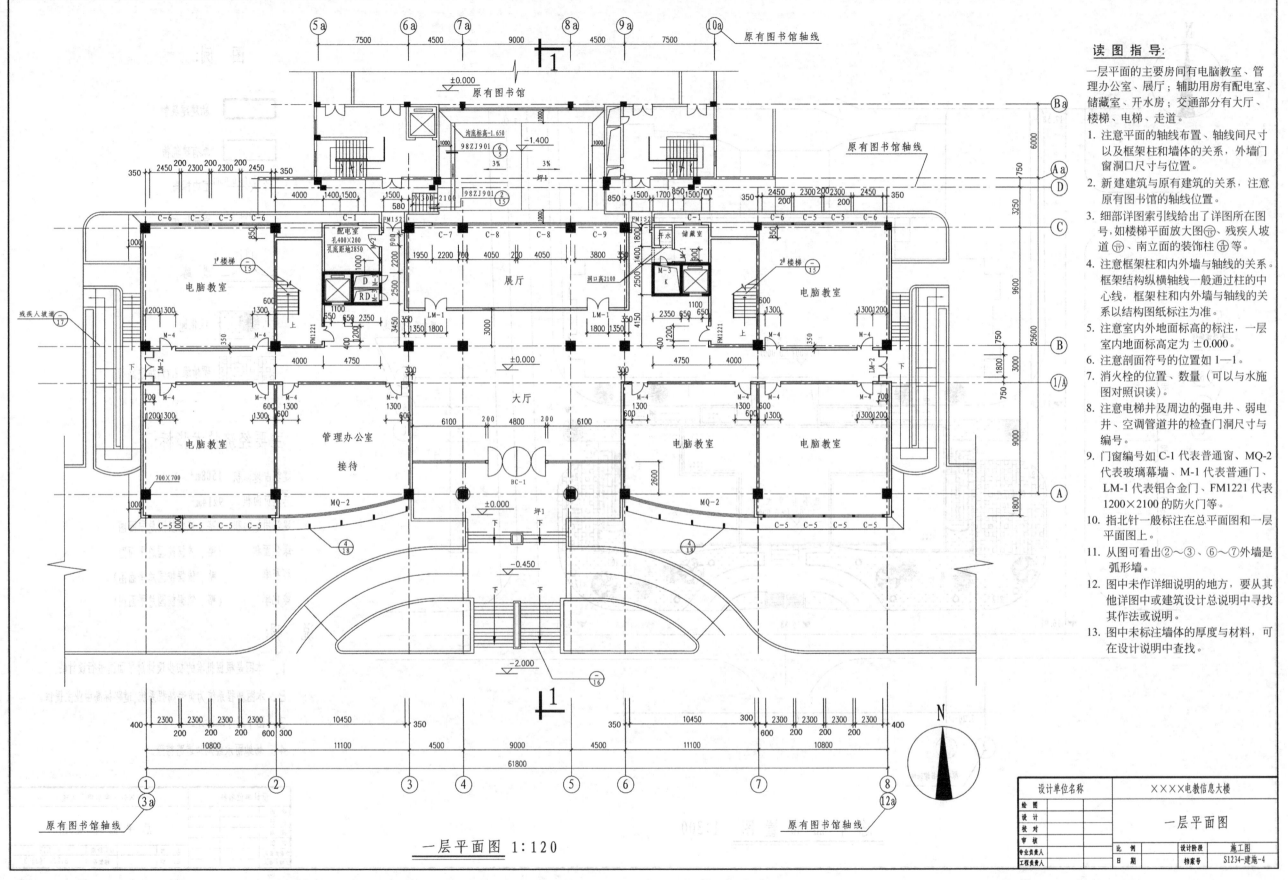

一层平面图 1:120

读 图 指 导:

一层平面的主要房间有电脑教室、管理办公室、展厅；辅助用房有配电室、储藏室、开水房；交通部分有大厅、楼梯、电梯、走道。

1. 注意平面的轴线布置、轴线间尺寸以及框架柱和墙体的关系，外墙门窗洞口尺寸与位置。

2. 新建建筑与原有建筑的关系，注意原有图书馆的轴线位置。

3. 细部详图索引线给出了详图所在图号，如楼梯平面放大图 ⑦、残疾人坡道 ⑰、南立面的装饰柱 ⑱等。

4. 注意框架柱和内外墙与轴线的关系。框架结构纵横轴线一般通过柱的中心线，框架柱和内外墙与轴线的关系以结构图纸标注为准。

5. 注意室内外地面标高的标注，一层室内地面标高定为 ±0.000。

6. 注意剖面符号的位置如 1—1。

7. 消火栓的位置、数量（可以与水施图对照识读）。

8. 注意电梯井及周边的强电井、弱电井、空调管道井的检查门洞尺寸与编号。

9. 门窗编号如 C-1 代表普通窗、MQ-2 代表玻璃幕墙、M-1 代表普通门、LM-1 代表铝合金门、FM1221 代表 1200×2100 的防火门等。

10. 指北针一般标注在总平面图和一层平面图上。

11. 从图可看出②～③、⑥～⑦外墙是弧形墙。

12. 图中未作详细说明的地方，要从其他详图中或建筑设计总说明中寻找其作法或说明。

13. 图中未标注墙体的厚度与材料，可在设计说明中查找。

设计单位名称	××××电教信息大楼		
绘图			
设计	一层平面图		
校对			
审核			
专业负责人	比例	设计阶段	施工图
工程负责人	日期	档案号	S1234-建施-4

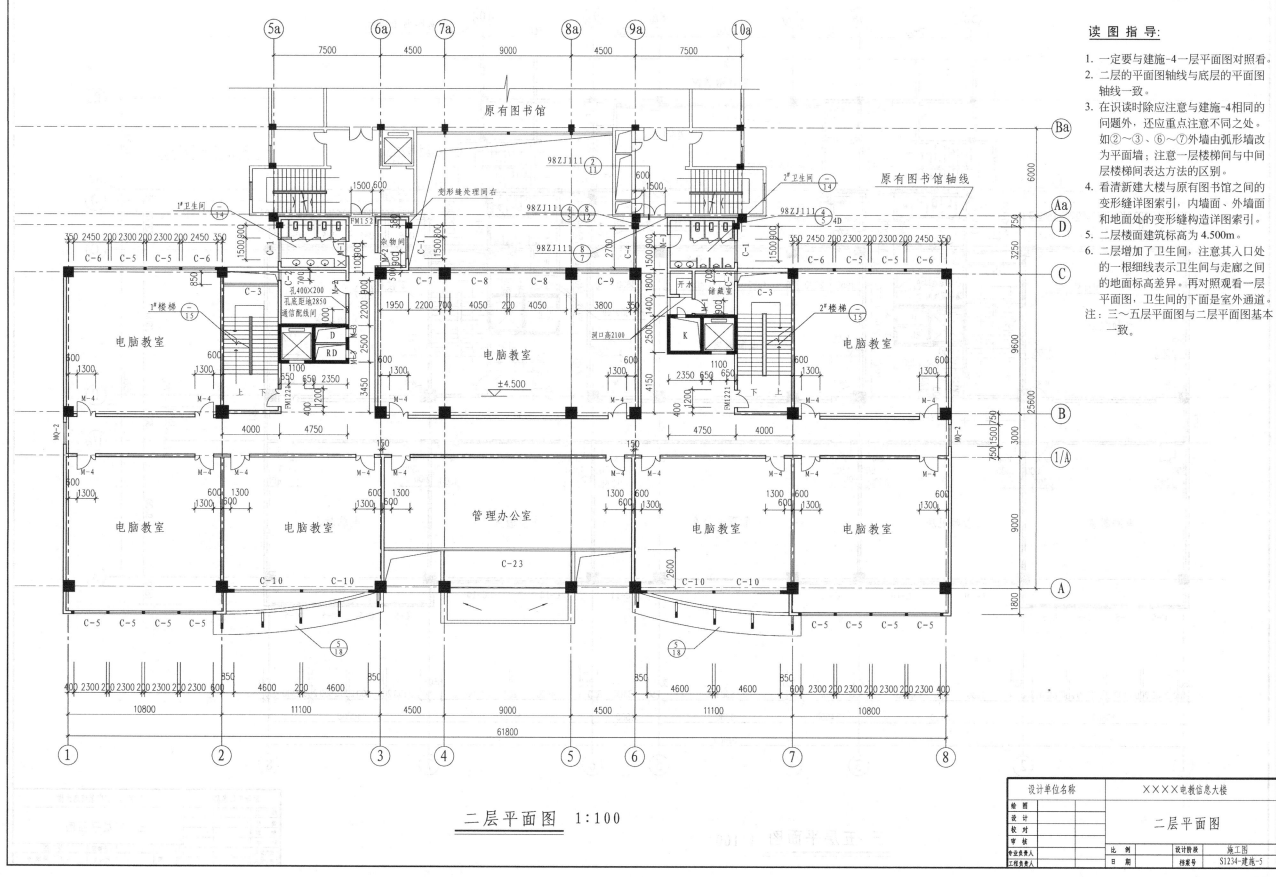

二层平面图 1:100

读 图 指 导:

1. 一定要与建施-4一层平面图对照看。
2. 二层的平面图轴线与底层的平面图轴线一致。
3. 在识读时除应注意与建施-4相同的问题外，还应重点注意不同之处。如②~③、⑥~⑦外墙由弧形墙改为平面墙；注意一层楼梯间与中间层楼梯间表达方法的区别。
4. 看清新建大楼与原有图书馆之间的变形缝详图索引，内墙面、外墙面和地面处的变形缝构造详图索引。
5. 二层楼面建筑标高为4.500m。
6. 二层增加了卫生间，注意其入口处的一根细线表示卫生间与走廊之间的地面标高差异。再对照观看一层平面图，卫生间的下面是室外通道。

注：三~五层平面图与二层平面图基本一致。

设计单位名称	××××电教信息大楼		
绘 图		二层平面图	
设 计			
校 对			
审 核			
专业负责人		比 例	设计阶段 施工图
工程负责人		日 期	档案号 S1234-建施-5

11

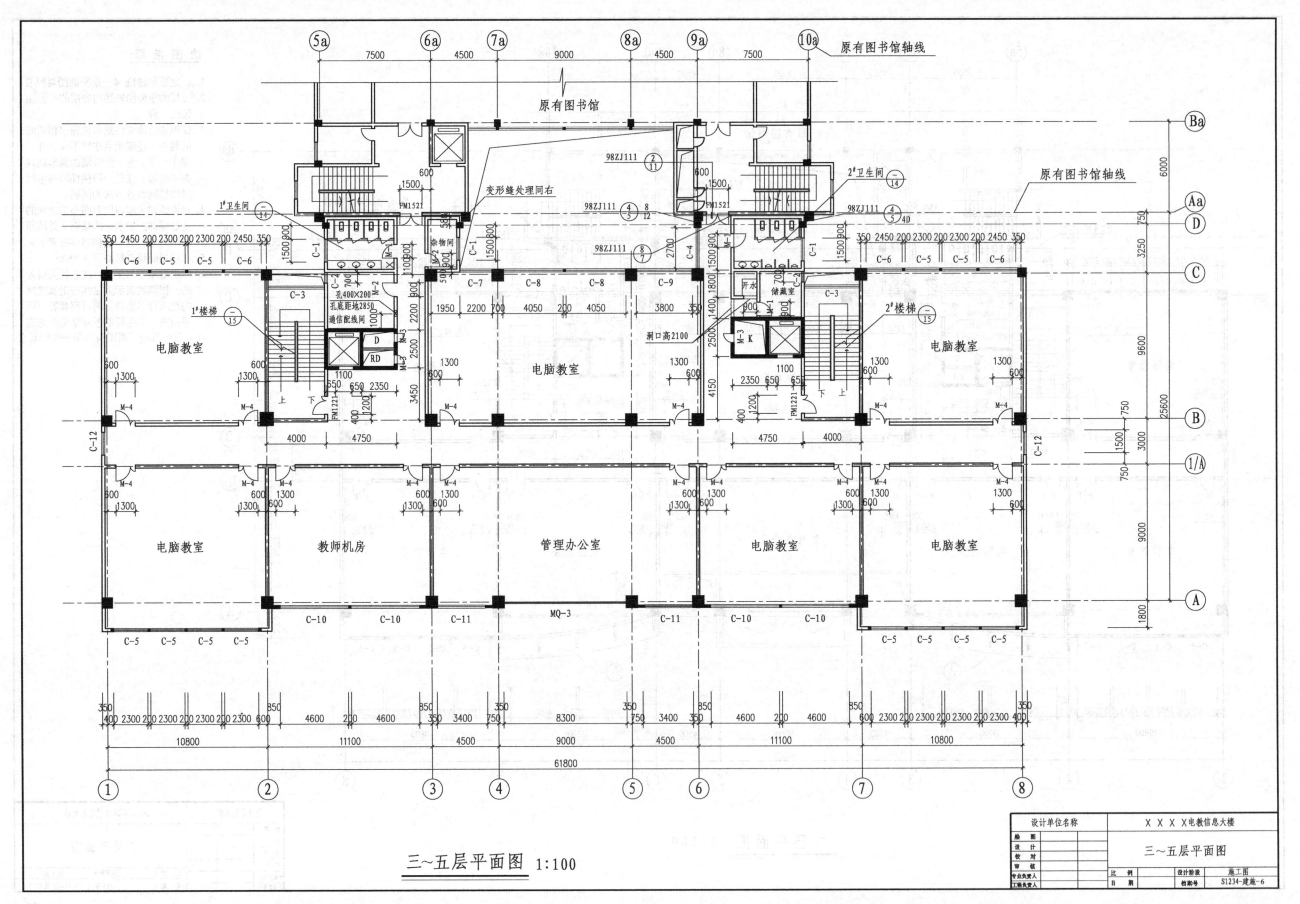

三~五层平面图 1:100

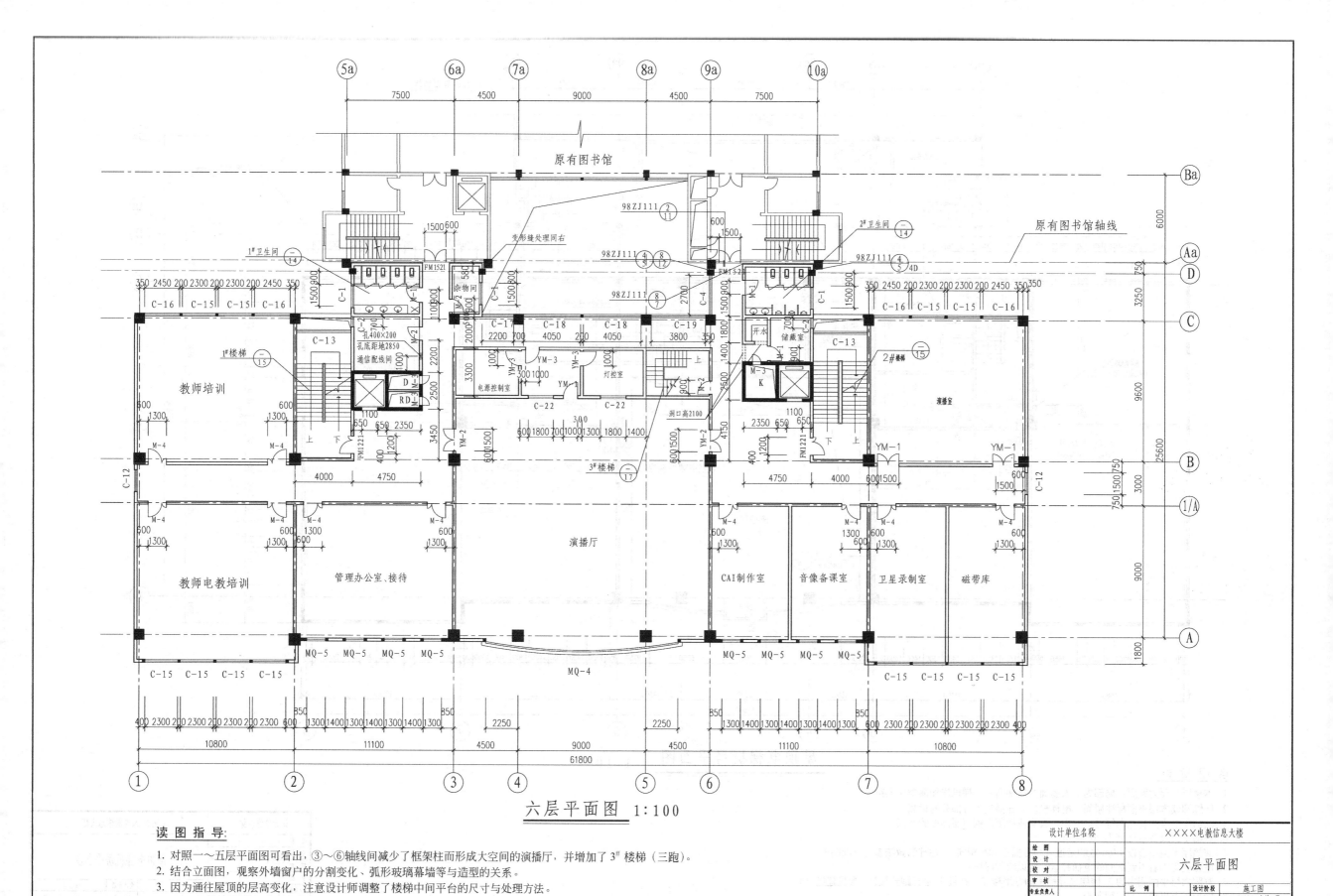

六层平面图 1:100

读图指导:

1. 对照一～五层平面图可看出,③～⑥轴线间减少了框架柱而形成大空间的演播厅,并增加了 3# 楼梯(三跑)。

2. 结合立面图,观察外墙窗户的分割变化、弧形玻璃幕墙等与造型的关系。

3. 因为通往屋顶的层高变化,注意设计师调整了楼梯中间平台的尺寸与处理方法。

设计单位名称	××××电教信息大楼		
绘 图			
设 计		六层平面图	
校 对			
审 核			
专业负责人	比 例	设计阶段	施工图
工程负责人	日 期	档案号	S1234-建施-7

13

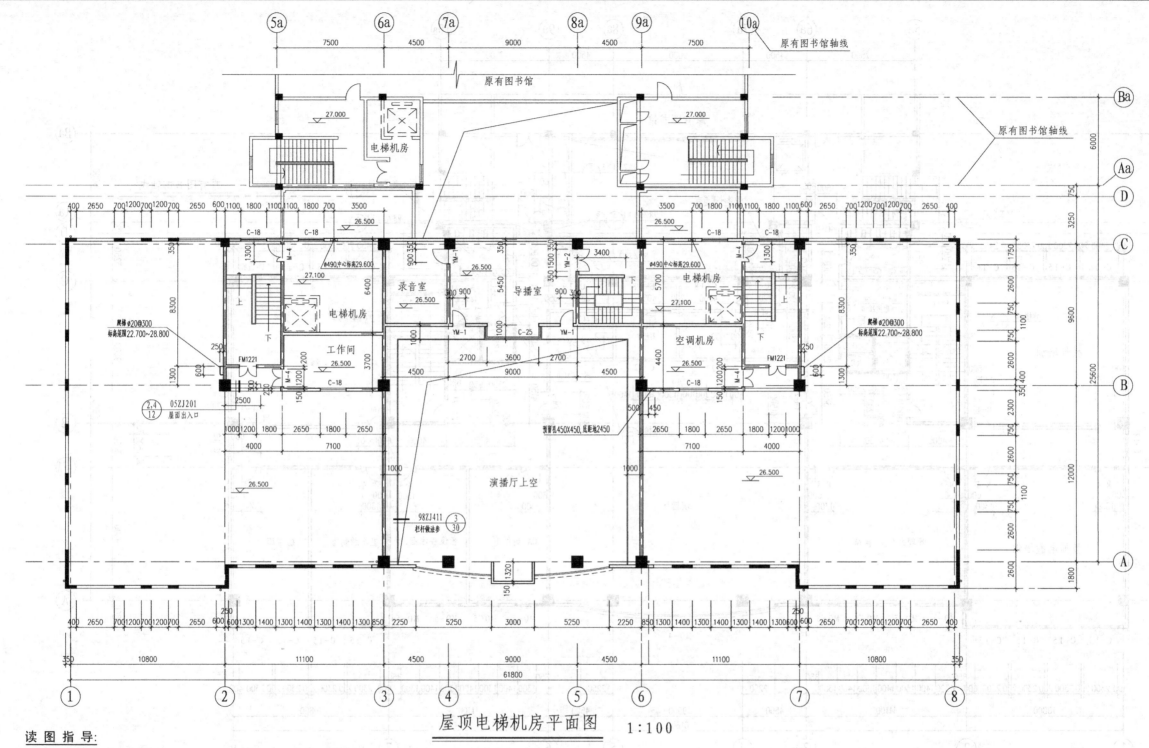

屋顶电梯机房平面图 1:100

读图指导:
1. 本楼层主要为屋面,局部为上人屋面的楼梯间、电梯机房和演播厅上空等。
2. 仔细阅读本层平面标注屋面、电梯机房、导播室等各部分的标高。
3. 演播厅上空画有孔洞符号(▱),表明演播厅占据两层高度的空间。
4. 导播室、录音室标高为26.500m。
5. 演播厅半空周边设1.0m宽的走道(与导播室标高相同),栏杆的做法参见标准图集。
6. 电梯机房内看不到下面的电梯井道,所以绘制虚梯。
7. 对照六层平面图中的3#楼梯是导播室的专用楼梯。并且3#是三跑式楼梯,参见建施-18。
8. 增加了上机房屋面的钢爬梯。

设计单位名称	××××电教信息大楼
绘图	
设计	屋顶电梯机房平面图
校对	
审核	
专业负责人	比例 / 设计阶段 / 施工图
工程负责人	日期 / 档案号 / S1234-建施-8

14

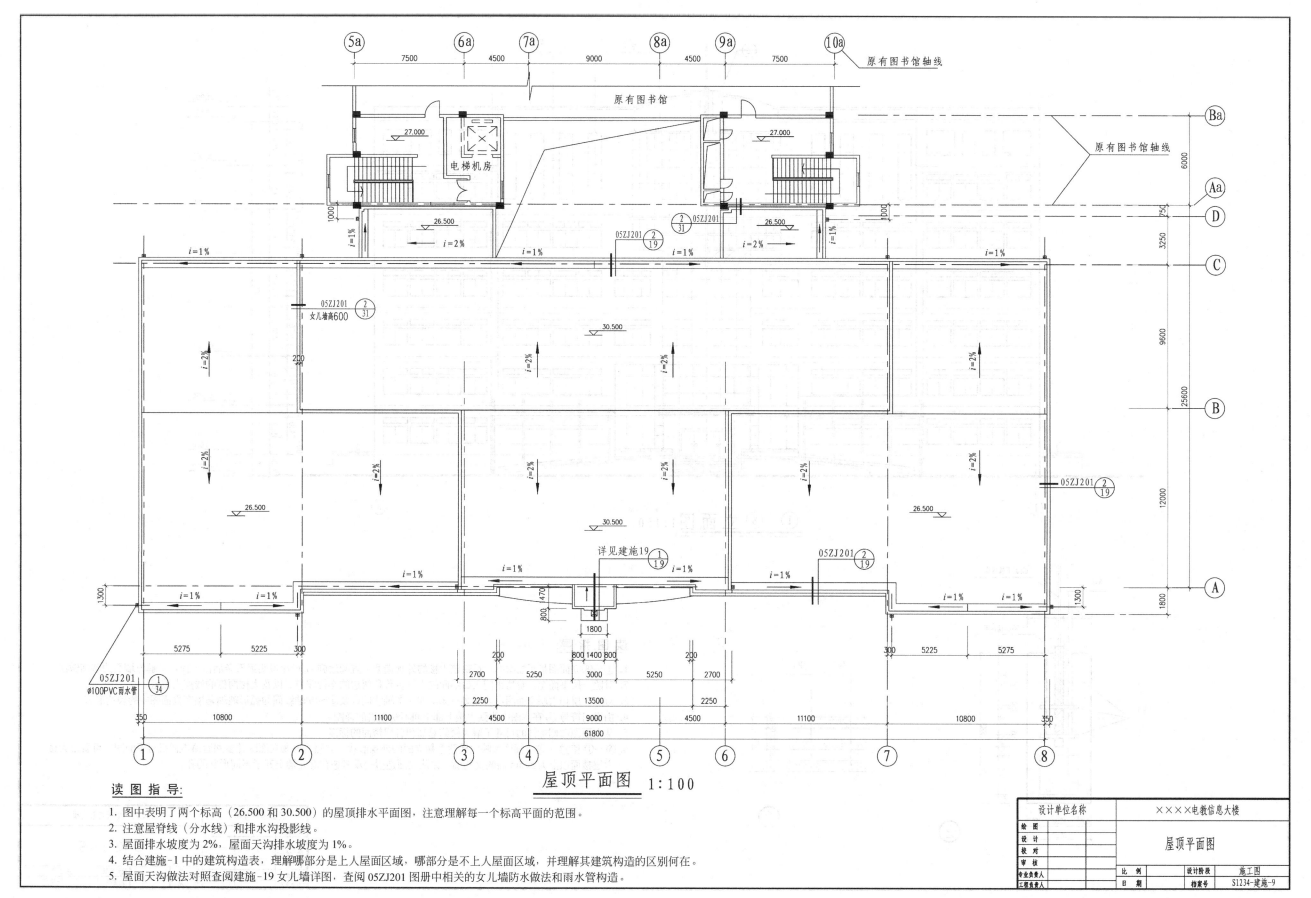

屋顶平面图 1:100

读图指导:

1. 图中表明了两个标高(26.500和30.500)的屋顶排水平面图,注意理解每一个标高平面的范围。
2. 注意屋脊线(分水线)和排水沟投影线。
3. 屋面排水坡度为2%,屋面天沟排水坡度为1%。
4. 结合建施-1中的建筑构造表,理解哪部分是上人屋面区域,哪部分是不上人屋面区域,并理解其建筑构造的区别何在。
5. 屋面天沟做法对照查阅建施-19女儿墙详图,查阅05ZJ201图册中相关的女儿墙防水做法和雨水管构造。

设计单位名称	××××电教信息大楼			
绘 图		屋顶平面图		
设 计				
校 对				
审 核				
专业负责人	比 例		设计阶段	施工图
工程负责人	日 期		档案号	S1234-建施-9

15

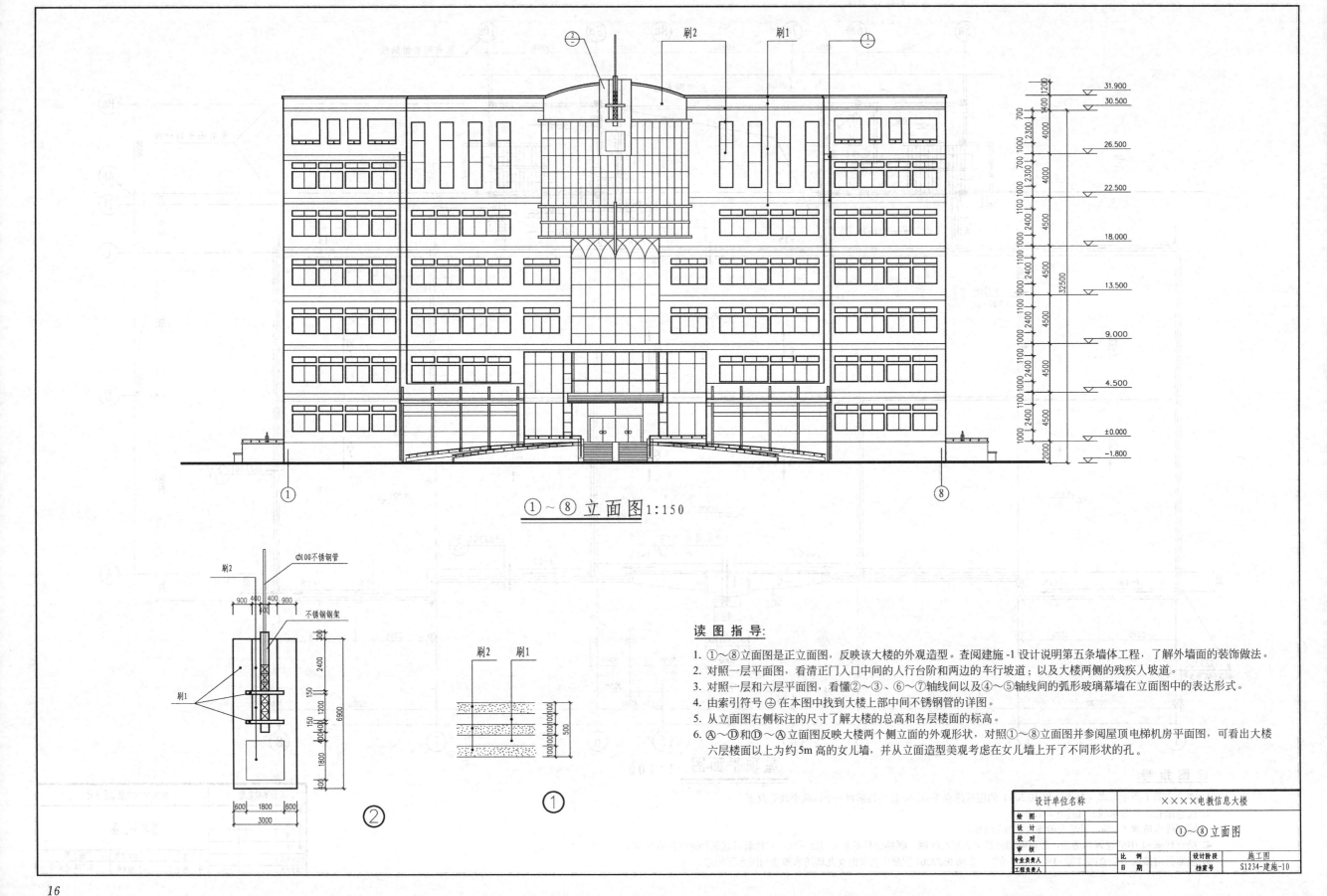

①~⑧立面图 1:150

②
①

读图指导:

1. ①~⑧立面图是正立面图，反映该大楼的外观造型。查阅建施-1设计说明第五条墙体工程，了解外墙面的装饰做法。
2. 对照一层平面图，看清正门入口中间的人行台阶和两边的车行坡道；以及大楼两侧的残疾人坡道。
3. 对照一层和六层平面图，看懂②~③、⑥~⑦轴线间以及④~⑤轴线间的弧形玻璃幕墙在立面图中的表达形式。
4. 由索引符号 ⊕ 在本图中找到大楼上部中间不锈钢管的详图。
5. 从立面图右侧标注的尺寸了解大楼的总高和各层楼面的标高。
6. Ⓐ~Ⓓ和Ⓓ~Ⓐ立面图反映大楼两个侧立面的外观形状，对照①~⑧立面图并参阅屋顶电梯机房平面图，可看出大楼六层楼面以上为约5m高的女儿墙，并从立面造型美观考虑在女儿墙上开了不同形状的孔。

设计单位名称	××××电教信息大楼		
绘图			
设计		①~⑧立面图	
校对			
审核			
专业负责人	比例	设计阶段	施工图
工程负责人	日期	档案号	S1234-建施-10

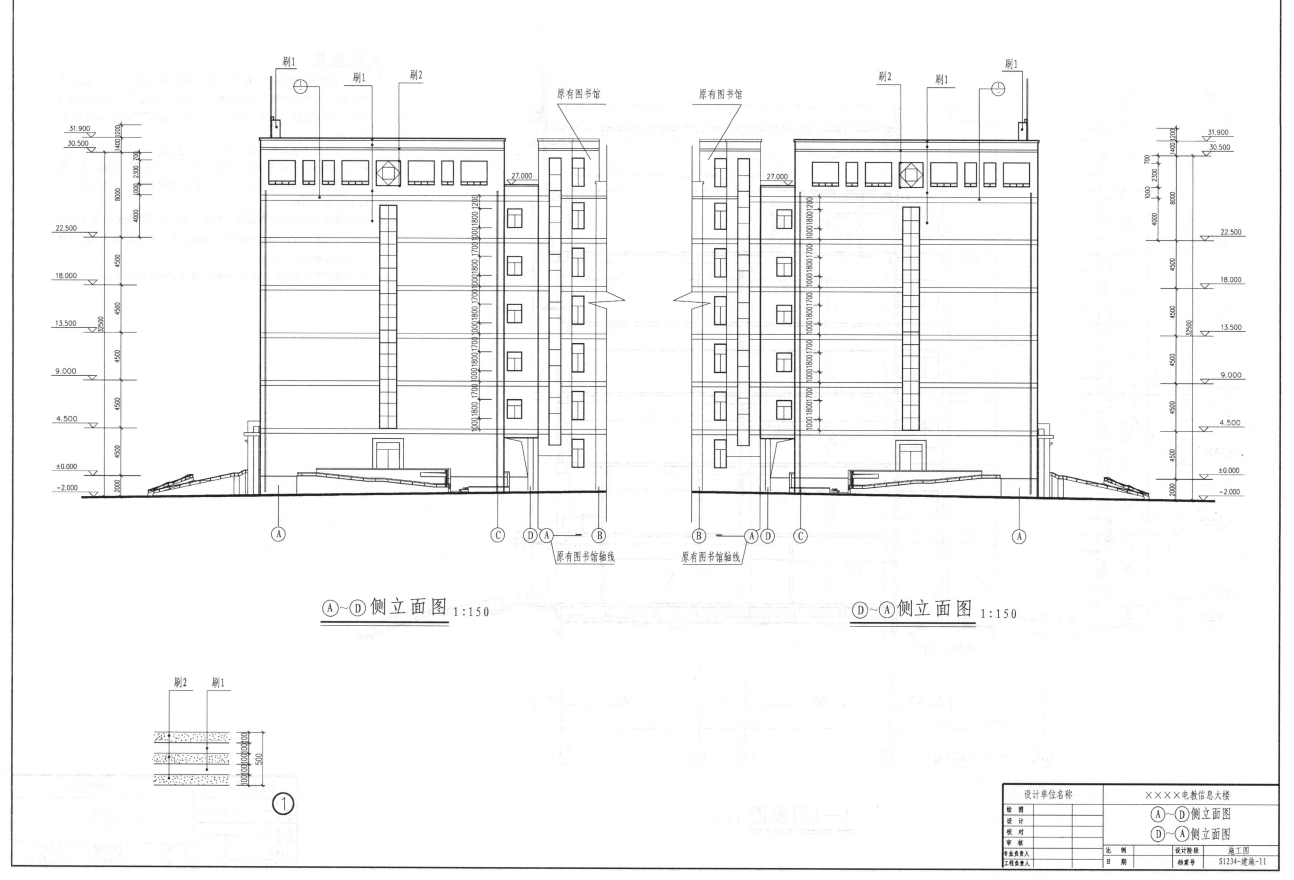

刷1　刷1　刷2　　　　　原有图书馆　　　原有图书馆　　　刷2　刷1　刷1

31.900
30.500

27.000　　　　　27.000

22.500　　　　　　　　　　　　　　　　　　　　　　　　　　　22.500

18.000　　　　　　　　　　　　　　　　　　　　　　　　　　　18.000

13.500　　　　　　　　　　　　　　　　　　　　　　　　　　　13.500

9.000　　　　　　　　　　　　　　　　　　　　　　　　　　　9.000

4.500　　　　　　　　　　　　　　　　　　　　　　　　　　　4.500

±0.000　　　　　　　　　　　　　　　　　　　　　　　　　　±0.000
-2.000　　　　　　　　　　　　　　　　　　　　　　　　　　-2.000

Ⓐ　　　　　　　　　Ⓒ　ⒹⒶ　Ⓑ　　　Ⓑ　ⒶⒹ　Ⓒ　　　　　　　　　Ⓐ

原有图书馆轴线　　　　原有图书馆轴线

Ⓐ~Ⓓ 侧立面图 1:150　　　　　　Ⓓ~Ⓐ 侧立面图 1:150

刷2　刷1

500

①

设计单位名称	××××电教信息大楼
绘 图	Ⓐ~Ⓓ 侧立面图
设 计	Ⓓ~Ⓐ 侧立面图
校 对	
审 核	
专业负责人	比 例		设计阶段	施工图
工程负责人	日 期		档案号	S1234-建施-11

17

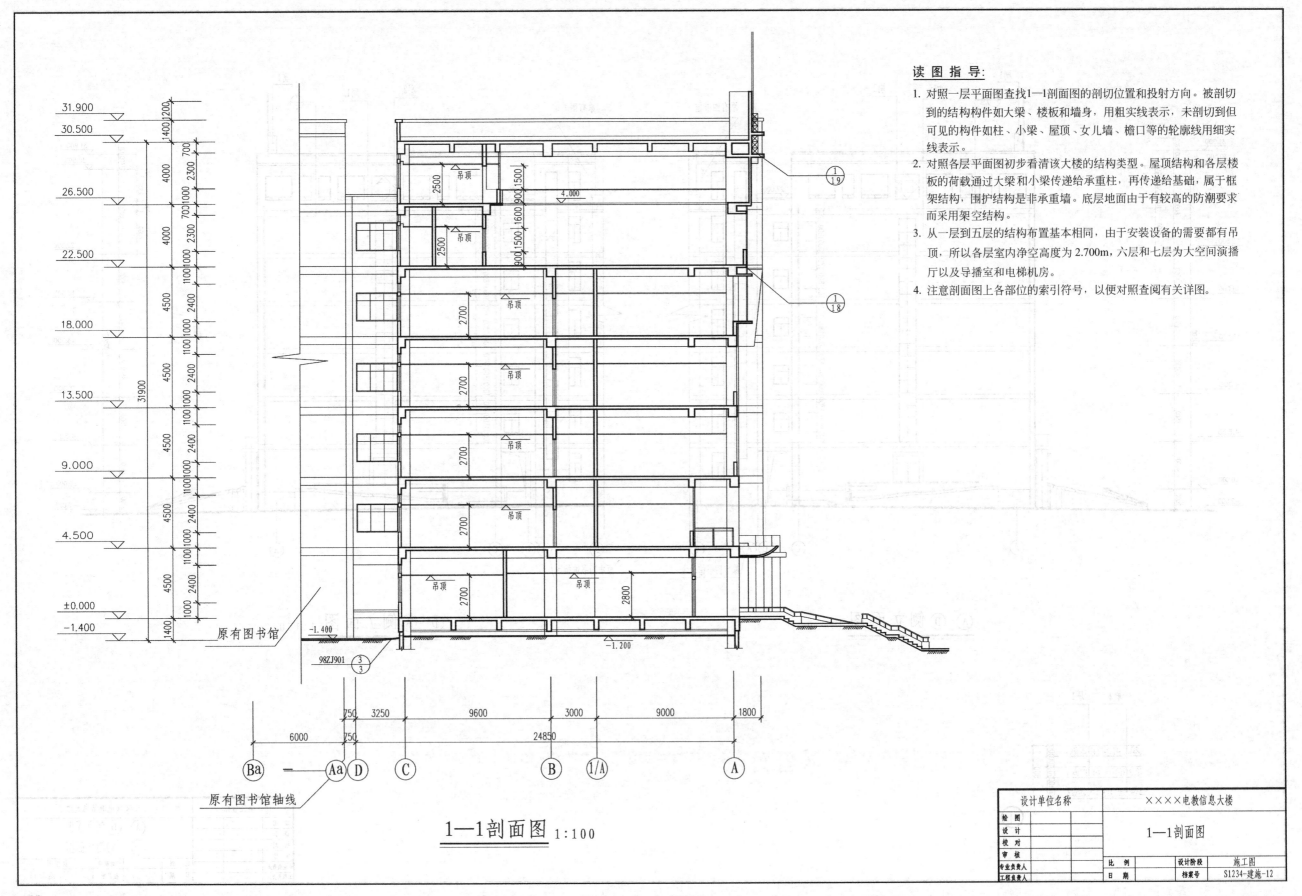

1. 对照一层平面图查找1—1剖面图的剖切位置和投射方向。被剖切到的结构构件如大梁、楼板和墙身，用粗实线表示，未剖切到但可见的构件如柱、小梁、屋顶、女儿墙、檐口等的轮廓线用细实线表示。

2. 对照各层平面图初步看清该大楼的结构类型。屋顶结构和各层楼板的荷载通过大梁和小梁传递给承重柱，再传递给基础，属于框架结构，围护结构是非承重墙。底层地面由于有较高的防潮要求而采用架空结构。

3. 从一层到五层的结构布置基本相同，由于安装设备的需要都有吊顶，所以各层室内净空高度为 2.700m，六层和七层为大空间演播厅以及导播室和电梯机房。

4. 注意剖面图上各部位的索引符号，以便对照查阅有关详图。

1—1剖面图 1:100

原有图书馆轴线

设计单位名称	××××电教信息大楼
绘 图	
设 计	1—1剖面图
校 对	
审 核	
专业负责人	比 例 / 设计阶段 施工图
工程负责人	日 期 / 档索号 S1234-建施-12

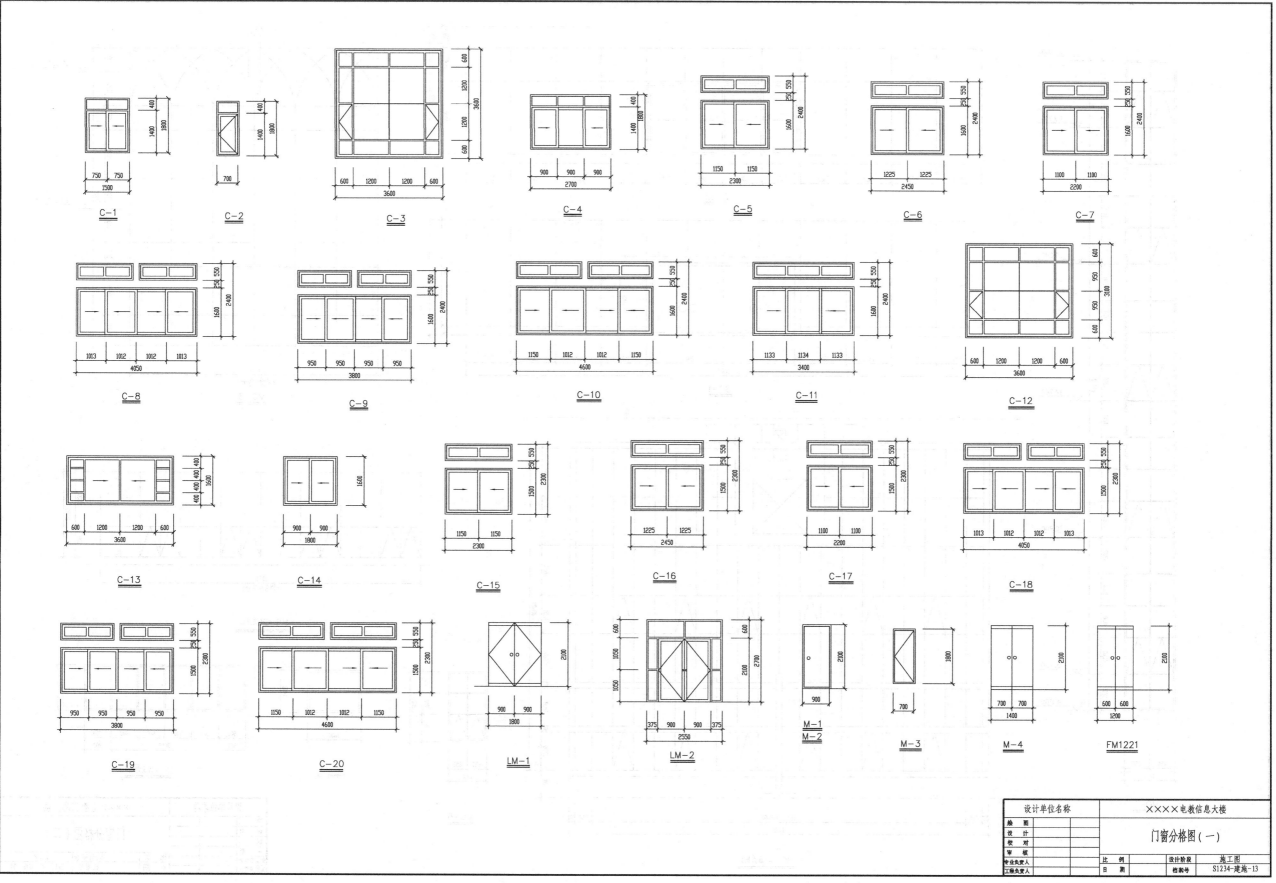

门窗分格图（一）

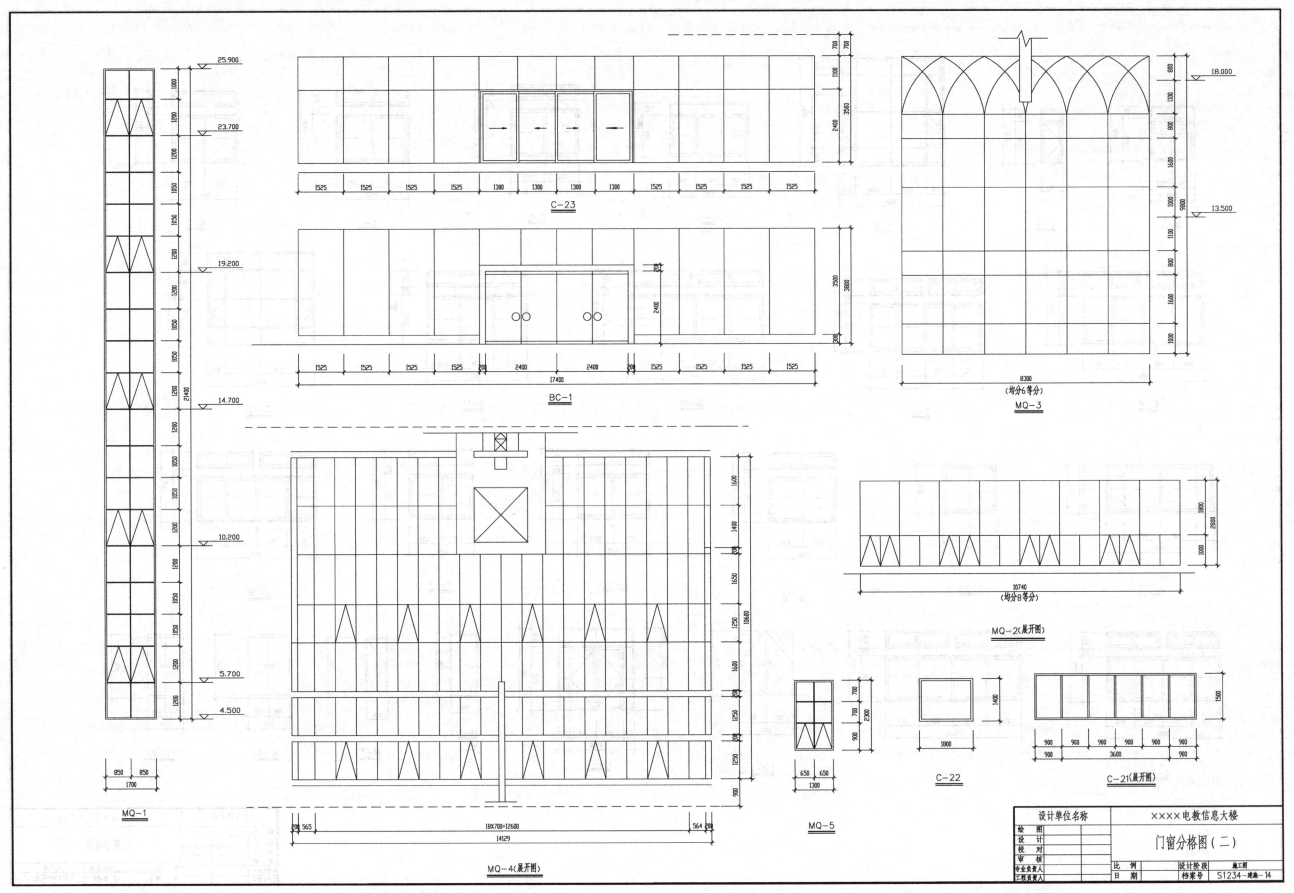

C-23

BC-1

MQ-3
（均分6等分）
8300

MQ-1

MQ-2（展开图）
10740
（均分8等分）

MQ-4（展开图）
14129
18×700=12600

MQ-5

C-22

C-21（展开图）

设计单位名称　××××电教信息大楼
绘图
设计
校对
审核
专业负责人
工程负责人
门窗分格图（二）
比例
日期
设计阶段　施工图
档案号　S1234-建施-14

20

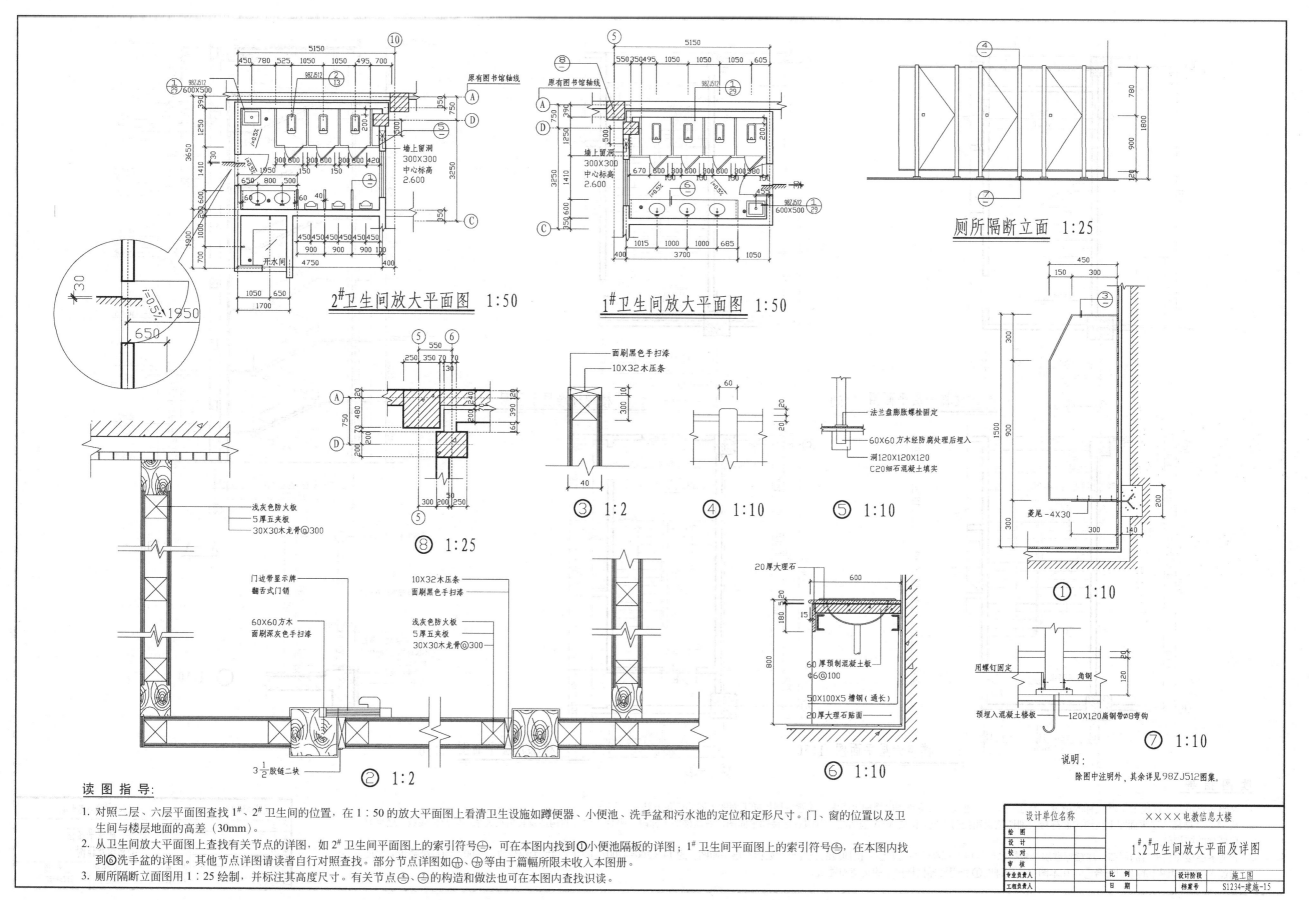

2#卫生间放大平面图 1:50

1#卫生间放大平面图 1:50

厕所隔断立面 1:25

③ 1:2

④ 1:10

⑤ 1:10

法兰盘膨胀螺栓固定
60X60方木经防腐处理后埋入
洞120X120X120
C20细石混凝土填实

⑧ 1:25

面刷黑色手扫漆
10X32木压条

① 1:10

菱尾-4X30

浅灰色防火板
5厚五夹板
30X30木龙骨@300

门边带显示牌
翻舌式门销

60X60方木
面刷深灰色手扫漆

10X32木压条
面刷黑色手扫漆

浅灰色防火板
5厚五夹板
30X30木龙骨@300

20厚大理石

60厚预制混凝土板
Φ6@100

50X100X5槽钢(通长)

20厚大理石贴面

用螺钉固定

角钢

预埋入混凝土楼板

120X120扁钢带Φ8弯钩

3½胶链二块

② 1:2

⑥ 1:10

⑦ 1:10

说明:
除图中注明外,其余详见98ZJ512图集。

读图指导:
1. 对照二层、六层平面图查找 1#、2#卫生间的位置, 在 1:50 的放大平面图上看清卫生设施如蹲便器、小便池、洗手盆和污水池的定位和定形尺寸。门、窗的位置以及卫生间与楼层地面的高差(30mm)。
2. 从卫生间放大平面图上查找有关节点的详图, 如 2#卫生间平面图上的索引符号, 可在本图内找到①小便池隔板的详图; 1#卫生间平面图上的索引符号, 在本图内找到⑥洗手盆的详图。其他节点详图请读者自行对照查找。部分节点详图如⑤、⑧等由于篇幅所限未收入本图册。
3. 厕所隔断立面图用 1:25 绘制, 并标注其高度尺寸。有关节点⑤、⑧的构造和做法也可在本图内查找识读。

设计单位名称		××××电教信息大楼		
绘 图		1#、2#卫生间放大平面及详图		
设 计				
校 对				
审 核				
专业负责人		比 例	设计阶段	施工图
工程负责人		日 期	档案号	S1234-建施-15

21

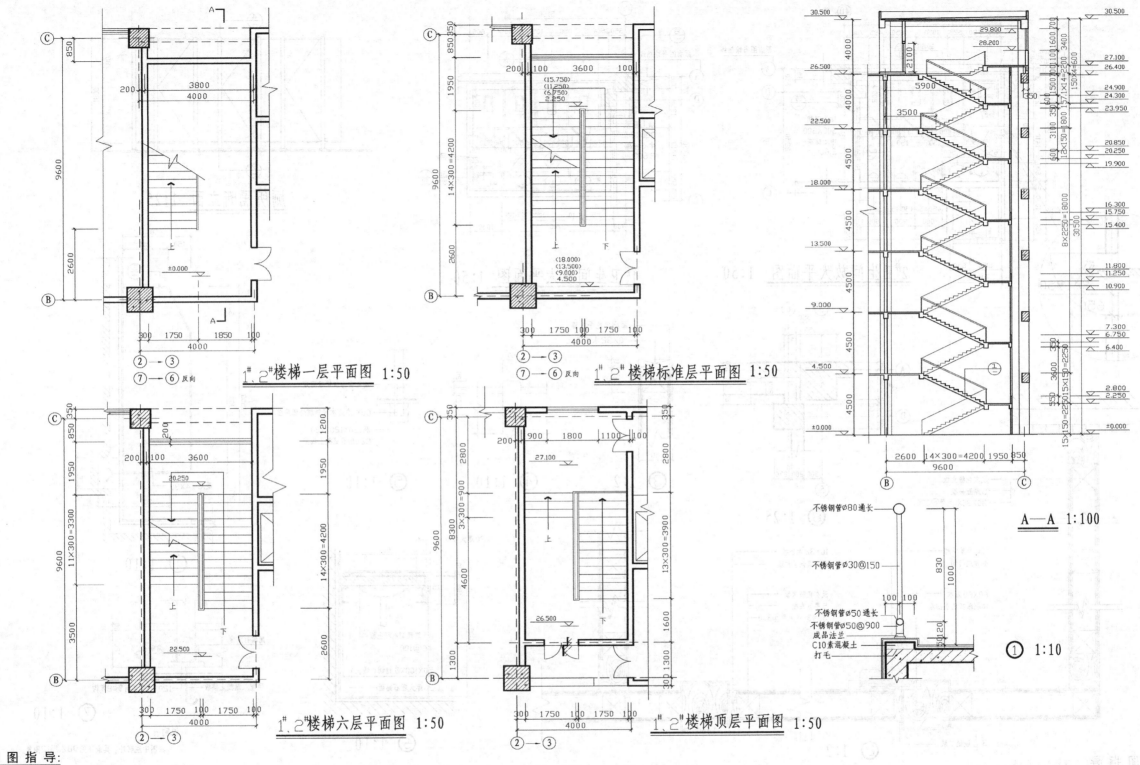

1#、2#楼梯一层平面图 1:50

1#、2#楼梯标准层平面图 1:50

1#、2#楼梯六层平面图 1:50

1#、2#楼梯顶层平面图 1:50

A—A 1:100

不锈钢管Φ80通长
不锈钢管Φ30@150
不锈钢管Φ50通长
不锈钢管Φ50@900
成品法兰
C10素混凝土
打毛

① 1:10

读图指导:

1. 对照各层平面图查找 1#、2# 楼梯的位置,看懂一层、标准层、六层和顶层楼梯平面图,注意各层楼梯平面图不同的表示方法。
2. 从 1#、2# 楼梯一层平面图上找到剖面符号、剖切位置和投射方向,识读A—A剖面图,对照各层楼梯平面图,看懂楼梯各梯段、平台、栏杆的构造及其相互关系,以及梯段数、踏步数和楼梯的结构形式。
3. 看清各层楼面和平台的标高,注意标准层(包括二~五层)标高的注写方法。楼梯段的长度尺寸如标准层平面图上的 14×300=4200,其中 "14" 为踏步数,"300" 为每级踏步的宽度。
4. 通过A—A剖面图中的索引符号,在本图内找到详图①表明楼梯栏杆扶手的构造和做法。

设计单位名称		×××电教信息大楼		
绘 图		1#、2#楼梯平面图 剖面图及详图		
设 计				
校 对				
审 核				
专业负责人		比 例	设计阶段	施工图
工程负责人		日 期	档案号	S1234-建施-16

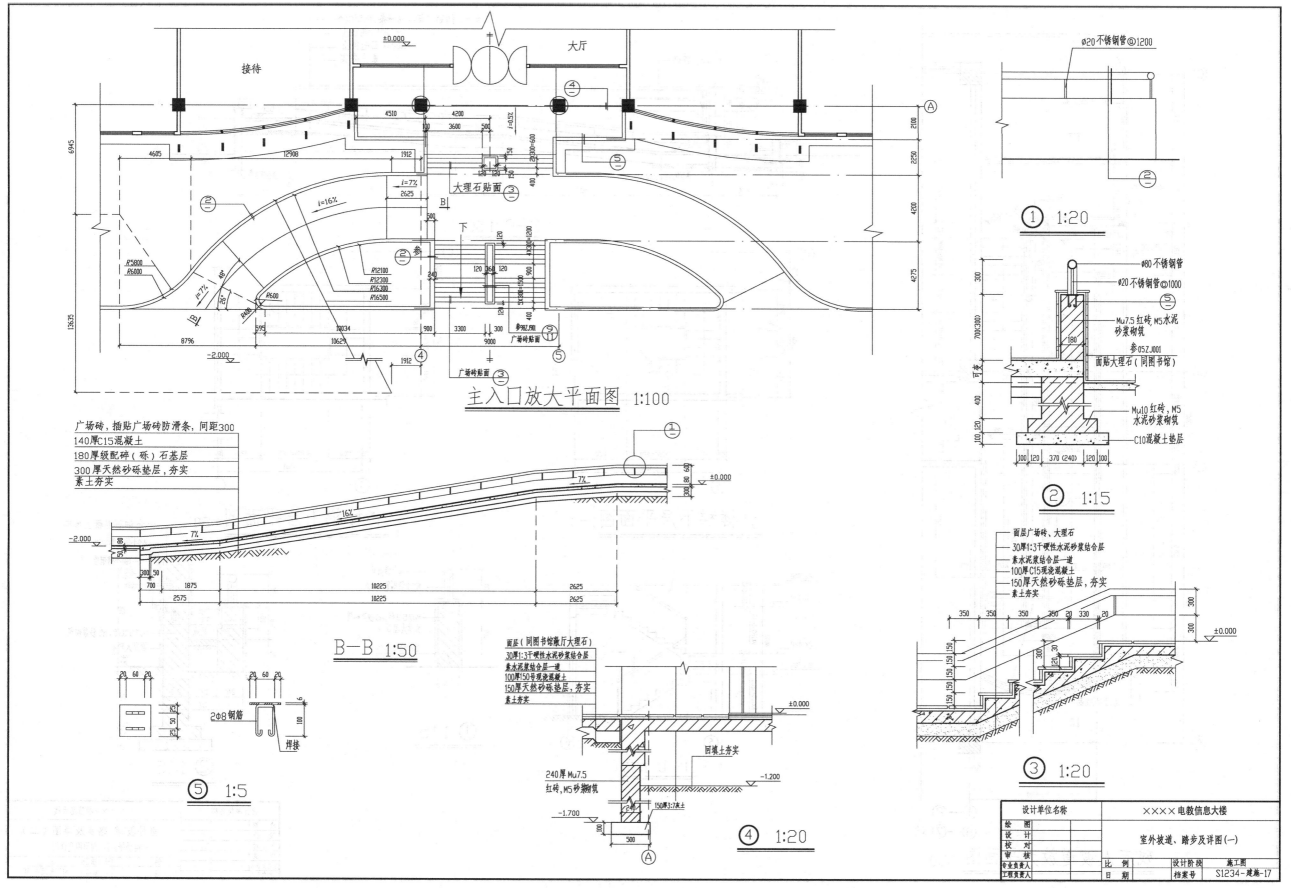

±0.000

大厅

接待

Φ20不锈钢管@1200

大理石贴面

主入口放大平面图 1:100

① 1:20

Φ80不锈钢管
Φ20不锈钢管@1000
Mu7.5 红砖,M5水泥砂浆砌筑
参05ZJ001
面贴大理石(同图书馆)
Mu10 红砖, M5水泥砂浆砌筑
C10混凝土垫层

② 1:15

广场砖,插贴广场砖防滑条,间距300
140厚C15混凝土
180厚级配碎(砾)石基层
300厚天然砂砾垫层,夯实
素土夯实

B—B 1:50

2Φ8钢筋
焊接

⑤ 1:5

面层(同图书馆藏厅大理石)
30厚1:3干硬性水泥砂浆结合层
素水泥浆结合层一道
100厚150号现浇混凝土
150厚天然砂砾垫层,夯实
素土夯实

回填土夯实

240厚Mu7.5
红砖,M5砂浆砌筑

④ 1:20

面层广场砖、大理石
30厚1:3干硬性水泥砂浆结合层
素水泥浆结合层一道
100厚C15现浇混凝土
150厚天然砂砾垫层,夯实
素土夯实

③ 1:20

设计单位名称	××××电教信息大楼
绘 图	
设 计	室外坡道、踏步及详图(一)
校 对	
审 核	
专业负责人	比 例
工程负责人	日 期

设计阶段 施工图

档案号 S1234-建施-17

23

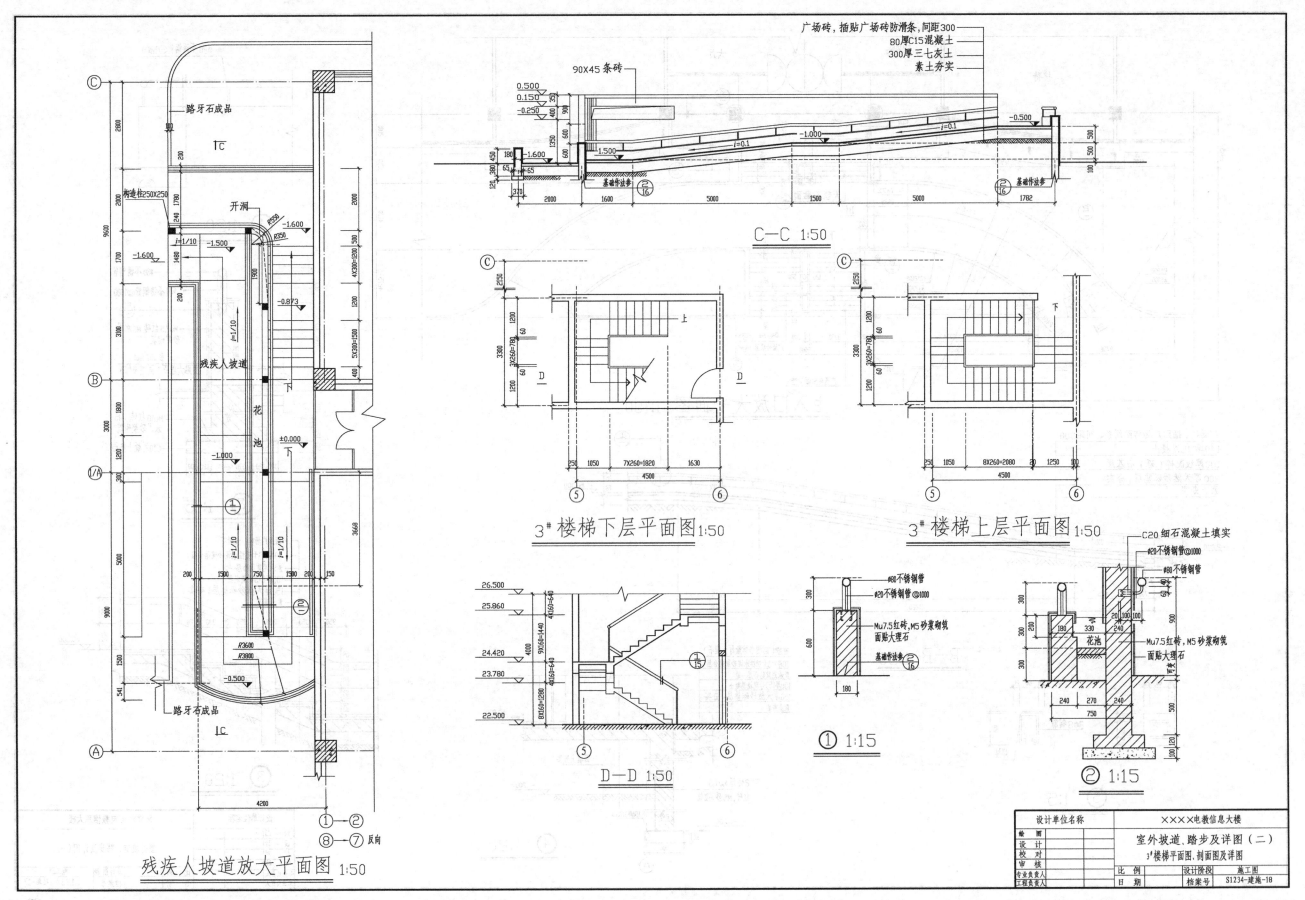

广场砖,插贴广场砖防滑条,间距300
80厚C15混凝土
300厚三七灰土
素土夯实

90X45 条砖

C—C 1:50

3#楼梯下层平面图 1:50

3#楼梯上层平面图 1:50

C20 细石混凝土填实
φ20不锈钢管@1000
φ80不锈钢管

φ80不锈钢管
φ20不锈钢管@1000

Mu7.5红砖,M5砂浆砌筑
面贴大理石
基础作法参

花池

Mu7.5红砖,M5砂浆砌筑
面贴大理石

D—D 1:50

① 1:15

② 1:15

构造柱250X250

开洞

路牙石成品

残疾人坡道

花池

路牙石成品

残疾人坡道放大平面图 1:50

设计单位名称		××××电教信息大楼
检 图		室外坡道、踏步及详图（二）
设 计		3#楼梯平面图、剖面图及详图
校 对		
审 核		
专业负责人		设计阶段 施工图
工程负责人		日 期 档案号 S1234-建施-18

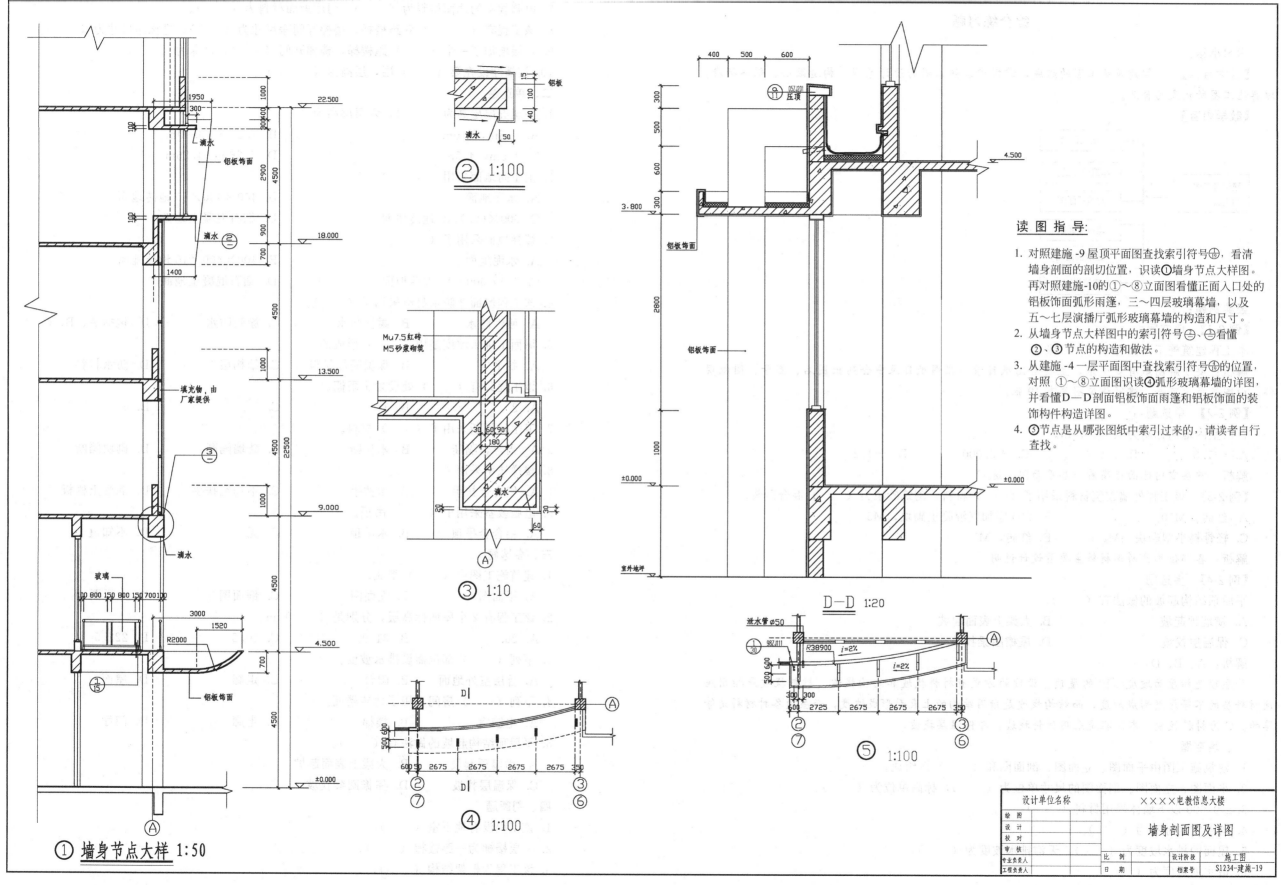

读图指导:

1. 对照建施-9屋顶平面图查找索引符号⑪,看清墙身剖面的剖切位置,识读①墙身节点大样图。再对照建施-10的①～⑧立面图看懂正面入口处的铝板饰面弧形雨篷,三～四层玻璃幕墙,以及五～七层演播厅弧形玻璃幕墙的构造和尺寸。

2. 从墙身节点大样图中的索引符号 、 看懂②、③节点的构造和做法。

3. 从建施-4一层平面图中查找索引符号⑪的位置,对照①～⑧立面图识读④弧形玻璃幕墙的详图,并看懂D—D剖面铝板饰面雨篷和铝板饰面的装饰构件构造详图。

4. ⑤节点是从哪张图纸中索引过来的,请读者自行查找。

② 1:100

③ 1:10

D—D 1:20

④ 1:100

⑤ 1:100

① 墙身节点大样 1:50

设计单位名称	××××电教信息大楼
绘 图	
设 计	墙身剖面图及详图
校 对	
审 核	
专业负责人	
工程负责人	

比 例		设计阶段	施工图
日 期		档案号	S1234-建施-19

综合练习题

学习小结：

【教学目标】 了解建筑施工图的组成，掌握建筑施工图的设计原理、构造做法、制图标准，理解施工图所代表的含义。

【教学内容】

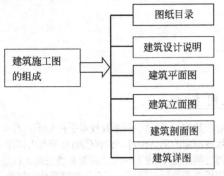

经典例题：

【例 2-1】 填空题

本工程建筑施工图共有（　　）张。

解析： 要了解图纸有多少张，主要看图纸目录。在图纸目录中会列出图名、图号、图纸规格。由图纸目录可知，建筑施工图共有 19 张。

【例 2-2】 单选题

首层室内地面标高为（　　）m。

A. −1.8　　　　B. −1.4　　　　C. ±0.000　　　　D. −1.2

解析： 首层室内地面标高看一层平面图。选 C。

【例 2-3】 该工程外墙砌筑材料采用了（　　）材料，砌筑砂浆为（　　）混合砂浆。

A. 红砖，M10　　　　　　　B. 200 厚加气混凝土砌块，M5

C. 轻骨料小型砌块，M2.5　　　D. 红砖，M5

解析： 各部位构件所用材料主要看设计说明。

【例 2-4】 多选题

平屋顶结构起坡的做法有（　　）。

A. 横墙顶起坡　　　　　　　B. 大梁上表面起坡

C. 保温层找坡　　　　　　　D. 屋檐圈梁找坡

解析： A、B、D

平屋顶是指屋面坡度≤10 的屋顶，设坡的方式有材料找坡和结构找坡，材料找坡是指用屋顶材料层的不等厚度形成坡度，而结构找坡是指用结构的上表面形成坡度，而屋顶各种材料是等厚的。C 为材料找坡。本工程是采用材料找坡，即保温层找坡。

一、填空题

1. 建筑施工图由平面图、立面图、剖面图和（　　）图组成。
2. 平面图、立面图、剖面图的尺寸单位为（　　），标高单位为（　　）。
3. ±0.000 以下墙体采用材料（　　）。
4. 首层室内标高为（　　）。
5. 屋面的排水坡度为（　　），天沟排水坡度为（　　）。
6. 散水的宽度为（　　）。
7. 电脑教室的地面材料为（　　），门厅地面材料为（　　）。
8. 该工程有（　　）个双跑楼梯，楼梯开间净尺寸为（　　），进深净尺寸为（　　）。
9. 六层增加了一个（　　）跑楼梯，楼梯开间（　　），进深为（　　）。
10. 演播厅设在第（　　）层，层高为（　　）m。

二、单选题

1. 一至五层层高为（　　），六层层高为（　　）。

   A. 4.5m，4.0m　　　　　　　B. 4.26m，3.90m

   C. 4.5m，4.5m　　　　　　　D. 4.26m，4.26m

2. 卫生间地面采用了（　　）。

   A. 水泥地面　　　　　　　　B. 400×400×10 地砖地面

   C. 600×600×10 地砖地面　　　D. 细石混凝土地面

3. 楼梯地面采用了（　　）。

   A. 水泥地面　　　　　　　　B. 400×400×10 地砖地面

   C. 600×600×10 地砖地面　　　D. 细石混凝土地面

4. 该工程屋面 2 防水材料采用了（　　）。

   A. 刚性防水　　B. 柔性防水　　C. 涂膜防水　　D. 包括 A、B、C

5. 屋面 1 排水坡度是用（　　）形成的。

   A. 找平层　　　B. 保温隔热材料　　C. 结构层　　D. 防水材料

6. 该工程共有（　　）处设置了雨棚。

   A. 2　　　　　B. 3　　　　　C. 1　　　　　D. 4

7. 卫生间隔断采用了（　　）材料。

   A. 铝合金隔断　　B. 木隔断　　　C. 砖墙隔断　　D. 砌块隔断

8. 楼梯扶手采用了（　　）。

   A. 铝合金扶手　　B. 木扶手　　　C. 不锈钢扶手　　D. 混凝土栏板

9. 电脑教室采用了（　　）吊顶。

   A. 铝合金吊顶　　B. 木吊顶　　　C. 无　　　　　D. 不知道

三、多选题

1. 建筑施工图由（　　）组成。

   A. 平面图　　　B. 立面图　　　C. 剖面图　　　D. 大样图

2. 该工程有 2 个屋面标高层，分别是（　　）m。

   A. 26.5　　　　B. 31.9　　　　C. 30.5　　　　D. 222.5

3. 下列（　　）部位需设排水坡度。

   A. 首层室外地面　　B. 阳台　　　C. 走廊　　　D. 屋面

4. 下列（　　）房间采用了地砖楼面。

   A. 电脑室　　　B. 楼梯　　　　C. 走廊　　　　D. 门厅

5. 平屋顶结构起坡的做法有（　　）。

   A. 横墙顶起坡　　　　　　　B. 大梁上表面起坡

   C. 保温层找坡　　　　　　　D. 屋檐圈梁找坡

四、判断题

1. 该工程没有地下室（　　）。
2. 一层楼梯为一跑楼梯（　　）。
3. 该工程为框架结构（　　）。

4. 各楼层层高相同（　　）。

5. 层高和净高相同（　　）。

6. 外墙和内墙砌筑材料相同（　　），装饰材料不同（　　）。

7. 电脑教室和走廊地面材料相同（　　）。

8. 墙体和柱均为钢筋混凝土材料（　　）。

9. 屋面排水为有组织排水（　　）。

10. 屋面 1 为上人屋面，屋面 2 为不上人屋面（　　）。

五、识图绘图题

1. 读卫生间详图，回答下列问题。

① 卫生间地面的排水坡度是多少？

② 卫生间的隔断采用什么材料？高度是多少？

③ 洗手台采用什么材料？高度是多少？

④ 卫生间设计通常考虑哪些问题？

2. 根据建筑构造表，用引线画出不同房间的地面构造做法。

① 电脑教室地面　　　　　　　② 卫生间地面

小结：各地面面层材料选择考虑哪些方面问题？

3. 根据建筑构造表，用引线画出屋 2 的构造做法。

4. 根据建筑构造表，用引线画出卫生间顶棚构造做法。

六、问答题

1. 单体建筑设计常常分哪几个阶段，本套图纸是哪一阶段的成果？

2. 指出下列两者标高有什么不同？

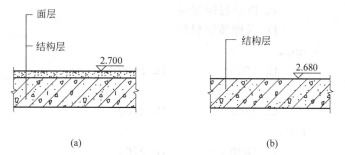

(a)　　　　　　　　　　　(b)

建筑标高与结构标高示意图

3. 本工程屋面保温与防水采用了几种构造措施？

4. 电梯井旁边的几个井道是什么用途？此井道是每层都贯通的吗？

5. 层高和净高有什么区别？

6. 建筑屋顶平面图中标高是指保温防水等构造层的上表面标高，还是结构楼板的上表面标高？

检查与测试

一、填空题（每空 1 分，共 20 分）

1. 本工程建筑施工图共有（　　）张。

2. 本工程±0.00 以上墙体均采用容重为 06 级，强度 35 级（　　）厚（　　）砌块（　　）砂浆砌筑。

3. 本工程层面属Ⅱ级防水等级，采用刚柔防水屋面，详见（　　）表，并严格执行《屋面工程技术规范》。

4. 一层平面房间的主要使用房间有电脑教室、（　　）、（　　）；辅助用房有配电室、储藏室、开水房；交通部分有大厅、（　　）、（　　）、（　　）。

5. ①～⑧立面图是正立面图，反映该大楼的外观造型。外墙面的面砖尺寸为（　　）、（　　）。

6. 门窗编号以约定的方式：汉语拼音字母简写，如 C-1 代表（　　）、MQ-2 代表（　　）、M-1 代表（　　）、LM-1 代表（　　）、FM1221 代表（　　）的防火门等。

7. 对照一层平面图查找 1-1 剖面图的剖切位置和投射方向。被剖切到的结构构件如梁、（　　）和（　　），用粗实线表示，未剖切到但可见的构件如柱、小梁、（　　）、女儿墙、檐口等的轮廓线用细实线表示。

二、单选题（每题 2 分，共 20 分）

1. 该工程横向定位轴线共有（　　）。

A. ①～⑥　　　　B. ①～⑧　　　　C. ①　　　　D. ⑧

2. 一层大厅开间尺寸为（　　）mm。

A. 4500　　　　B. 9000　　　　C. 13500　　　　D. 18000

3. 一层大厅进深尺寸为（　　）mm。

A. 9000　　　　B. 12000　　　　C. 15000　　　　D. 12400

4. 读①～⑧立面图，一层窗台离地高度为（　　）mm。

A. 1000　　　　B. 2400　　　　C. 1100　　　　D. 4500

5. 装饰构造做法刷 1 为（　　）。
   A. 外墙装饰材料　　　　　　　　B. 内墙装饰材料
   C. 地面装饰材料　　　　　　　　D. 天棚装饰材料
6. 一层大厅吊顶离地高度为（　　）mm。
   A. 1000　　　　B. 2400　　　　C. 2800　　　　D. 2700
7. 一层层高为（　　）mm。
   A. 1000　　　　B. 2400　　　　C. 1100　　　　D. 4500
8. 一层展厅吊顶离地高度为（　　）mm。
   A. 1000　　　　B. 2400　　　　C. 2800　　　　D. 2700
9. 卫生间地面与楼层地面高差为（　　）mm。
   A. 20　　　　　B. 30　　　　　C. 50　　　　　D. 100
10. 楼梯扶手离地高度为（　　）mm。
   A. 1000　　　　B. 900　　　　C. 950　　　　D. 830

三、识图绘图题（共 45 分）
1. 写出下列图例的材料名称。（10 分）

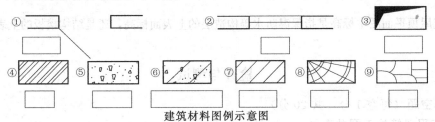

建筑材料图例示意图

2. 读 1#、2# 楼梯平面图、剖面图及详图，完成下列问题。（20 分）
   (1) 14×300=4200 的含义

   (2) 15×150=2250 的含义

   (3) 8×2250=18000 的含义

   (4) 该工程梯井宽为（　　）mm。

   (5) 该楼梯扶手采用了什么材料？

3. 绘制楼梯间地面、天棚、屋顶的构造做法。（15 分）

四、问答题（每题 5 分，共 15 分）
1. 图中标注的各标高是建筑标高还是结构标高？什么是建筑标高？什么是结构标高？配合阅读结构施工图，指出房间、走廊、卫生间等各房间建筑标高与结构标高的差值。

2. 楼梯、电梯井、走廊中每层是否要做现浇板？

3. 本工程上人屋面和不上人屋面在构造做法上有什么不同？

第 3 章　结构施工图读解

3.1　结构施工图概述

3.1.1　房屋结构及分类

房屋建筑中起承重和支撑作用的构件（图 3-1）的梁、柱、墙、板及基础，按一定的构造和连接方式组成房屋结构体系，称为房屋结构。房屋结构要有足够的坚固性和耐久性，以保证房屋在各种荷载作用下的安全使用。

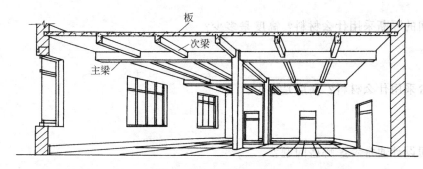

图 3-1　房屋结构示意图

房屋结构若按主要承重构件采用的材料来分类，可分为：全部采用钢筋混凝土构件承重的房屋结构，称为钢筋混凝土结构；用砖墙和钢筋混凝土板、梁承重的房屋结构称为混合结构；单层工业厂房，其屋顶常采用桁架，称为排架结构。

3.1.2　结构施工图设计原理

结构施工图设计根据房屋建筑中的承重构件进行结构设计后画出，结构设计时要根据建筑要求选择结构类型，进行合理布置，再通过力学计算确定构件的断面形状、大小、材料及构造等。图 3-2 为某多层砖混荷载传递示意图。

3.1.3　结构施工图的特点

① 房屋结构施工图是表明结构设计的内容和各工种（建筑、给排水、暖通、电气）对结构的要求。结构施工图主要用于放灰线、挖基槽、支撑模板、配钢筋、浇灌混凝土等施工过程，也是计算工程量、编制施工进度的依据。

② 建筑结构施工图设计应按照《房屋建筑制图统一标准》、《建筑结构制图标准》绘制，同时应满足结构设计规范、施工规范的要求。

③ 不同的结构形式，如砖混结构的房屋，它的结构图主要是墙体、梁或圈梁、门窗过梁、砖柱或钢筋混凝土柱或抗震的构造柱、楼板、楼梯以及它们的基础。若为钢筋混凝土框架结构的房屋，它的结构图主要是柱子、梁、板、楼梯、围护墙体结构等以及与主体结构相适应的基础。若为单层工业厂房排架结构，它的结构图主要

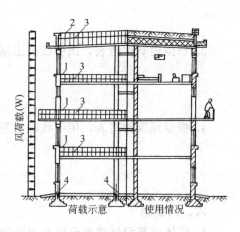

图 3-2　某多层砖混荷载传递示意图
1—楼面活荷载；2—雪荷载式施工
（检修）荷载；3—楼盖（屋盖）
自重；4—墙身自重

是柱子、墙梁、吊车梁、屋架、大型屋面板、联系梁、柱基等。读图实例提供的是框架结构施工图。

④ 由于房屋构件种类繁多，布置复杂，为了便于区别、制表和查阅，常用的构件代号用各构件名称的汉语拼音第一个字母表示，见附录四；常用钢筋符号及图例见附录五。

⑤ 常用的结构图表示方法有图示法、表格法、平面注写法、文字说明等。对定型的构配件、标准构造、做法等可选用国家和地方现行标准图。

⑥ 结构施工图一般分为基础施工图和主体结构施工图，一般以±0.000为分界线。±0.000以下为基础施工图，±0.000以上为主体结构施工图。

3.2 图纸的组成和编排

由于结构构造形式的不同，图纸的组成是千变万化的。图纸编排通常是布置图在前，构件图、详图在后。结构施工图一般由以下图纸组成。

3.2.1 图纸目录（见读图实例结施）

图纸目录的内容应包括序号、图纸名称、图号、规格、张数、版次。

3.2.2 结构设计总说明（见读图实例结施-1、-2）

一般应包括设计依据、自然条件、设计要求和原则、荷载及作用、结构形式、选材、重要构造、施工注意事项及有关图号。

3.2.3 基础平面布置图及基础详图

（1）基础平面布置图（见读图实例结施-3、-4）

基础平面图主要表示基础（柱基、或墙基）的位置、所属轴线以及基础内留洞、构件、管沟、地基变化台阶、底标高等平面布置情况。

（2）基础详图（见读图实例结施-5～结施-7）

基础详图主要说明基础的具体构造。一般墙体的基础往往取基础某一平面处的剖面来说明它的构造；柱基则单独绘成一个柱基大样图。基础大样图上标有所在轴线位置、基底标高、基础防潮层面标高、垫层尺寸与厚度。柱基的钢筋配筋和台阶尺寸构造。

3.2.4 结构平面布置图（见读图实例结施-8～结施-22）

① 结构平面布置图包括楼层结构平面布置图和屋面结构平面布置图。结构平面布置图主要表示框架的平面位置、柱距、跨度；梁的位置、间距、梁号；楼板的跨度、板厚以及围护结构的尺寸、厚度和其他需在结构平面图上表示的内容。

② 框架结构平面图划分成模板和配筋图两部分。模板图上除表示平面位置外，还应表示出柱、梁的编号和断面尺寸以及楼板的厚度和结构标高等。配筋图上主要绘制出楼板钢筋的放置、规格、间距、尺寸等。

③ 如果各层楼面结构平面布置图相同，则可只画出一个标准楼层结构平面布置图，但应注明适用各层的层数。

3.2.5 结构构件详图（见读图实例结施-23～结施-27）

结构构件详图一般包括梁、板、柱、楼梯、阳台、屋顶等构件的详图。构件详图通常也是划分成模板图和配筋图两部分。在模板图中尚应表示出预埋件及设备地脚螺栓的布置，并绘制预埋件详图。当预埋件数量较多时，宜编制预埋件表。

3.3 读图方法和步骤

一套结构施工图包括的内容较多，图纸往往有很多张，应在了解结构施工图特点、内容、常用的构造做法以及相关的规范的基础上，按一定的顺序、步骤以及相互对照进行识读，这样才能迅速全面的读懂结构施工图，以实现读图的意义和目的。

① 按照图纸目录检查图纸是否齐全，图纸编号与图名是否符合；如采用相匹配的标准图则要了解标准图是哪一类，图集的编号和编制单位，以便查看。图纸齐全就可以按图纸顺序看图。

② 看设计总说明。了解结构构造要求，所使用的图集，所用材料要求，钢材和混凝土等级，砌体的砂浆等级和砌块的强度要求，特殊部位的构造做法。

③ 看基础施工图。基础施工图主要看基础平面图和基础详图。看平面图了解轴线的道数、位置、编号，有时应对照建筑平面图进行核对。看详图了解基础底标高、垫层厚度。基础配筋、柱的插筋等。

④ 看结构平面布置图。了解柱网距离即轴线尺寸，框架编号，框架梁的尺寸、次梁的编号和尺寸，楼板的厚度和配筋等。

⑤ 看结构构件详图了解梁、板、柱、楼梯、阳台，了解构件的编号、尺寸、标高、配筋情况。

⑥ 建筑图和结构图相互对照

a. 建筑图和结构图相同的地方：轴线位置、编号应相同；墙体厚度应相同；过梁的位置与门窗洞口位置应相同等。

b. 建筑图和结构图不相同的地方：建筑标高与结构标高不相同；结构尺寸和建筑（装饰后的）尺寸不相同；承重墙在结构平面图上应表明，非承重的隔断墙则在建筑平面图中才表示等。

c. 相关联的地方：结构图和建筑图相关联的地方，必须同时看两种图。如雨篷、阳台的结构图和建筑装饰图等。

d. 结构施工图与建筑施工图必须密切配合，这两个工种的施工图之间不能有所矛盾。如发现建筑图与结构图有矛盾，一般以结构尺寸为准。

阅读结构施工图时必须仔细，因为结构质量的好坏，将影响房屋质量和使用寿命，所以看图时对图纸上的尺寸，混凝土的强度等级等必须看清牢记。同时应熟悉结构设计规范与施工规范的要求。

3.4 读图实例

本教材主要讲解钢筋混凝土框架结构的读图方法，并选用了某高校电教信息大楼钢筋混凝土框架结构作为工程读图实例，进行读图指导。本书仅选择图纸目录中打√的图纸，加以点评说明，有关阅读方法顺序见上一节。

序号	图 纸 名 称	图号	规格	张数	版次	本图册选用
1	图纸目录	S1234-结施	A4	2张	1	✔
2	结构设计总说明(一)	S1234-结施-1	A2	1张	1	✔
3	结构设计总说明(二)	S1234-结施-2	A1	1张	1	✔
4	桩位布置图	S1234-结施-3	A1	1张	1	✔
5	承台平面布置图	S1234-结施-4	A1	1张	1	✔
6	承台详图(一)	S1234-结施-5	A1	1张	1	✔
7	承台详图(二)	S1234-结施-6	A1	1张	1	✔
8	承台详图(三)	S1234-结施-7	A1	1张	1	✔
9	柱网平面布置图	S1234-结施-8	A1	1张	1	✔
10	首层结构平面布置图、梁配筋图	S1234-结施-9	A1	1张	1	✔
11	二层结构平面布置图、梁配筋图	S1234-结施-10	A1	1张	1	✔
12	三层~五层结构平面布置图、梁配筋图	S1234-结施-11	A1	1张	1	✔
13	六层结构平面布置图、梁配筋图	S1234-结施-12	A1	1张	1	✔
14	标高26.460层结构平面布置图、梁配筋图	S1234-结施-13	A1	1张	1	✔
15	屋面结构平面布置图、梁配筋图	S1234-结施-14	A1	1张	1	✔
16	预应力设计说明 梁板预应力束型图	S1234-结施-15	A1	1张	1	✔
17	梁板预应力束型图 端部大样图	S1234-结施-16	A1	1张	1	✔
18	首层平面板配筋图	S1234-结施-17	A1	1张	1	✔

序号	图 纸 名 称	图号	规格	张数	版次	本图册选用
19	二层平面板配筋图(一)	S1234-结施-18	A1	1张	1	✔
20	二层平面板配筋图(二)	S1234-结施-19	A1	1张	1	✔
21	三至六层平面板配筋图	S1234-结施-20	A1	1张	1	✔
22	标高26.460层平面板配筋图	S1234-结施-21	A1	1张	1	✔
23	屋面板配筋图	S1234-结施-22	A1	1张	1	✔
24	柱表	S1234-结施-23	A2	1张	1	✔
25	墙详图	S1234-结施-24	A1	1张	1	✔
26	预应力梁表(一)	S1234-结施-25	A1	1张	1	✔
27	预应力梁表(二)	S1234-结施-26	A1	1张	1	✔
28	1#、2#楼梯间详图	S1234-结施-27	A1	1张	1	✔
29	1#、2#楼梯表	S1234-结施-28	A1	1张	1	✔
30	3#楼梯间详图及梯表	S1234-结施-29	A1	1张	1	✔

设计单位名称

工程名称 PROJECT NAME XXXX电教信息大楼

签 名 SIGNATURE		图 纸 目 录	设计阶段 DESIGN STAGE	施工图
设计 DESIGN				
制图 DRAW		图号：DRAWING No.		
校核 CHECK		S1234-结施		
审核 APPR.				

合同号 CONTRACT No. 　专业 结构　第 1 张 共 2 张 SHEET OF　比例 SCALE　版次 REV.

设计单位名称

工程名称 PROJECT NAME XXXX电教信息大楼

签 名 SIGNATURE		图 纸 目 录	设计阶段 DESIGN STAGE	施工图
设计 DESIGN				
制图 DRAW		图号：DRAWING No.		
校核 CHECK		S1234-结施		
审核 APPR.				

合同号 CONTRACT No. 　专业 结构　第 2 张 共 2 张 SHEET OF　比例 SCALE　版次 REV.

结构设计总说明（一）

一、设计依据

1.1 审批文件，建设单位要求详见建施图。
1.2 国家现行结构设计规范、规程。
1.3 国家行业标准及地方结构设计规范规程。
1.4 建筑专业和设备专业提供的设计条件。
1.5 岩土工程勘察报告：××××工程勘察有限公司提供的《××××电教信息大楼拟建场地岩土工程详细勘察报告》。
1.6 设计使用基准期为50年。

二、自然条件

2.1 工程所在地。
2.2 基本风压：$W_0=0.70kN/m^2$。
2.3 地震基本烈度：7度，按近震设计。
2.4 建筑场地类别：Ⅱ类。
2.5 勘测场地地下水稳定水位为绝对标高，见岩土工程勘察报告。
2.6 地下水腐蚀性：对钢筋混凝土结构具弱腐蚀性。
2.7 场地的地形、地貌、工程地质特性详见《岩土工程勘察报告》。

三、设计概要

3.1 建筑物概况：本建筑物为六层电教信息大楼。
3.2 图中所注标高均为相对标高。
3.3 抗震设防类别：丙类。
3.4 结构类型：框架结构。
3.5 抗震设防烈度：7度。
3.6 结构抗震等级：3级。
3.7 基础型式为高强预应力混凝土管桩。
3.8 荷载标准值：

3.8.1 教室：$2.0kN/m^2$　　　　走廊、楼梯：$2.5kN/m^2$
　　　阳台：$2.5kN/m^2$　　　　　卫生间：$2.5kN/m^2$
　　　上人屋面：$2.0kN/m^2$　　　不上人屋面：$0.5kN/m^2$

3.8.2 其他均布活荷载标准值按《建筑结构荷载规范》(GB 50009—2012)取值。
3.9 施工图表示方法和构造详图，采用国家标准《16G101—1,2,3》图集。
3.10 平面布置图中，除有注明外，梁、墙、柱均以轴线居中，或梁边与柱墙边齐平；斜梁、弧梁以轴线交点连线为中线；梁长以实际放样尺寸为准。
3.11 图中标高以米(m)为单位，其余均以毫米(mm)为单位。

四、材料

4.1 钢筋：
　Ⅰ级钢筋(HPB300) $f_y=270N/mm^2$
　Ⅱ级钢筋(HRB335) $f_y=300N/mm^2$
　Ⅲ级钢筋(HRB335) $f_y=360N/mm^2$
4.2 型钢、钢板：Q235A。
4.3 焊条：E43，E50。
4.4 混凝土强度等级除特别注明外，承台垫层、楼层梁板均为C30，剪力墙底部两层为C40，其他层为C30，矩形柱为C30。
4.5 砌体材料及强度等级：
　4.5.1 砌体材料详见建施图。
　4.5.2 砌体材料容重及强度等级若采用下述材料时，其容重限制及强度等级要求如下：
　　(a) 砌块砌体：容重<10kN/m³，材料强度Mu5，用M5.0混合砂浆砌筑。
　　(b) 地面以下墙体均用M5.0水泥砂浆砌筑。

五、施工与设计配合事宜

5.1 图纸会审：
施工前必须进行图纸会审，结施与建施、水施、设施、电施密切相关，需与这些专业图纸对照、核查，如有问题，在施工前解决。

5.2 地基与基础
5.2.1 地基基础详见基础图纸。
5.2.2 隔墙基础大样见图1。
5.2.3 回填土要求分层夯实，密实度大于等于0.92。

5.3 框架柱、剪力墙
5.3.1 保证柱、梁节点核心区混凝土强度和密实度。当墙、柱和梁的混凝土强度等级相差>5MPa时，节点区混凝土按强度等级高的混凝土施工分界面应在墙、柱外边500mm处，如图2所示。
5.3.2 当柱与砌体墙相连时，应沿柱高设拉墙筋2Φ6@600（砖墙时2Φ6@500）拉墙筋伸入柱内250mm，伸出柱外L；当L>700mm及L≥1/5墙长中较大者，或门窗洞边拉墙筋末端带弯钩，如图3所示。
5.3.3 剪力墙内两层钢筋网之间设拉结筋，除注明者外，拉结筋均为Φ6@600梅花型设置。拉结筋应与墙水平筋勾牢。

5.4 梁：
5.4.1 当跨度L>4m或悬挑梁跨L≥2m的梁支模时应按施工规范3/1000要求起拱。
5.4.2 悬挑梁必须在混凝土强度达到100%后方可拆模，在施工期间不得悬挂或堆放材料；悬挑梁配筋构造示意见图4。
5.4.3 交叉梁(井字梁)体系中，短向梁底筋置于长跨梁底筋之下。
5.4.4 梁中预留直径Φ≤150mm的圆洞，要设钢套管及加强筋，见图5。
5.4.5 框架梁纵筋在端节点水平锚固长度≥0.45L_{aE}时，按图6加横向筋。
5.4.6 屋面反梁，阻挡屋面雨排水时，在梁内排水标高预埋Φ50过水管上反梁纵筋在托梁内锚固见图7。
5.4.7 托梁端节点为梁时，其纵向钢筋的锚固要求见图8。
5.4.8 主次梁相交处，图中未特别加钢加强的，主梁附加筋大样图见图9。
5.4.9 梁高大于等于500mm时，需加腰筋，做法参见国标11G101。
5.4.10 当次梁高度大于主梁时，附加筋构造图见图22。

5.5 楼层(屋面)板：
5.5.1 板内分布钢筋除注明外，上下层分布筋均为Φ6@200。
5.5.2 板配筋图中标注支座钢筋长度均从板支座起算，见图10，板支座钢筋的锚固，见图11。
5.5.3 板内预埋管要放在上、下层钢筋网之间。
5.5.4 板面钢筋要保证正确位置，不能踏落，悬挑的阳角处应放射筋，见图13。
　若埋管处上面无钢筋，则沿埋管长方向加设Φ6@150的钢筋网，见图12。
5.5.5 板跨L>4m情况下，支模时，跨中起拱1/400。
5.5.6 板上预留洞时：
　(a) 洞口尺寸<300mm时，钢筋不切断，绕洞口通过。
　(b) 300mm<洞口尺寸<800mm时，按图14加强筋。
　(c) 洞口尺寸>800mm时，洞边加附加筋，除图中注明者外，按图15设边梁。
5.5.7 凡建施有吊筋的，均按建施要求设埋吊筋图。
5.5.8 双向配置受力筋的双向板，短向筋置于长向筋之下。
5.5.9 在靠近外墙的楼板阳角处1/3短跨范围内，面筋间距应加密至100mm。

5.6 构造柱、圈梁：
5.6.1 构造柱设置在砌体墙体的端部、转角、丁字接头处，以及宽度大于2.0m的门窗洞口两侧；当墙长>5m时，在墙中设一构造柱。
5.6.2 构造柱必须先砌墙后浇柱，墙应砌成马牙槎，并设拉结筋。
5.6.3 构造柱截面、配筋及详图见图16，构造柱上下纵筋须锚入梁或板内>350mm，按建施墙布置预留。

5.7 圈梁
5.7.1 当砌体墙高度大于4m时，在墙中部(或门、窗洞顶)设置。
与混凝土柱、墙连接的通长混凝土圈梁，见下表：

墙厚t/mm	梁截面尺寸/(mm×mm)	纵筋	箍筋	备注
≤120	t×120	4Φ10	Φ6@150	
120<t≤240	t×200	4Φ12	Φ6@150	
t>240	t×300	4Φ14	Φ6@150	

5.7.2 圈梁纵向钢筋在转角、丁字接头处的大样见图17。

5.8 过梁：
5.8.1 砌体墙中的门窗洞口顶，低于楼层梁底时，依据洞宽和墙厚，按图18及下表选设过梁。

过梁表（混凝土强度等级为C20）

l₀/mm	h/mm	a/mm	①	②	③
l_0≤1000	120	250	2Φ10	2Φ8	Φ6@200
1000<l_0≤1500	180	250	2Φ12	2Φ10	Φ6@200
1500<l_0≤2000	240	250	2Φ16	2Φ10	Φ6@200
2000<l_0≤2500	240	250	2Φ18	2Φ10	Φ6@200
2500<l_0≤3000	300	250	3Φ16	2Φ10	Φ8@200
3000<l_0≤4000	300	250	3Φ20	2Φ10	Φ8@200

5.8.2 砌体墙的门窗洞口顶，低于梁底高度而不足过梁高度时，应直接在梁底挂板，见图19。
5.8.3 对于混凝土柱、墙边的门、洞口上的过梁，施工柱、墙时，应留出过梁钢筋，见图20。

5.9 混凝土保护层最小厚度见下表：地面以下混凝土构件表面抹20厚M5水泥砂浆。

单位：mm

构件类别		混凝土强度等级 C25及C30	混凝土强度等级 C40
±0.000以上	墙、板	15	15
	梁	25	25
	柱	30	30
±0.000以下	墙、板	25	15
	梁	35	25
	柱	35	30
	承台	50	50

5.10 纵向受拉钢筋最小锚固长度L_{aE}及最小搭接长度(L_{lE})见11G101—1,2,3。
5.11 电梯井道、机房的预埋件、预留洞、设备基础及荷载等在主体施工建设方应提供准确到货资料，由施工单位及设计审核无误后方可施工。
5.12 当需设后浇带时，后浇带处钢筋贯通不切断，30天后用比原设计高一级无收缩混凝土浇筑，浇筑前应清除浮浆、酥松部分及杂物并冲洗干净，浇筑后潮湿养护不少于15天，后浇带位置见图中所注，做法见图21。
5.13 后浇带处的模板及支撑，应在后浇带浇筑完达到设计强度后方可拆除。

六、其他事宜

6.1 结构图中仅留出了各专业提供的较大洞口，较小洞口请按各专业图纸要求预留，不得事后在混凝土构件上剔槽、打洞。
6.2 凡需浇捣楼板的各专管通井，在楼面施工时，应先配好板钢筋，待管道安装完毕，再浇筑该部分楼板混凝土。
6.3 楼梯栏杆的连接及埋件详见建施图。
6.4 铝管管道不允许埋在混凝土构件内，以免铝与钢筋发生电化反应，若必须用铝管，则其表面必须有有效的防护层。
6.5 防雷引下线，对梁、板、柱(或墙)，基础内钢筋的焊接要求，详见电施图。
6.6 沉降观测：按《地基与基础工程施工及验收规范》(GB 50202—2013)要求，设置沉降观测点(及水准点)并定期观测，观测点至少在建筑物外墙四角及变形缝两侧。
6.7 未尽事宜需遵守国家及本工程所属地区有关施工验收规范、规程和规定。

设计单位名称	××××电教信息大楼
绘图	
设计	结构设计总说明(一)
校对	
审核	
专业负责人	比例　　　设计阶段　施工图
工程负责人	日期　　　档案号　S1234-结施-1

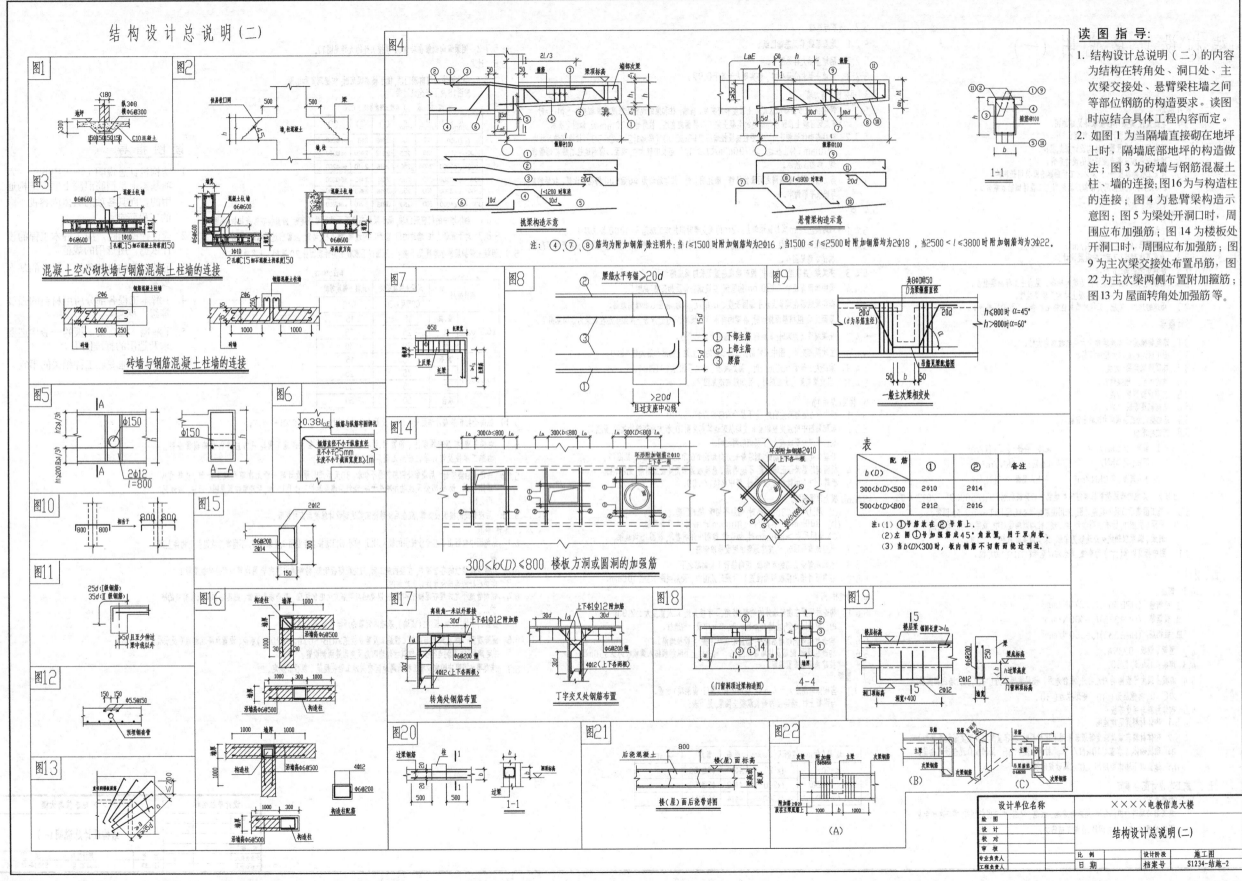

结 构 设 计 总 说 明（二）

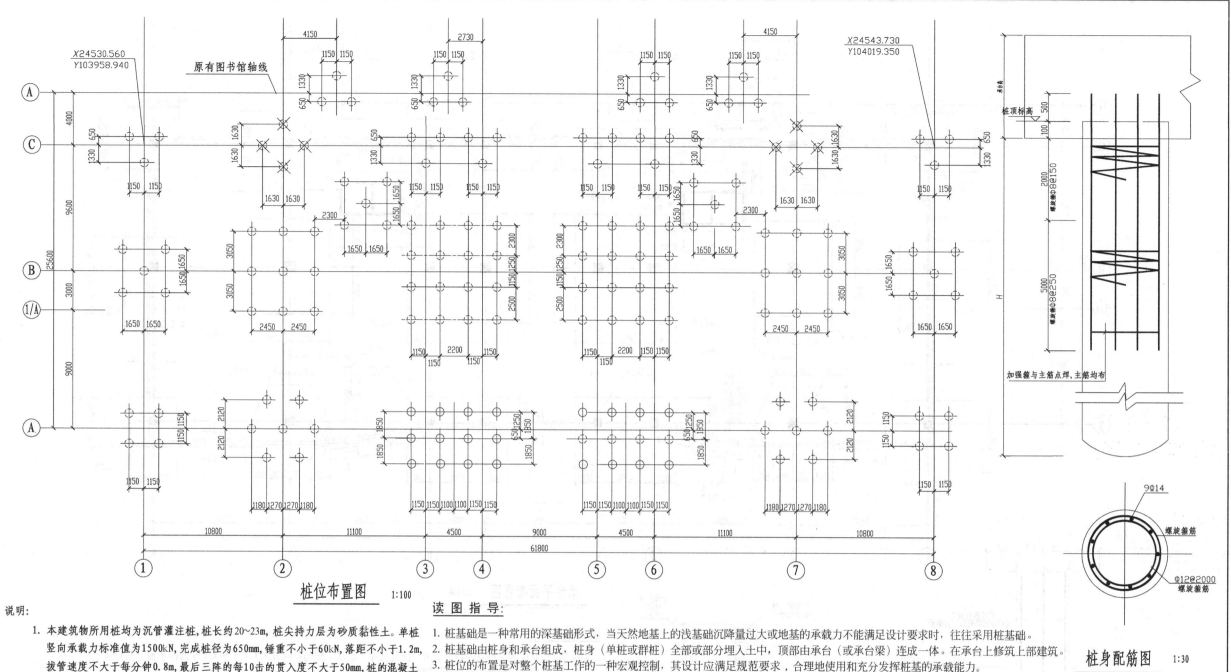

桩位布置图 1:100

桩身配筋图 1:30

说明:
1. 本建筑物所用桩均为沉管灌注桩,桩长约20~23m,桩尖持力层为砂质黏性土。单桩竖向承载力标准值为1500kN,完成桩径为650mm,锤重不小于60kN,落距不小于1.2m,拔管速度不大于每分钟0.8m,最后三阵的每10击的贯入度不大于50mm,桩的混凝土强度等级为C25,桩混凝土保护层厚度70~85mm,充盈系数不小于1.08。
2. 桩基础施工应遵守《建筑桩基技术规范》JGJ106—2014所规定的质量标准。
3. 由于地下水对混凝土有腐蚀性,要求桩身及承台采用525号普通硅酸盐水泥浇灌。
4. 桩顶标高由承台顶标高及承台高度定。

读图指导:
1. 桩基础是一种常用的深基础形式,当天然地基上的浅基础沉降量过大或地基的承载力不能满足设计要求时,往往采用桩基础。
2. 桩基础由桩身和承台组成,桩身(单桩或群桩)全部或部分埋入土中,顶部由承台(或承台梁)连成一体。在承台上修筑上部建筑。
3. 桩位的布置是对整个桩基工作的一种宏观控制,其设计应满足规范要求,合理地使用和充分发挥桩基的承载能力。
4. 看桩基布置图应了解桩的类型、桩的混凝土标号、桩长、桩径、桩尖持力层、地质条件。说明中所示桩长仅为参考值,桩长的计算以打入桩的实际长度计算。另外还应了解桩的有关构造要求,如桩基桩顶嵌入底板(承台)内的长度不得小于100mm。
5. 桩身配筋图表示了桩的配筋。受力筋9Φ14(9根直径14mm二级钢),加强螺旋箍筋Φ12@2000(直径12mm,间距2000mm),外螺旋箍筋为Φ8@250(直径8mm,间距250mm)与Φ8@150(直径8mm,间距150mm)。
6. 读图时注意桩的中心线与定位轴线的尺寸及相对位置关系;图中标高相当于黄海高程系统绝对标高。
7. 桩基础施工应遵守《建筑桩基技术规范》JGJ 106—2014所规定的质量标准。其质量检查的数量和位置,由设计、施工、质检和建设单位共同研究决定。

设计单位名称	××××电教信息大楼		
绘 图		桩位布置图	
设 计			
校 对			
审 核			
专业负责人	比 例	设计阶段	施工图
工程负责人	日 期	档案号	S1234-结施-3

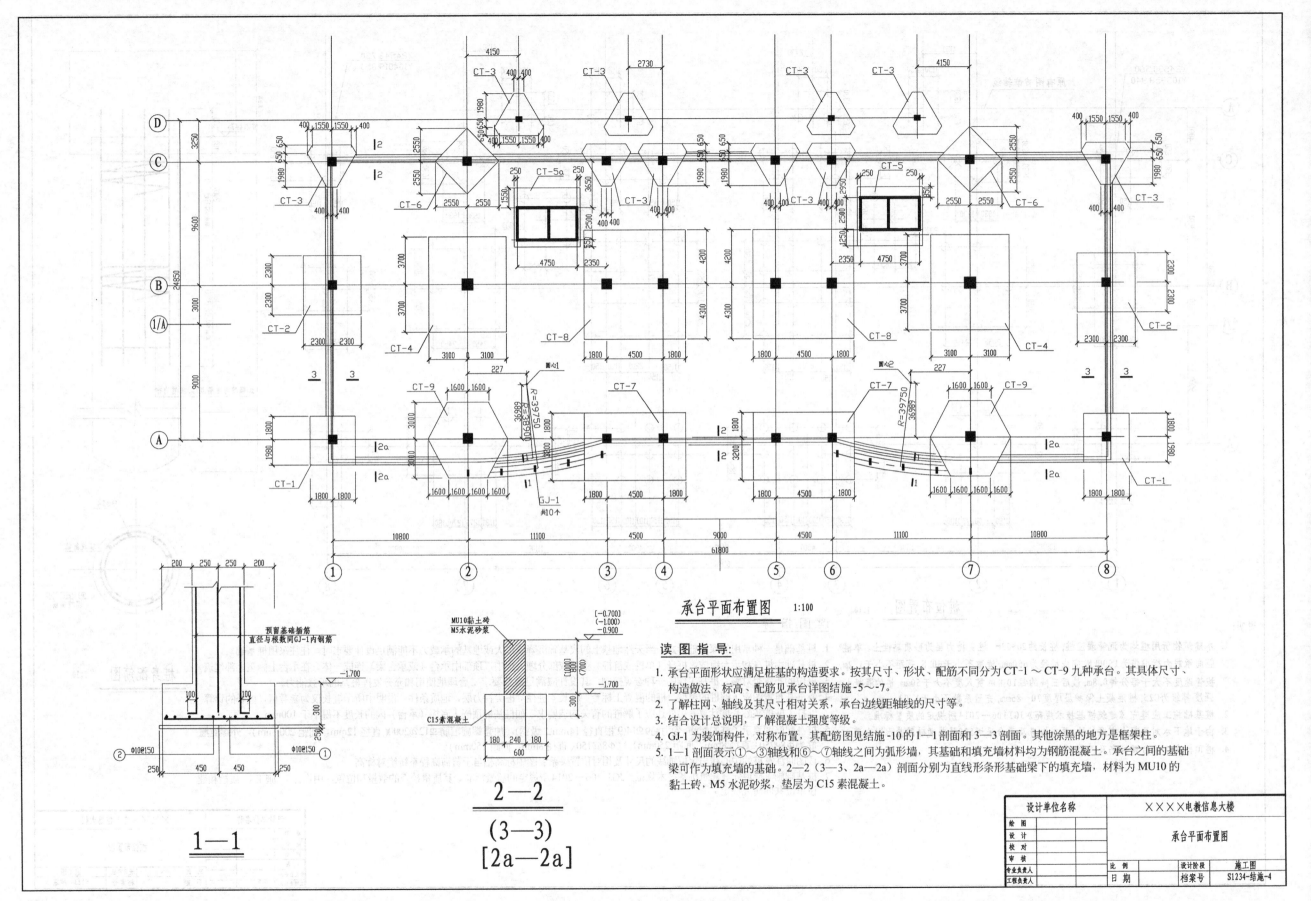

承台平面布置图 1:100

读图指导:

1. 承台平面形状应满足桩基的构造要求。按其尺寸、形状、配筋不同分为 CT-1 ~ CT-9 九种承台。其具体尺寸、构造做法、标高、配筋见承台详图结施-5~-7。
2. 了解柱网、轴线及其尺寸相对关系，承台边线距轴线的尺寸等。
3. 结合设计总说明，了解混凝土强度等级。
4. GJ-1 为装饰构件，对称布置，其配筋图见结施-10 的 1—1 剖面和 3—3 剖面。其他涂黑的地方是框架柱。
5. 1—1 剖面表示①~③轴线和⑥~⑦轴线之间为弧形墙，其基础和填充墙材料均为钢筋混凝土。承台之间的基础梁可作为填充墙的基础。2—2（3—3、2a—2a）剖面分别为直线形条形基础梁下的填充墙，材料为 MU10 的黏土砖，M5 水泥砂浆，垫层为 C15 素混凝土。

1—1

2—2
(3—3)
[2a—2a]

设计单位名称		××××电教信息大楼		
绘 图		承台平面布置图		
设 计				
校 对				
审 核				
专业负责人		比 例	设计阶段	施工图
工程负责人		日 期	档案号	S1234-结施-4

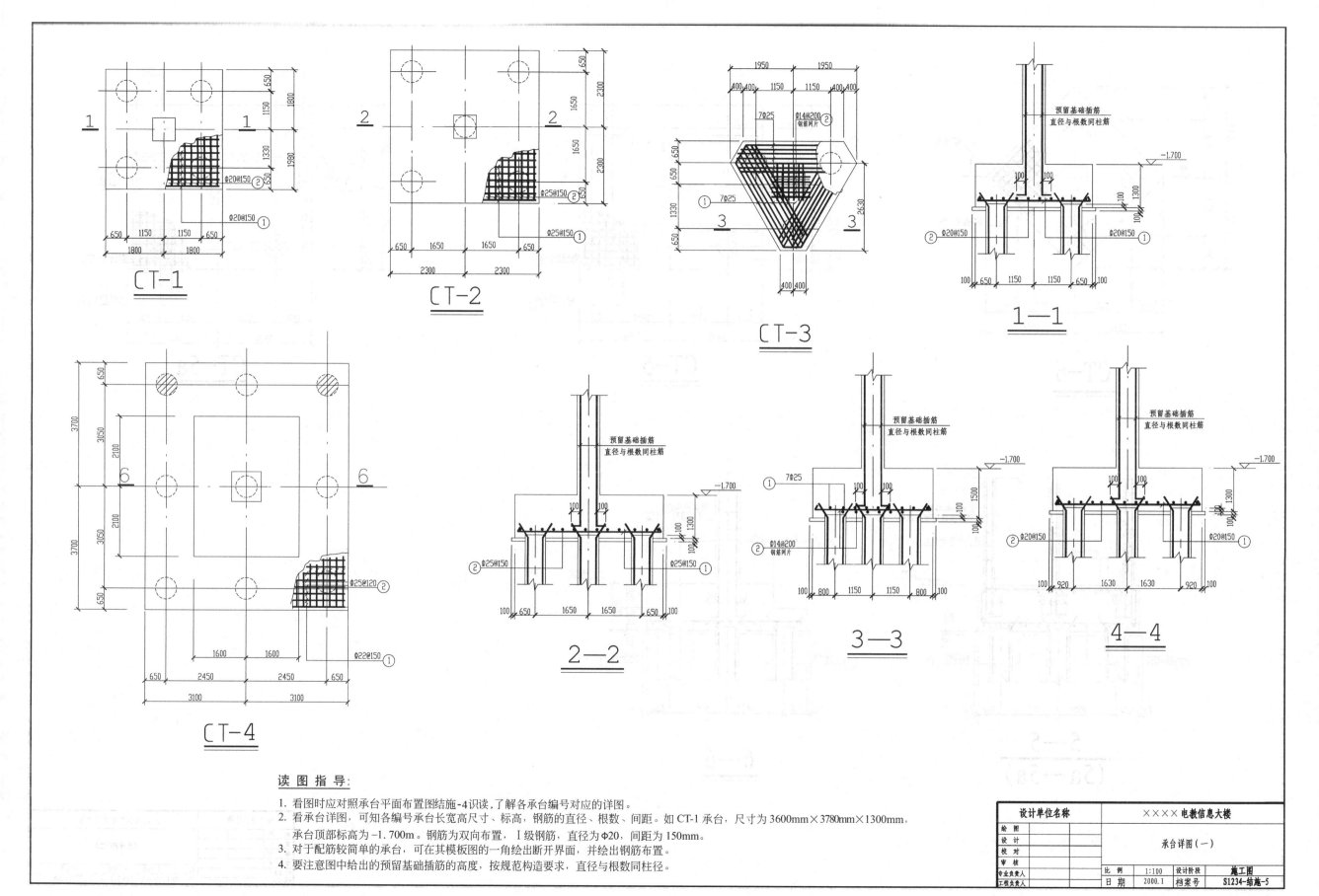

CT-1

CT-2

CT-3

1—1

CT-4

2—2

3—3

4—4

读 图 指 导：

1. 看图时应对照承台平面布置图结施-4识读,了解各承台编号对应的详图。

2. 看承台详图,可知各编号承台长宽高尺寸、标高,钢筋的直径、根数、间距。如CT-1承台,尺寸为3600mm×3780mm×1300mm,
承台顶部标高为-1.700m。钢筋为双向布置,Ⅰ级钢筋,直径为Φ20,间距为150mm。

3. 对于配筋较简单的承台,可在其模板图的一角绘出断界面,并绘出钢筋布置。

4. 要注意图中给出的预留基础插筋的高度,按规范构造要求,直径与根数同柱径。

设计单位名称	××××电教信息大楼		
绘 图		承台详图(一)	
设 计			
校 对			
审 核			
专业负责人	比 例	1:100	设计阶段	施工图
工程负责人	日 期	2000.1	档案号	S1234-结施-5

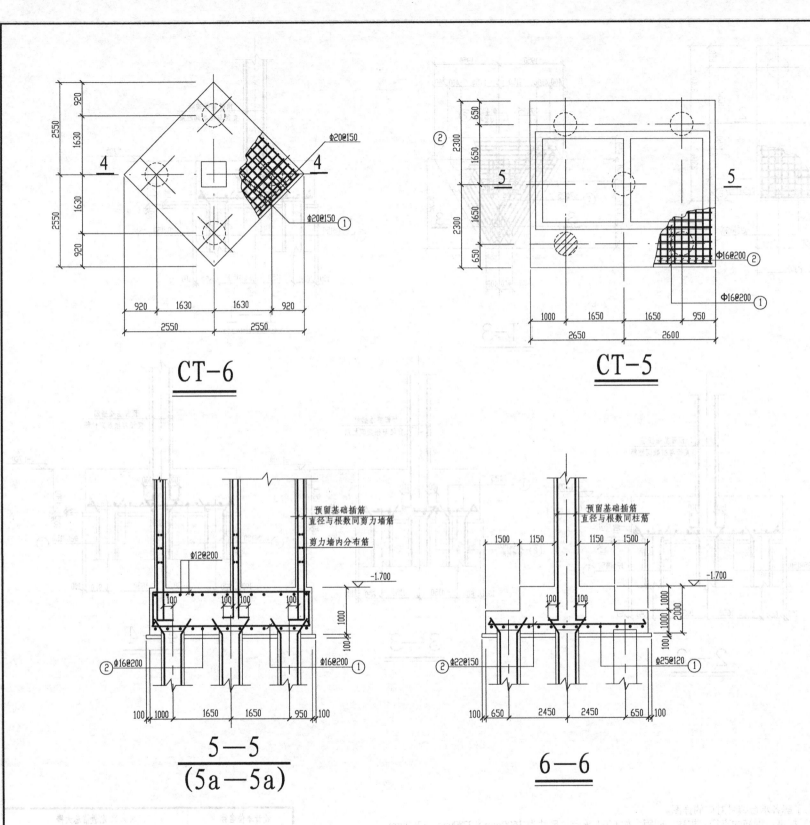
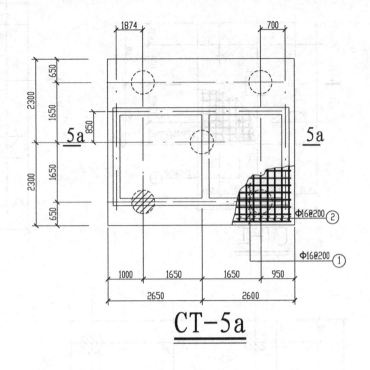

CT-6

CT-5

CT-5a

Φ20@150

Φ16@200 ②

Φ16@200 ①

Φ16@200 ②

Φ16@200 ①

5—5
(5a—5a)

6—6

预留基础插筋
直径与根数同剪力墙筋

剪力墙内分布筋

Φ12@200

② Φ16@200

Φ16@200 ①

预留基础插筋
直径与根数同柱筋

② Φ22@150

Φ25@120 ①

设计单位名称　　××××电教信息大楼

绘 图		
设 计		承台详图(二)
校 对		
审 核		
专业负责人	比 例　1:100	设计阶段　施工图
工程负责人	日 期　2000.1	档案号　S1234-结施-6

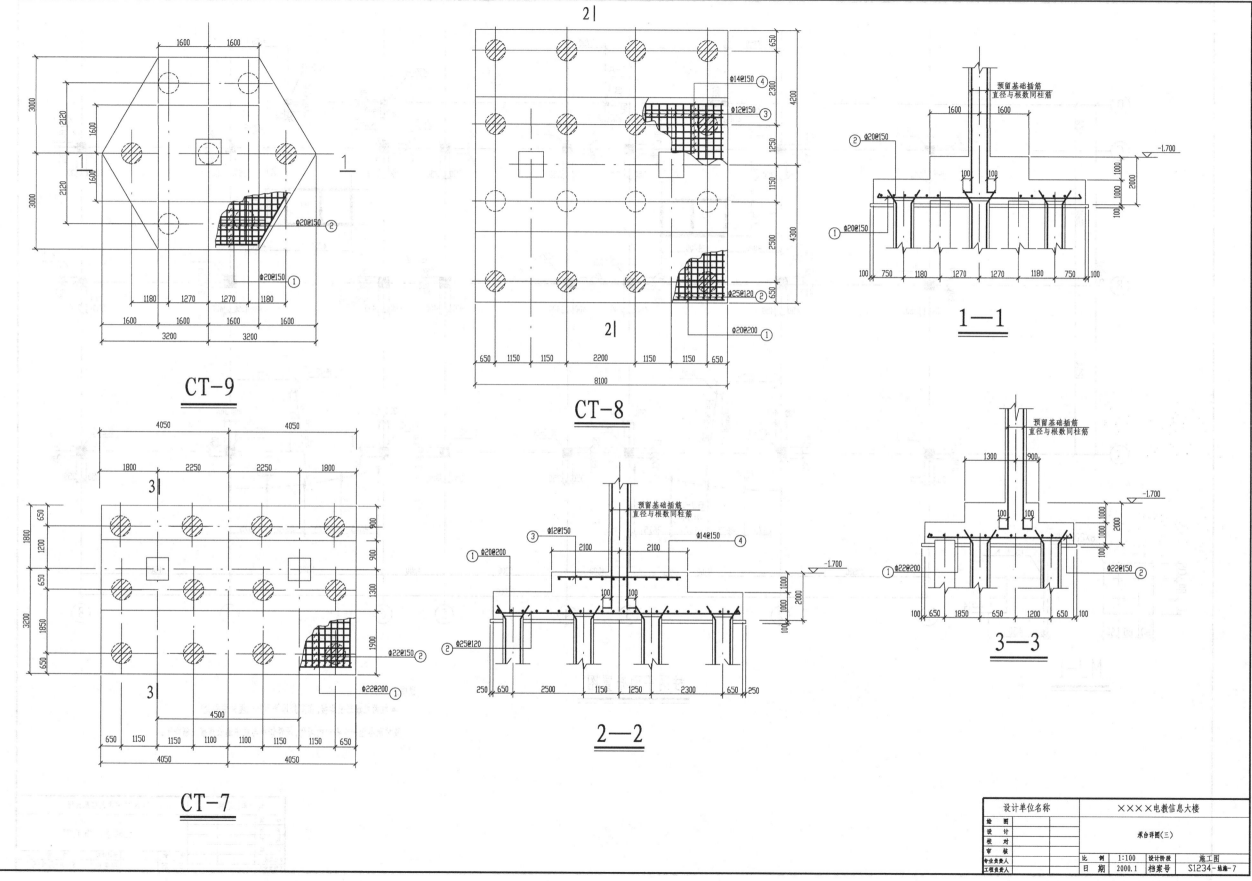

CT-9

CT-8

CT-7

1—1

2—2

3—3

设计单位名称	××××电教信息大楼
绘 图	
设 计	承台详图(三)
校 对	
审 核	
专业负责人	比 例 1:100 设计阶段 施工图
工程负责人	日 期 2000.1 档案号 S1234-结施-7

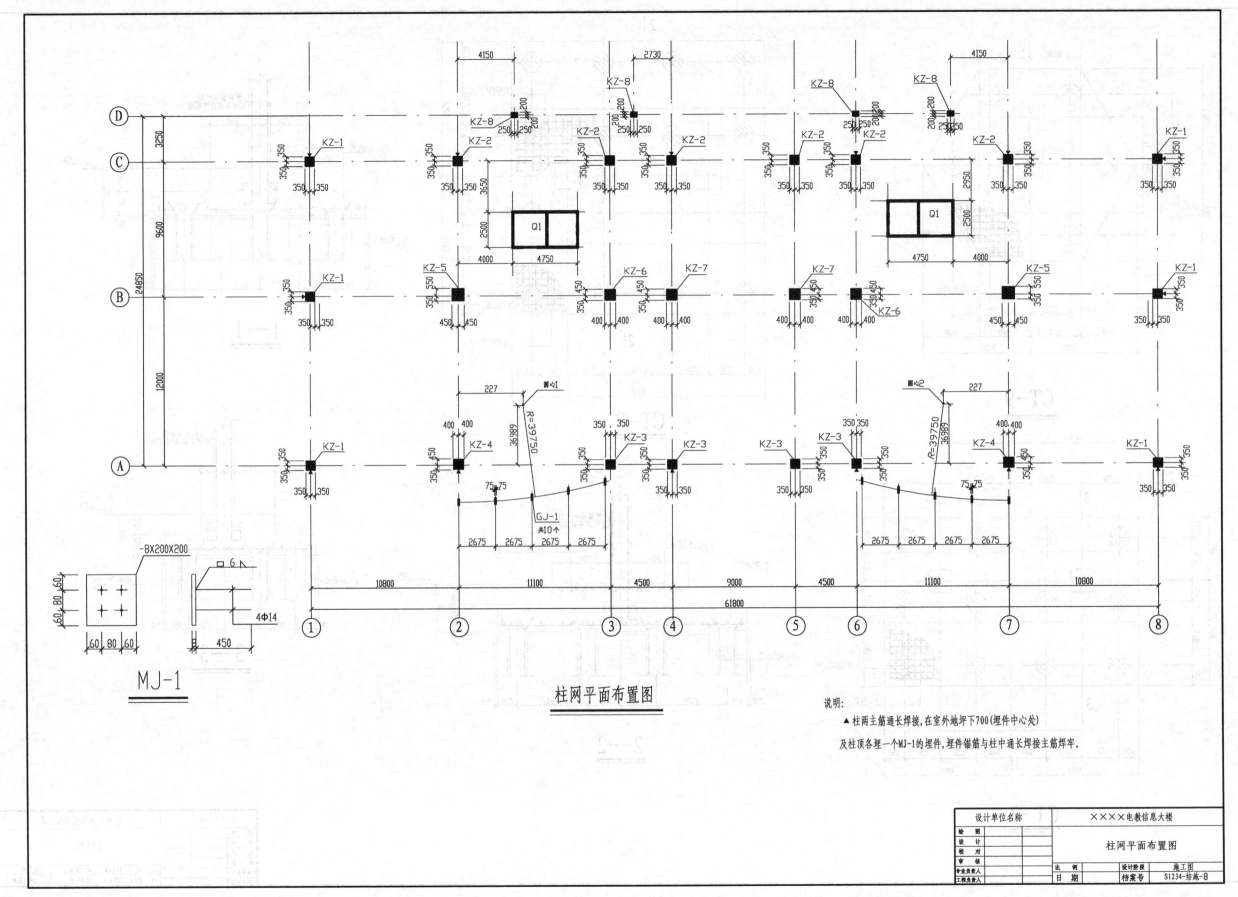

柱网平面布置图

说明:
▲柱两主筋通长焊接,在室外地坪下700(埋件中心处)
及柱顶各埋一个MJ-1的埋件,埋件锚筋与柱中通长焊接主筋焊牢。

设计单位名称		××××电教信息大楼		
绘 图		柱网平面布置图		
设 计				
校 对				
审 核				
专业负责人		比 例	设计阶段	施工图
工程负责人		日 期	档案号	S1234-结施-8

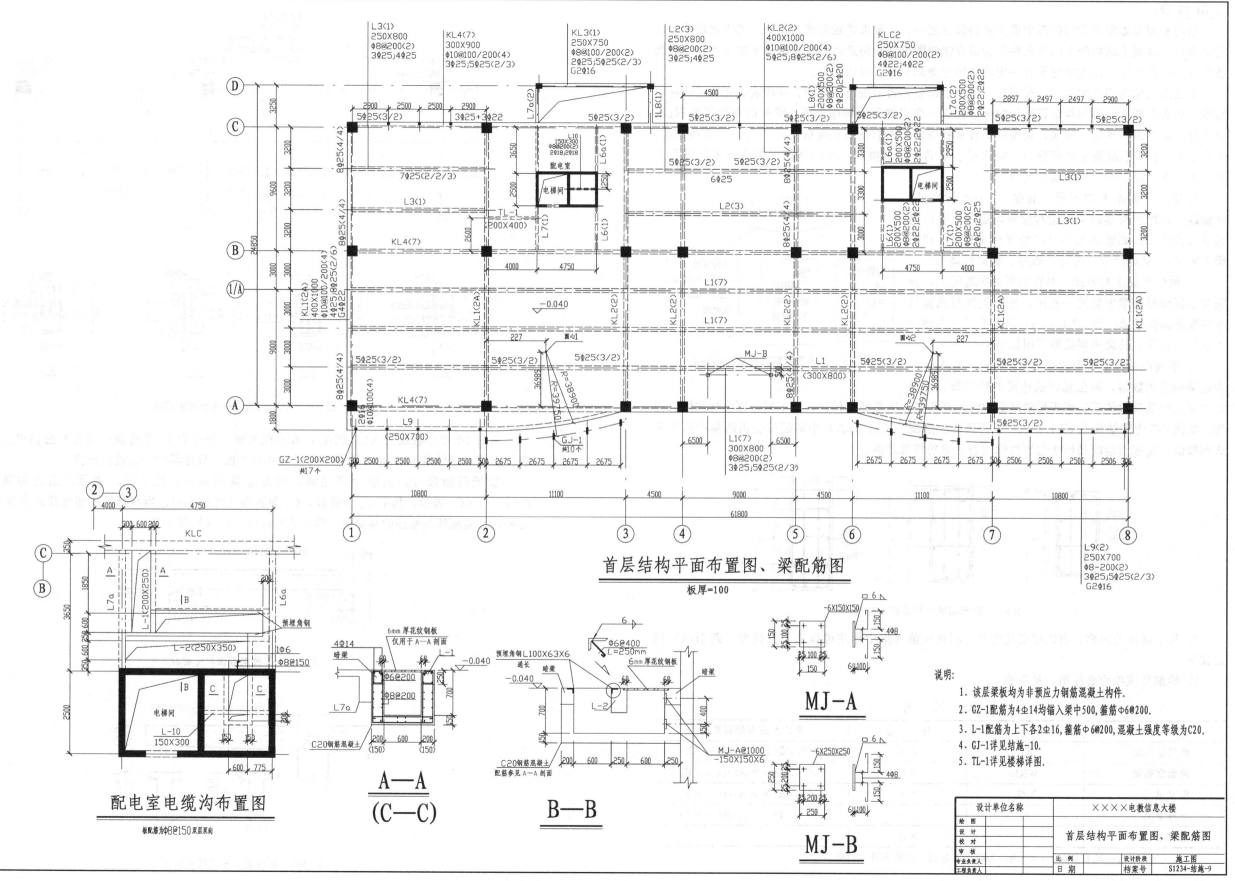

首层结构平面布置图、梁配筋图

板厚=100

配电室电缆沟布置图

板配筋为Φ8@150双层双向

A—A
(C—C)

B—B

MJ—A

MJ—B

说明:
1. 该层梁板均为非预应力钢筋混凝土构件.
2. GZ-1配筋为4Φ14均锚入梁中500,箍筋Φ6@200.
3. L-1配筋为上下各2Φ16,箍筋Φ6@200,混凝土强度等级为C20.
4. GJ-1详见结施-10.
5. TL-1详见楼梯详图.

设计单位名称　　××××电教信息大楼

首层结构平面布置图、梁配筋图

绘 图		比 例		设计阶段	施工图
设 计					
校 对					
审 核					
专业负责人		日 期		档案号	S1234-结施-9
工程负责人					

读图指导：

结构平面布置图作为结施图中最主要的部分之一，一般来讲较为复杂，表述的内容较多。住建部推广《混凝土结构施工图平面整体表示方法制图规则和构造详图》将结构平面布置与梁的配筋放在同一张图中，在读图时要有一定的结构专业知识和空间想像力。

平法是把结构构件的尺寸、配筋等，按照平面整体表示法制图规则、直接表达在各类构件的结构平面布置图上，再与构造详图相配合，构成一套完整的结构施工图。梁平面布置图的识读，首先要了解有多少种梁，其次，梁构件中有哪些钢筋，还有钢筋在实际工程中会遇到哪些情况，如图 3-3 所示。梁钢筋骨架可分为纵向钢筋、箍筋、附加箍筋，纵向钢筋根据位置不同可分为上、中、下、左、中、右钢筋，见图 3-4。

1. 本层平面由上向下看。剖在 -0.040 标高处，除轴线、柱网应与基础平面相对应外，还可以看出梁板的布置情况。如梁的编号（分框架梁 KL×× 和次梁 L××）、截面尺寸、配筋、板厚、板面标高等。

2. 梁的平面注写方式，系在梁平面布置图上，分别在不同编号的梁中各选一根梁，在其上注写截面尺寸和配筋具体数值。如 KL1（2A）的配筋只在①轴线上进行了标注，其余相同梁则不用标注。

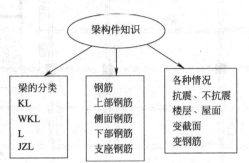

图 3-3 梁构件与钢筋识读知识体系

3. 平面注写包括集中标注与原位标注，集中标注表达梁的通用数值，原位标注表达梁的特殊数值。当集中标注中某项数值不适用于梁的某部位时，则将该项数值原位标注，施工时，原位标注取值优先。如图 3-5 为①轴线上 KL1（2A）平面整体配筋图。KL1（2A）中间部位引出的集中标注为通用数值，支座两端配筋标注为原位标注表达梁的特殊数值。

图 3-4 梁侧面纵向构造筋和拉筋

4. 集中标注的内容，有四项必注值及一项选注值（集中标注可以从梁的任意一跨引出）规定如下。

① 梁编号该项为必注值，见下表。

梁 编 号

梁 类 型	代 号	序 号	跨数及是否带有悬挑
楼层框架梁	KL	××	(××)或(××A)或(××B)
屋面框架梁	WKL	××	(××)或(××A)或(××B)
框支梁	KZL	××	(××)或(××A)或(××B)
非框支梁	L	××	(××)或(××A)或(××B)
悬挑梁	XL	××	

注：(××A)为一端有悬梁，(××B)为两端有悬梁，悬挑不计入跨数。

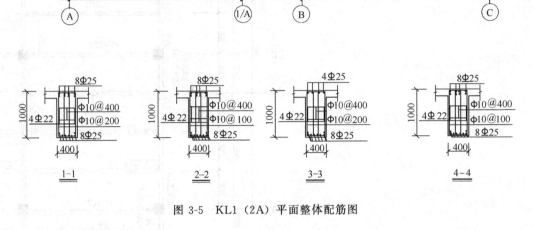

图 3-5 KL1（2A）平面整体配筋图

如图 3-5 中①轴线上 KL1（2A），表示框架梁，序号为 1，2 跨及一端带有悬挑梁。L3（1）表示次梁，序号为 3，1 跨，从图中可看出共有 4 根，只选其中一根进行标注。

② 梁截面尺寸，该项为必注值。当为等截面梁时，用 $b×h$ 表示；当为加腋时，用 $b×hYC_1×C_2$ 表示，其中 C_1 为腋长，C_2 为腋高（见图 3-6）；当有悬挑梁和端部的高度不同时，用斜线分隔根部与端部的高度值，即为 $b×h_1/b×h_2$（见图 3-7）。

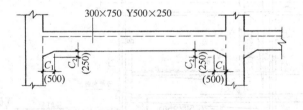

图 3-6 加腋梁截面尺寸标注

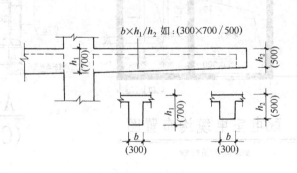

图 3-7 悬挑梁不等高尺寸标注

图 3-5 中当为等截面梁，如①轴线上 KL1（2A）集中标注 400×1000，表示梁宽 400mm，高 1000mm。

③ 梁箍筋，包括钢筋级别、直径、加密区与非加密区间距及肢数，该项为必注值。箍筋加密区与非加密区的不同间距及肢数需用斜线"/"分隔；当梁箍筋为同一间距及肢数时，则不需用斜线；当加密区与非加密区的箍筋肢数相同时，则将肢数注写一次；箍筋肢数应写在括号内。

如图 3-5①轴线上 KL1（2A）集中标注Φ10@100/200(4)，表示箍筋为Ⅰ级钢筋，直径为Φ10，加密区间距为 100，非加密区的间距为 200，均为四肢箍。

L3（1）梁的箍筋为Φ8@200（2），表示箍筋为Ⅰ级钢筋，直径为Φ8，箍筋间距为 200mm，两肢箍。

④ 梁上部贯通筋或加立筋根数，该项为必注值。所注排的根数应根据结构受力要求及箍筋肢数等构造要求而定。

当梁的上部纵筋和下部纵筋均为贯通筋，且多数跨配筋相同时，此项可加注下部纵筋的配筋值，用分号";"将上部和下部纵筋的配筋值分隔开来。当上部纵筋多于一排时，用斜线"/"将各排纵筋自上而下分开。支座筋的长度应结合图集或规范来定。

例 ①轴线上 KL1（2A）集中标注 4Φ25；8Φ25（2/6）表示梁的上部配置 4Φ25 贯通筋；下部配置 8Φ25 双排贯通筋，其中下一排为 6 根Φ25，上一排为 2Φ25。伸入支座的锚固长度满足规范要求，见设计总说明（一）。

⑤ 梁的纵向钢筋构造要求应与《混凝土结构施工图平面整体表示方法制图规则和构造详图》对照阅读。如图 3-8 为二级抗震等级框架梁 KL、WKL 纵向钢筋构造要求。

⑥ 梁顶面标高高差，该项为选注值。是指相对于结构层楼面标高的高差值，对于位于结构夹层的梁，则指相对于结构夹层楼面标高的高差。有高差时，需将其写入括号内，无高差时不注。当某梁顶面高于所在结构层的楼面标高时，其标高值为正值，反之为负值。

⑦ 侧面纵向构造钢筋或侧面抗扭纵筋配置，该项为必注值。

当梁腹板高度 h_w≥450mm 时，需设置的侧面纵向构造钢筋在梁的两个侧面应沿高度配置纵向构造钢筋，间距 a≤200mm，以大写字母 G 打头，如 G4Φ12。当梁宽≤350mm 时，拉筋直径为 6mm，梁宽>350mm 时拉筋为 8mm。拉筋间距为非加密区间距的两倍。

当梁侧面需配置受扭纵向构造钢筋时，此项注写值以大写字母 N 打头，受扭纵向钢筋应满足梁侧面纵向构造钢筋的间距要求，如 N6Φ22，表示梁的两个侧面共配置 6Φ22 的受扭纵向钢筋，每侧各配置 3Φ22。

5. 抗震梁与非抗震梁箍筋加密区范围参考最新平法图集。

6. 结合设计总说明（二），了解梁的构造要求。如主次梁交接处应有附加箍筋或吊筋，结合结构设计总说明（二）中图 9、图 22 进行布置。

7. L-1、GZ-1 的配筋及构造要求在说明里注明。L-1 的位置见配电室电缆沟布置图，截面尺寸 200mm×250mm。

8. 图中标出预埋件的位置和编号，标出预留孔洞的位置和大小，如 MJ-A、MJ-B。

9. 配电室电缆沟布置图为局部放大比例的详图。

10. 该层梁板均为非预应力钢筋混凝土构件。

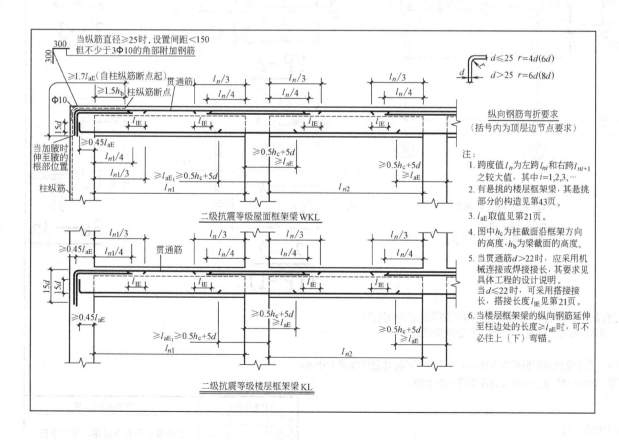

图 3-8　二级抗震等级框架梁 KL、WKL 纵向钢筋构造

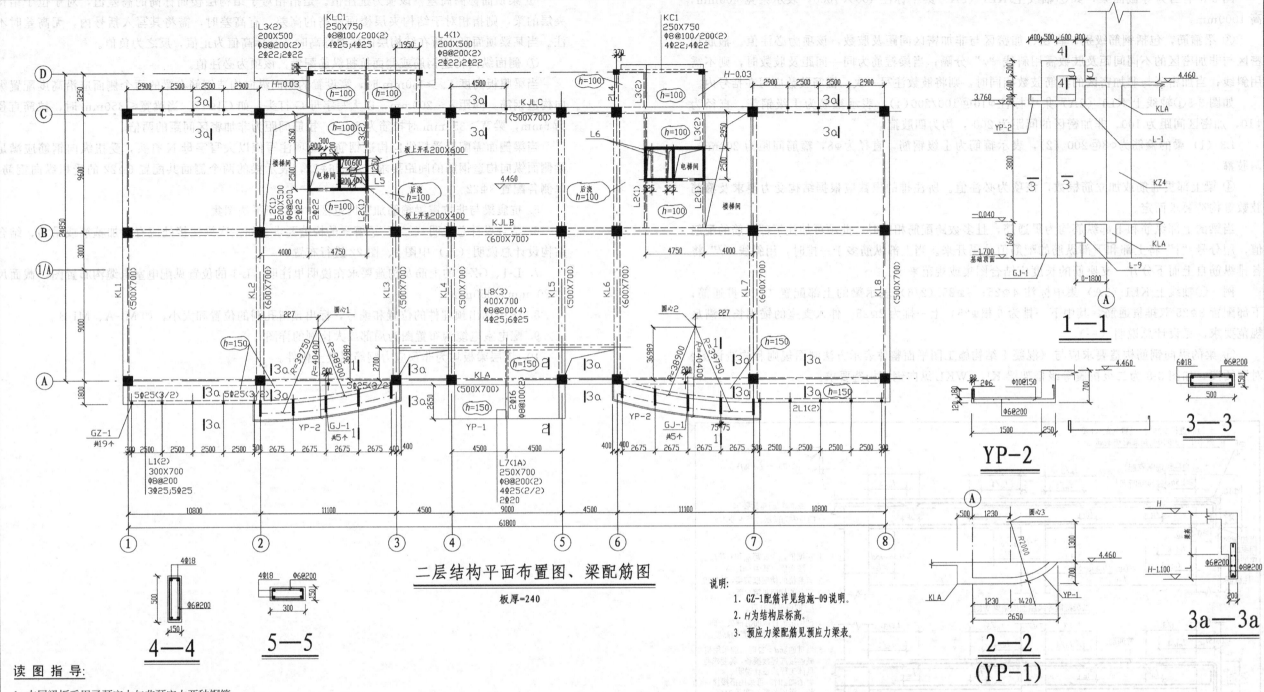

二层结构平面布置图、梁配筋图

板厚=240

说明：
1. GZ-1配筋详见结施-09说明。
2. H为结构层标高。
3. 预应力梁配筋见预应力梁表。

读图指导：

1. 本层梁板采用了预应力与非预应力两种钢筋。

2. 通常跨度在 12～24m 时，采用预应力钢筋混凝土较经济。预应力混凝土与普通混凝土相比，除能提高构件的抗裂度和刚度外，还具有减轻自重，节约材料，增加构件的耐久性降低造价的优点。

3. 预应力框架梁用 KL 表示。如 KL1，梁采用了有粘接预应力钢筋和普通钢筋表示框架预应力框架梁，编号为 1，其配筋见结施 -25，其预应力钢筋束布置见结施 -15、-16。板配筋见结施 -18。

4. 非预应力钢筋混凝土梁采用平法表示，看图方法和注意事项同结施 -9。

5. 当为现浇楼板时，图中应标出楼面标高、板厚，板厚变化处直接标注在图中。本楼层板厚 240mm，楼板变化处标注在相应的板上，如 h=100，表示电梯间旁板厚为 100mm，h=150 表示标注悬挑板厚 150mm。

6. YP-1 为弧形雨篷，其剖面尺寸、圆弧半径、标高见 2—2。YP-2 为水平弧形雨篷，其配筋见 YP-2 大样图。由于雨篷为受扭悬挑构件，其钢筋 Φ10@150 及分布筋布置在雨篷板的上侧。

7. GJ-1 为钢筋混凝土装饰构件，每边 5 个，共 10 个。其尺寸及配筋见图中 3—3、4—4、5—5 断面图。

8. 在平面布置图标出预留孔洞的位置和大小，如电梯间旁留出的洞口尺寸。

9. KLA 为 A 轴线框架预应力梁，注意看 3a—3a 断面图，H 为结构层标高，其标高值为 4.460，H-1.100 为窗顶标高，其与梁之间设联系梁兼过梁的作用。

10. 后浇板板厚 h=100mm，为防止变形设的施工后浇带。其断面示意图见结构设计总说明（二）图 21。

11. 窗台洞口处上方梁的处理，应结合结构设计总说明（二）图 19 的构造做法。

设计单位名称	××××电教信息大楼		
绘 图			
设 计		二层结构平面布置图、梁配筋图	
校 对			
审 核			
专业负责人		比 例	设计阶段	施工图
工程负责人		日 期	档案号	S1234-结施-10

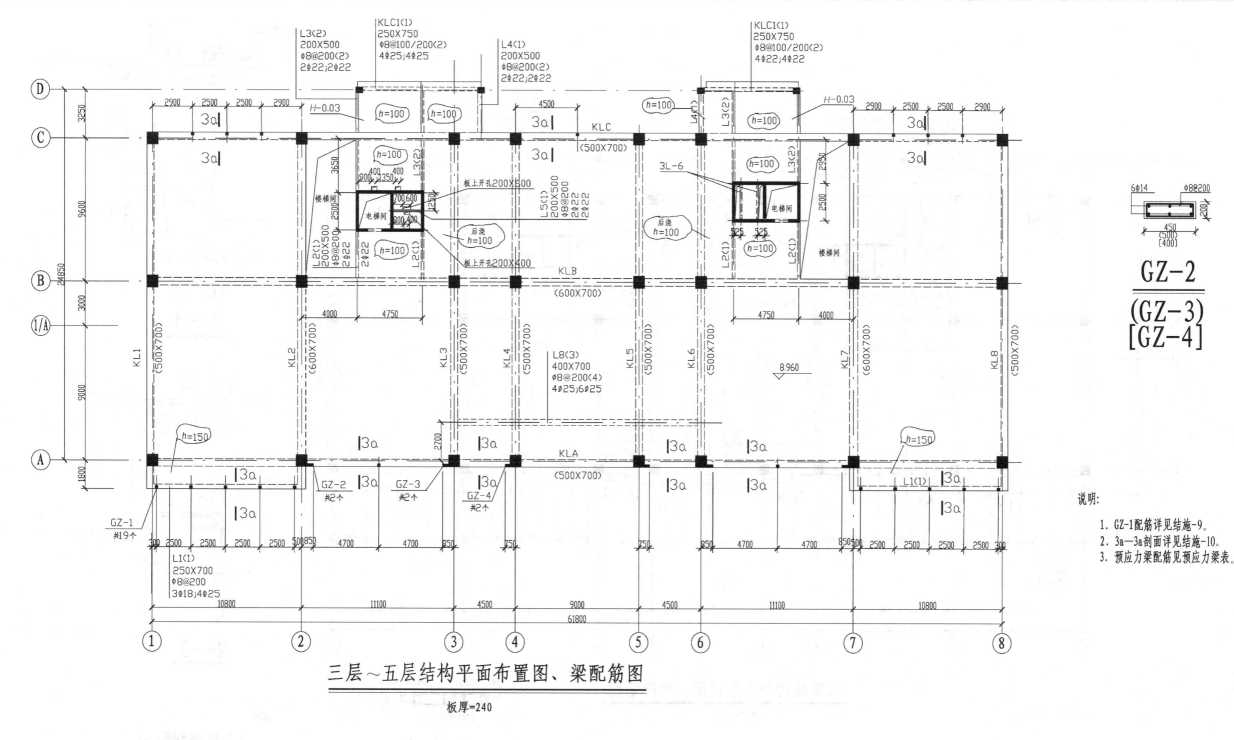

三层~五层结构平面布置图、梁配筋图

板厚=240

GZ-2
(GZ-3)
[GZ-4]

说明:
1. GZ-1配筋详见结施-9。
2. 3a—3a剖面详见结施-10。
3. 预应力梁配筋见预应力梁表。

读图指导:
1. 本工程预应力混凝土配筋部分读图同结施-15、16。
2. 非预应力钢筋混凝土梁看图方法和注意事项同结施-9。
3. 3a-3a剖面详见结施-10。
4. 本楼层增加了构造柱GZ-2（2个）、GZ-3（2个）、GZ-4（2个），其配筋图见大样图。
5. 看图时注意三层结构平面布置图及梁配筋图与二层结构平面布置图及梁配筋图的不同之处。

设计单位名称		××××电教信息大楼		
绘 图		三层~五层结构平面布置图、梁配筋图		
设 计				
校 对				
审 核				
专业负责人		比 例	设计阶段	施工图
工程负责人		日 期	档案号	S1234-结施-11

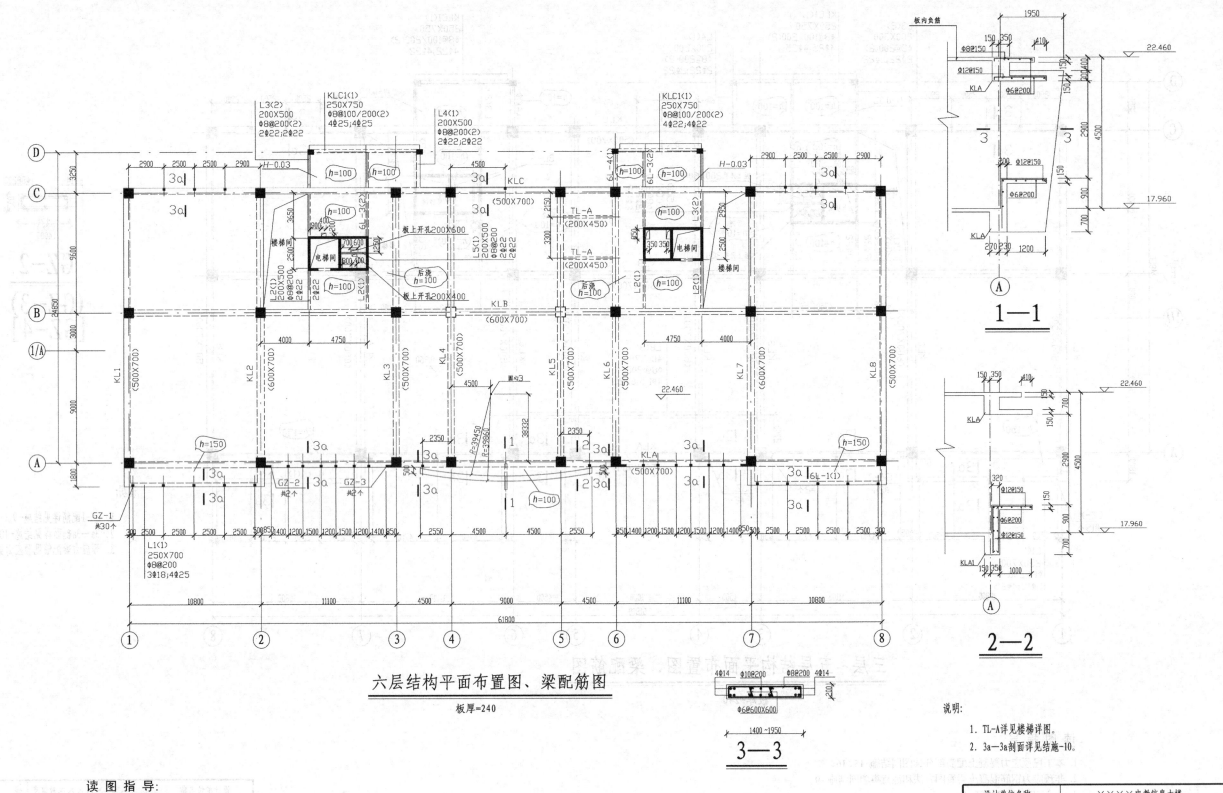

六层结构平面布置图、梁配筋图

板厚=240

3—3

1—1

2—2

说明：
1. TL-A详见楼梯详图。
2. 3a—3a剖面详见结施-10。

读图指导：
1. 本工程梁采用有粘接预应力钢筋，板采用无粘接预应力钢筋。梁、板、柱制图标准和看图方法参考最新平法图集。
2. 本楼层由于③～⑥轴线立面的造型要求，增加了悬挑构件，悬挑板配筋见1—1、2—2剖面图，悬挑板配筋放置在板的上侧。
3. 悬挑圆弧墙配筋见3—3断面，3—3断面为一变截面，尺寸从1200mm到1950mm。

设计单位名称	××××电教信息大楼	
绘 图		六层结构平面布置图、梁配筋图
设 计		
校 对		
审 核		
专业负责人	比 例	设计阶段	施工图
工程负责人	日 期	档案号	S1234-结施-12

44

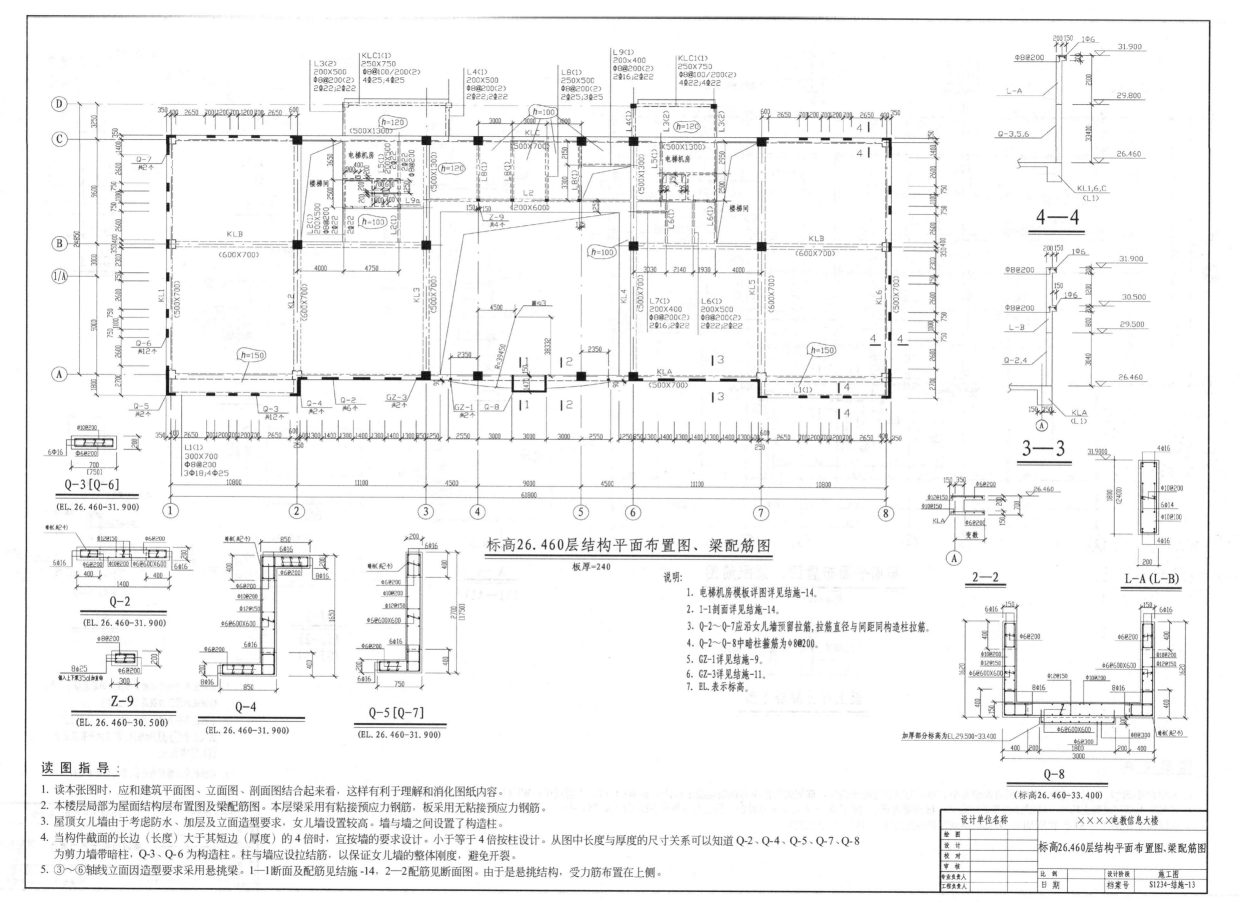

标高26.460层结构平面布置图、梁配筋图

板厚=240

说明:
1. 电梯机房模板详图详见结施-14。
2. 1-1剖面详见结施-14。
3. Q-2~Q-7应沿女儿墙预留拉筋,拉筋直径与间距同构造柱拉筋。
4. Q-2~Q-8中暗柱箍筋为Φ8@200。
5. GZ-1详见结施-9。
6. GZ-3详见结施-11。
7. EL.表示标高。

读图指导:
1. 读本张图时,应和建筑平面图、立面图、剖面图结合起来看,这样有利于理解和消化图纸内容。
2. 本楼层局部为屋面结构层布置图及梁配筋图。本层梁采用有粘接预应力钢筋,板采用无粘接预应力钢筋。
3. 屋顶女儿墙由于考虑防水、加层及立面造型要求,女儿墙设置较高。墙与墙之间设置了构造柱。
4. 当构件截面的长边(长度)大于其短边(厚度)的4倍时,宜按墙的要求设计。小于等于4倍按柱设计。从图中长度与厚度的尺寸关系可以知道 Q-2、Q-4、Q-5、Q-7、Q-8 为剪力墙带暗柱,Q-3、Q-6 为构造柱。柱与墙应设拉结筋,以保证女儿墙的整体刚度,避免开裂。
5. ③~⑥轴线立面因造型要求采用悬挑梁。1—1断面及配筋见结施-14,2—2配筋见断面图。由于是悬挑结构,受力筋布置在上侧。

设计单位名称		××××电教信息大楼	
绘 图			
设 计		标高26.460层结构平面布置图、梁配筋图	
校 对			
审 核			
专业负责人		比 例	设计阶段	施工图
工程负责人		日 期	档案号	S1234-结施-13

45

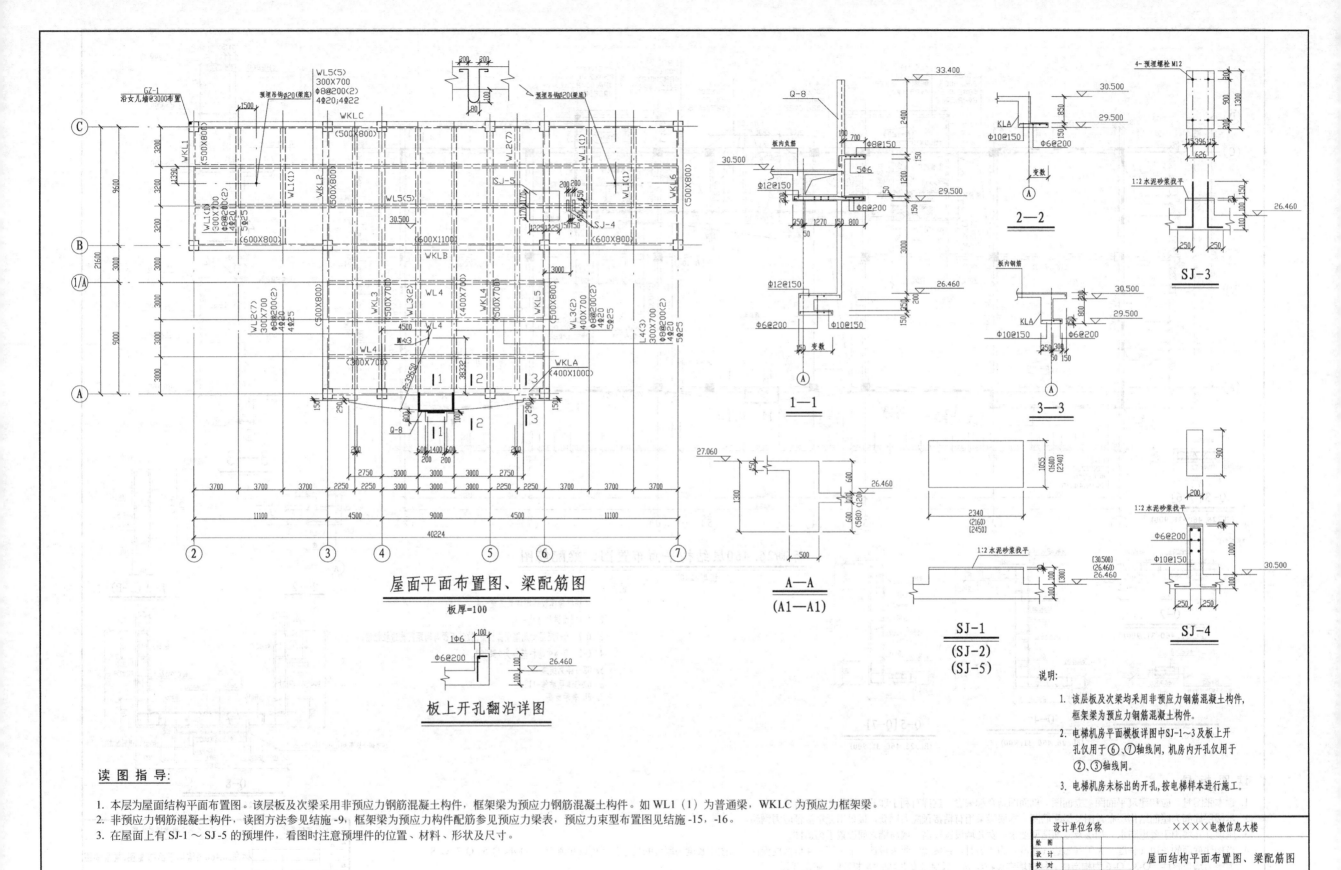

屋面平面布置图、梁配筋图

板厚=100

板上开孔翻沿详图

A—A
(A1—A1)

1—1

2—2

3—3

SJ-1
(SJ-2)
(SJ-5)

SJ-3

SJ-4

说明:
1. 该层板及次梁均采用非预应力钢筋混凝土构件，框架梁为预应力钢筋混凝土构件。
2. 电梯机房平面模板详图中SJ-1～3及板上开孔仅用于⑥、⑦轴线间，机房内开孔仅用于②、③轴线间。
3. 电梯机房未标出的开孔，按电梯样本进行施工。

读 图 指 导：

1. 本层为屋面结构平面布置图。该层板及次梁采用非预应力钢筋混凝土构件，框架梁为预应力钢筋混凝土构件。如 WL1（1）为普通梁，WKLC 为预应力框架梁。
2. 非预应力钢筋混凝土构件，读图方法参见结施 -9，框架梁为预应力构件配筋参见预应力梁表，预应力束型布置图见结施 -15，-16。
3. 在屋面上有 SJ-1 ～ SJ-5 的预埋件，看图时注意预埋件的位置、材料、形状及尺寸。

设计单位名称		××××电教信息大楼		
绘 图		屋面结构平面布置图、梁配筋图		
设 计				
校 对				
审 核				
专业负责人		比 例		设计阶段	施工图
工程负责人		日 期		档案号	S1234-结施-14

预应力分项工程设计总说明

1. **材料**

钢材：梁板非预应力筋采用Ⅱ级钢（除梁箍筋外），预应力筋采用高强度低松弛钢绞线，强度$F_{ptk}=1860MPa$，直径15.24mm。混凝土:C40。

锚具：板的张拉端采用夹片式单孔锚具，固定端采用挤压锚具；梁的张拉端采用夹片式群锚，固定端采用挤压锚具。

垫板：板中单孔锚具所需的垫板为90×90×12的钢板；梁中群锚所需的垫板为190×190×25的钢板。

螺旋筋：板中单板无粘接筋两端各用φ6的螺旋筋一个，张拉端焊于垫板上。

网片筋：梁中群锚张拉端设七层网片，具体做法见张拉端详图。

2. 本工程大板均采用无粘接预应力混凝土结构，框架梁采用有粘接预应力混凝土结构。

3. 梁和板的预应力筋交叉时，应首先保证主方向预应力筋位置，即长方向预应力筋让短方向预应力筋。

4. 预应力筋在遇有堵塞时，水平方向可适当移动，但垂直方向应求准确，当预应力筋与非预应力筋或线管位置有矛盾时，非预应力筋和线管应给预应力筋让位。

5. 梁和板的预应力筋张拉控制应力为0.75抗拉强度，即$0.75F_{ptk}$。

6. 预应力梁板设计由中国XX企业有限公司新技术工程公司配合化学工业部第八设计院深圳分院完成，预应力分项工程有关设计和施工中的事宜由中国华西新技术公司负责解释和实施。

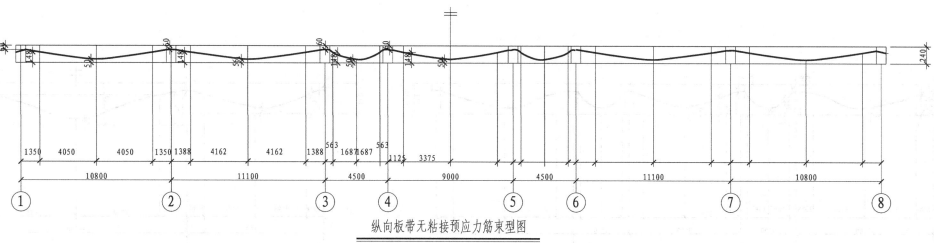

纵向板带无粘接预应力筋束型图

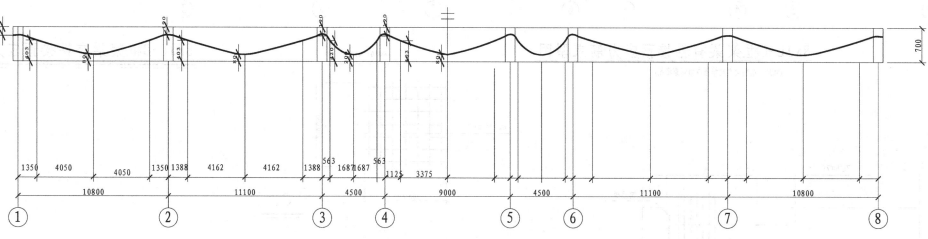

2～7层纵向框架梁有粘接预应力筋束型图

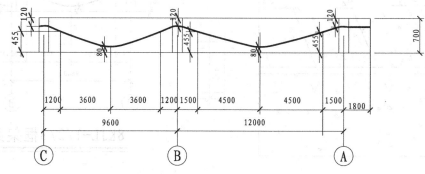

2～7层横向框架梁有粘接预应力筋束型图

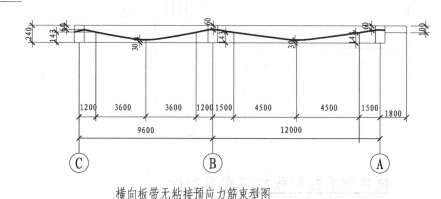

横向板带无粘接预应力筋束型图

读图指导：

1. 先看预应力分项设计说明，了解预应力所用材料。预应力混凝土用C40，钢材非预应力钢筋用Ⅱ钢(除箍筋外)，预应力筋采用高强度低松弛钢绞线，强度$F_{ptk}=1860MPa$，直径15.24mm。锚具、垫板、螺旋筋、网片筋材料详见设计说明。

2. 本工程梁高度较大，采用了有粘接预应力钢筋，板的厚度较小采用了无粘接预应力钢筋。采用预应力筋可以提高梁板的承载力。

3. 预应力筋的位置根据预应力的大小来布置，张拉时梁和板的预应力筋张拉控制应力为0.75抗拉强度，即$0.75F_{ptk}$。张拉中要随时检查张拉结果。理论伸长值的误差与实测值的误差不得超过5% ～ 10%。

设计单位名称		××××电教信息大楼		
绘 图			预应力设计说明	
设 计			梁板预应力束型图	
校 对				
审 核				
专业负责人		比 例	设计阶段	施工图
工程负责人		日 期	档案号	S1234-结施-15

47

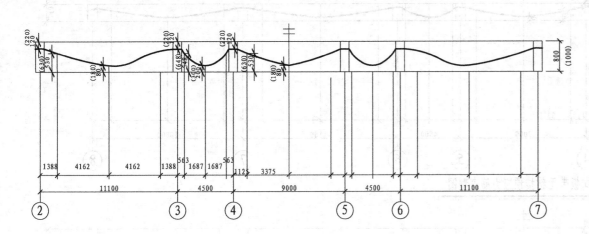

8KJL-C框架梁有粘接预应力筋束型图

（8KJL-A框架梁有粘接预应力筋束型图）

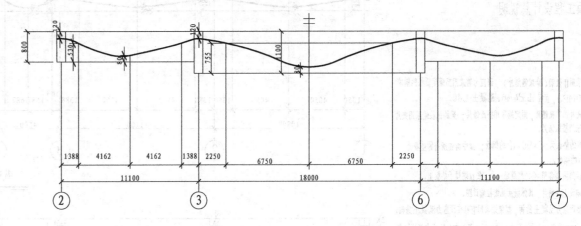

8KJL-B框架梁有粘接预应力筋束型图

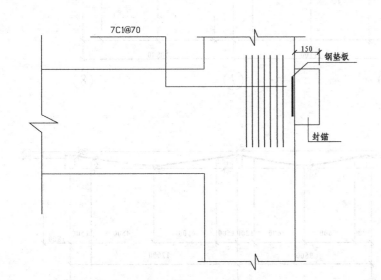

6Φ10(7Φ10)

6Φ10(7Φ10)

500(600)

500(600)

C1

框架梁有粘接张拉端端部构造

7C1@70

150

钢垫板

封锚

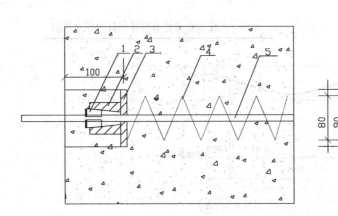

单孔夹片锚具系统张拉端构造

（夹片锚具凹进混凝土表面）

1—夹片, 2—锚环, 3—承压板, 4—螺旋筋, 5—无粘接预应力筋

8KJL-1/2/3框架梁有粘接预应力筋束型图

设计单位名称	××××电教信息大楼	
绘 图	梁板预应力束型图 端部大样图	
设 计		
校 对		
审 核		
专业负责人	比 例	设计阶段	施工图
工程负责人	日 期	档案号	S1234-结施-16

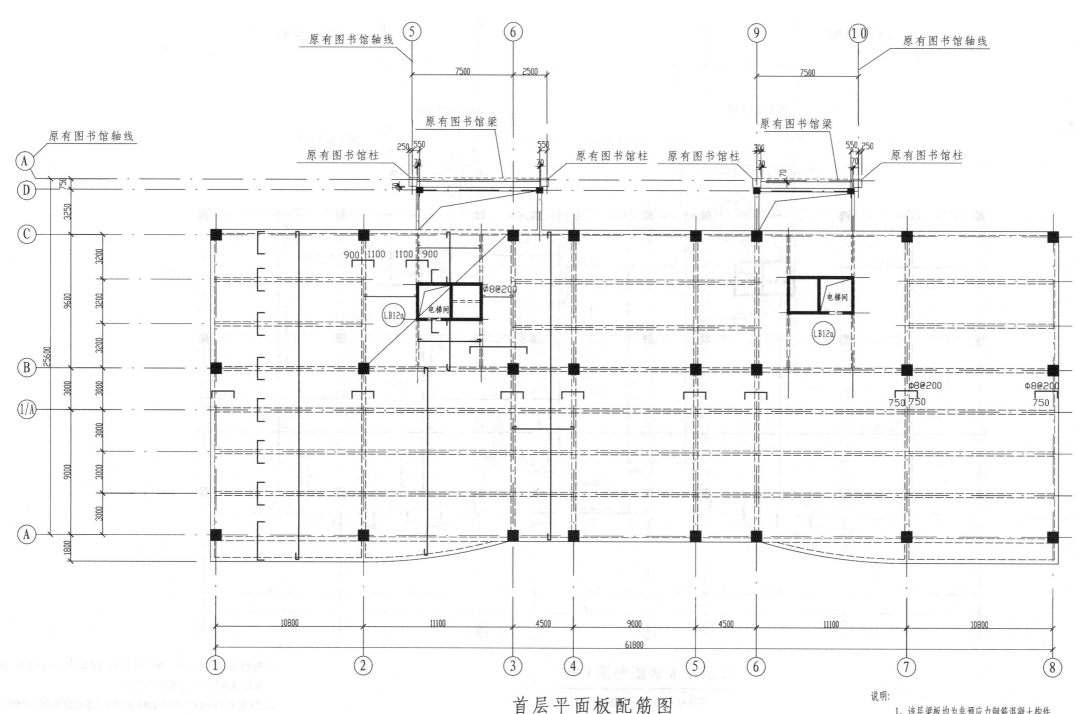

首层平面板配筋图

板厚=100

读图指导:

1. 板的类型有有梁板和无梁板。有梁板又分为楼面板(LB)、屋面板(WB)、悬挑板(XB),无梁板分为柱上板带与跨中板带。
2. 板钢筋骨架包括主要钢筋和附加钢筋。主要钢筋包括板底筋、板顶筋、支座负筋。附加钢筋包括温度筋、角部附加钢筋、洞口钢筋,其构造要求见11G101-1。
3. 结合设计总说明,了解混凝土强度等级,钢筋布置的要求。
4. 看本张图设计说明,该层梁板均为非预应力钢筋混凝土构件,板厚为100mm。
5. 看图时注意区分板底正筋(底部钢筋)为Φ8@150(Ⅰ级钢,直径为8mm,间距为150mm),分布筋为Φ6@250,图面表达方式,支座负筋为Φ8@150,图面表达方式支座钢筋除注明者外,钢筋端部距梁边的尺寸均为900mm。
6. 注意区分单向板和双向板。板的长边与短边之比 $(L_1/L_2)>2$ 为单向板,$(L_1/L_2)\leqslant 2$ 为双向板。

说明:
1. 该层梁板均为非预应力钢筋混凝土构件。
2. 图中钢筋除注明外,板面负筋为:中支座均为Φ8@150,边支座均为Φ8@150。板底正筋均为Φ8@150,分布筋为Φ6@250。
3. 图中板支座负钢筋除注明外,钢筋端部距梁边的尺寸均为900mm。

设计单位名称	××××电教信息大楼		
绘 图			
设 计		首层平面板配筋图	
校 对			
审 核			
专业负责人	比 例	设计阶段	施工图
工程负责人	日 期	档案号	S1234-结施-17

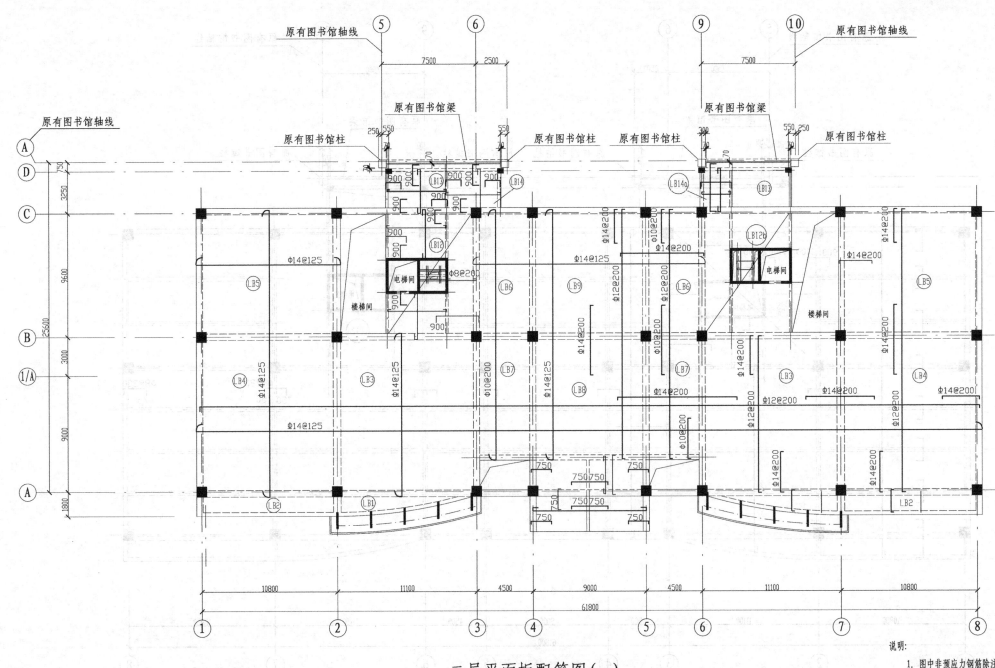

二层平面板配筋图(一)

板厚=240(非预应力筋)

说明:

1. 图中非预应力钢筋除注明外,板面筋为:中支座均为 Φ8@150,边支座均为 Φ8@150。板底正筋均为Φ8@150,分布筋为 Φ6@250。

2. 图中板LB3~LB9支座非预应力负钢筋除注明外,钢筋端部距梁边的尺寸均为2400mm。

3. 图中非预应力钢筋对称布置。

4. 板上开孔每边配筋为2Φ12,放下排的钢筋应锚入梁中,上排钢筋的锚固长度为500mm。

5. 板LB12与板LB12b除开孔配筋不同外,其余配筋均相同。

读图指导:

1. 首先看设计说明,二层楼板既有非预应力钢筋,又有预应力钢筋,板厚为240mm。

2. 结施-18 二层平面板配筋图(一)为非预应力钢筋,其读图方法与结施-17 相同。

3. 结施-19 二层平面板配筋图(二)为预应力钢筋,预应力钢筋布置形式见结施-15,间距见本图标注值。

4. 楼梯间的配筋详见楼梯配筋图结施-27,-28。

设计单位名称		××××电教信息大楼		
绘图				
设计		二层平面板配筋图(一)		
校对				
审核				
专业负责人		比例	设计阶段	施工图
工程负责人		日期	档案号	S1234-结施-18

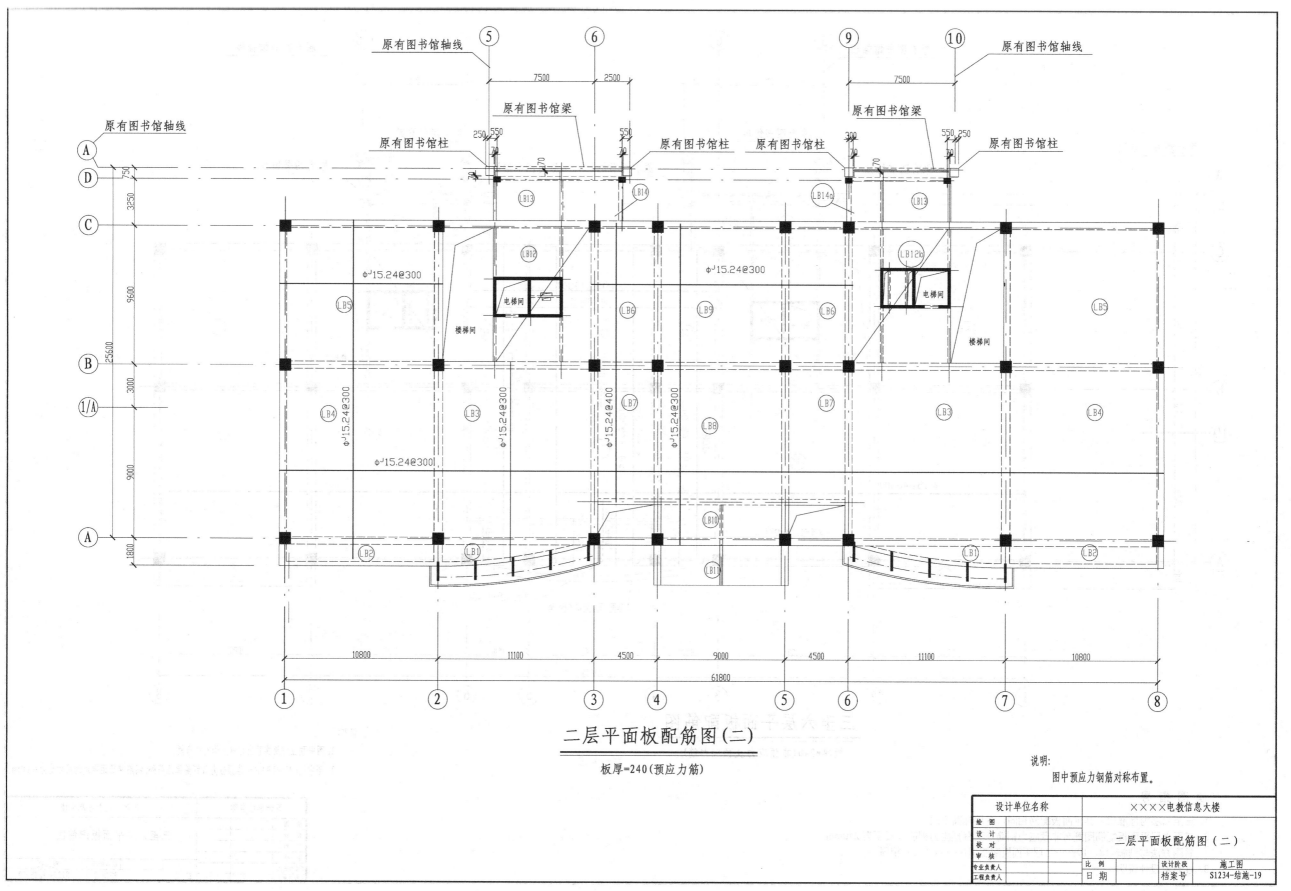

二层平面板配筋图（二）

板厚=240（预应力筋）

说明：
图中预应力钢筋对称布置。

设计单位名称	××××电教信息大楼	
绘 图		
设 计		二层平面板配筋图（二）
校 对		
审 核		
专业负责人	比 例	设计阶段	施工图
工程负责人	日 期	档案号	S1234-结施-19

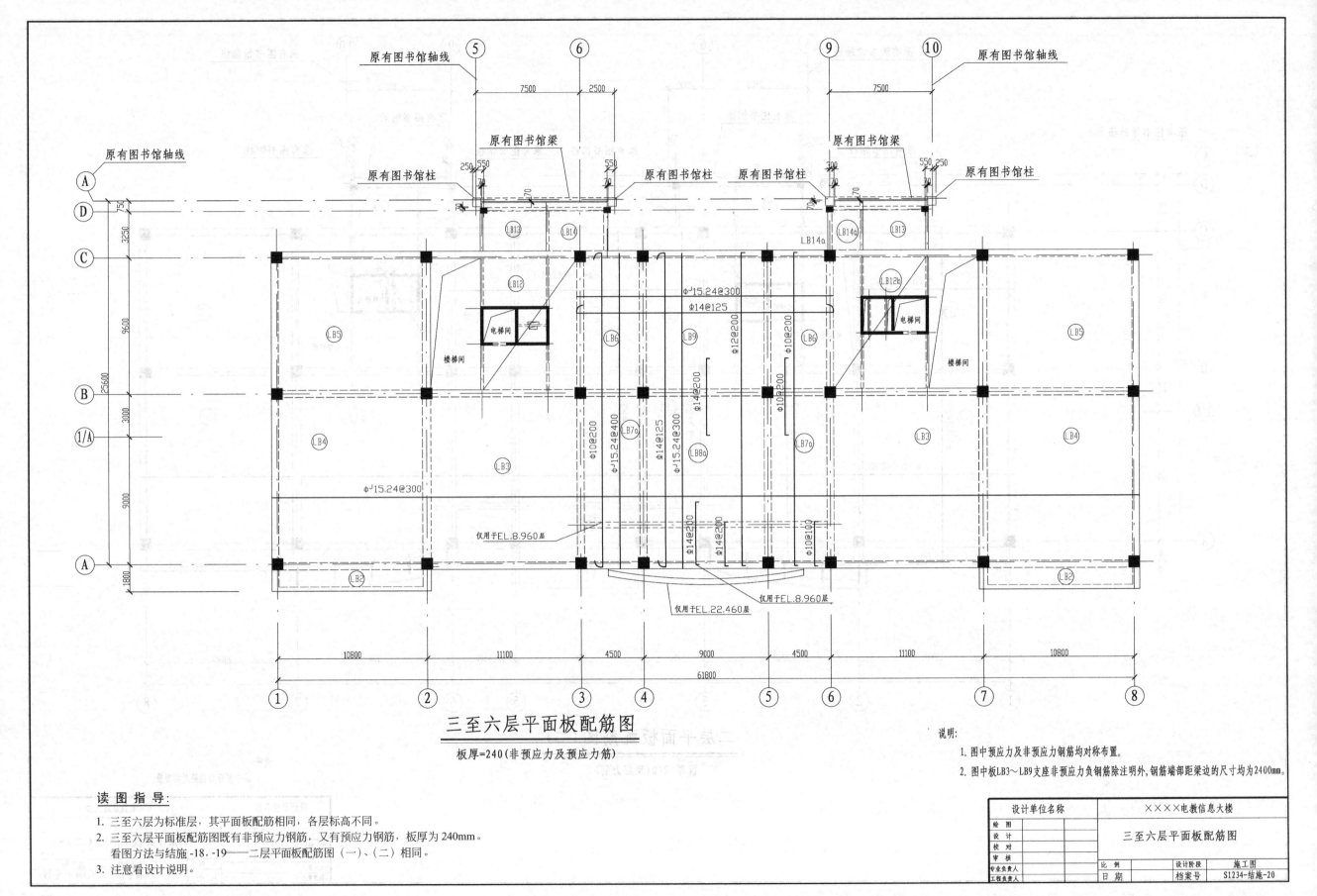

三至六层平面板配筋图

板厚=240(非预应力及预应力筋)

说明:
1. 图中预应力及非预应力钢筋均对称布置。
2. 图中板LB3~LB9支座非预应力负钢筋除注明外,钢筋端部距梁边的尺寸均为2400mm。

读图指导:
1. 三至六层为标准层,其平面板配筋相同,各层标高不同。
2. 三至六层平面板配筋图既有非预应力钢筋,又有预应力钢筋,板厚为240mm。
   看图方法与结施-18,-19——二层平面板配筋图(一)、(二)相同。
3. 注意看设计说明。

设计单位名称	××××电教信息大楼		
绘 图		三至六层平面板配筋图	
设 计			
校 对			
审 核			
专业负责人	比 例	设计阶段	施工图
工程负责人	日 期	档案号	S1234-结施-20

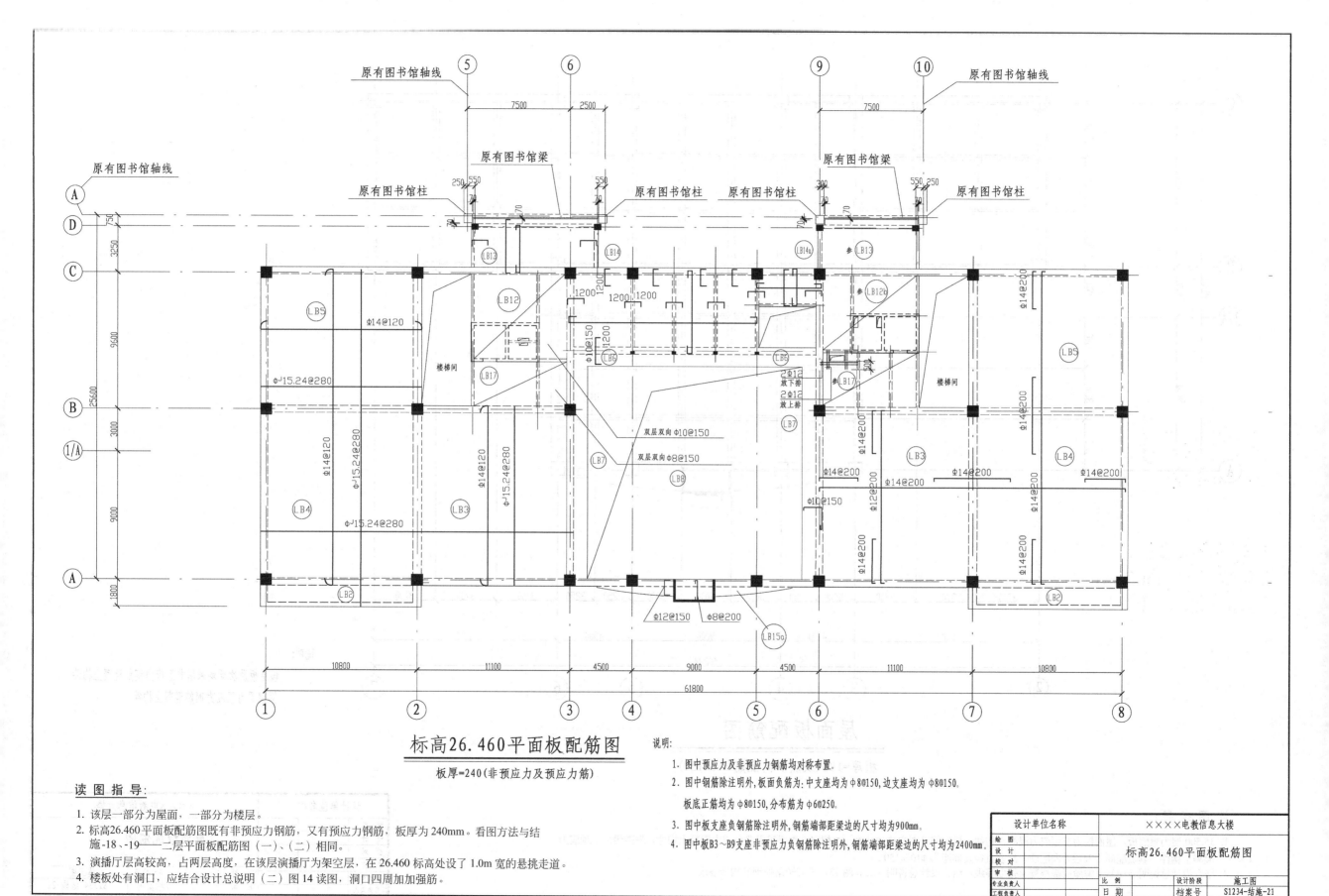

标高26.460平面板配筋图

板厚=240(非预应力及预应力筋)

说明:

1. 图中预应力及非预应力钢筋均对称布置。

2. 图中钢筋除注明外,板面负筋为:中支座均为φ8@150,边支座均为φ8@150。

   板底正筋均为φ8@150,分布筋为φ6@250。

3. 图中板支座负钢筋除注明外,钢筋端部距梁边的尺寸均为900mm。

4. 图中板B3~B9支座非预应力负钢筋除注明外,钢筋端部距梁边的尺寸均为2400mm。

读图指导:

1. 该层一部分为屋面,一部分为楼层。

2. 标高26.460平面板配筋图既有非预应力钢筋,又有预应力钢筋,板厚为240mm。看图方法与结
   施-18、19——二层平面板配筋图(一)、(二)相同。

3. 演播厅层层高较高,占两层高度,在该层演播厅为架空层,在 26.460 标高处设了 1.0m 宽的悬挑走道。

4. 楼板处有洞口,应结合设计总说明(二)图14读图,洞口四周加加强筋。

设计单位名称	××××电教信息大楼		
绘 图			
设 计		标高26.460平面板配筋图	
校 对			
审 核			
专业负责人		比 例	设计阶段	施工图
工程负责人		日 期	档案号	S1234-结施-21

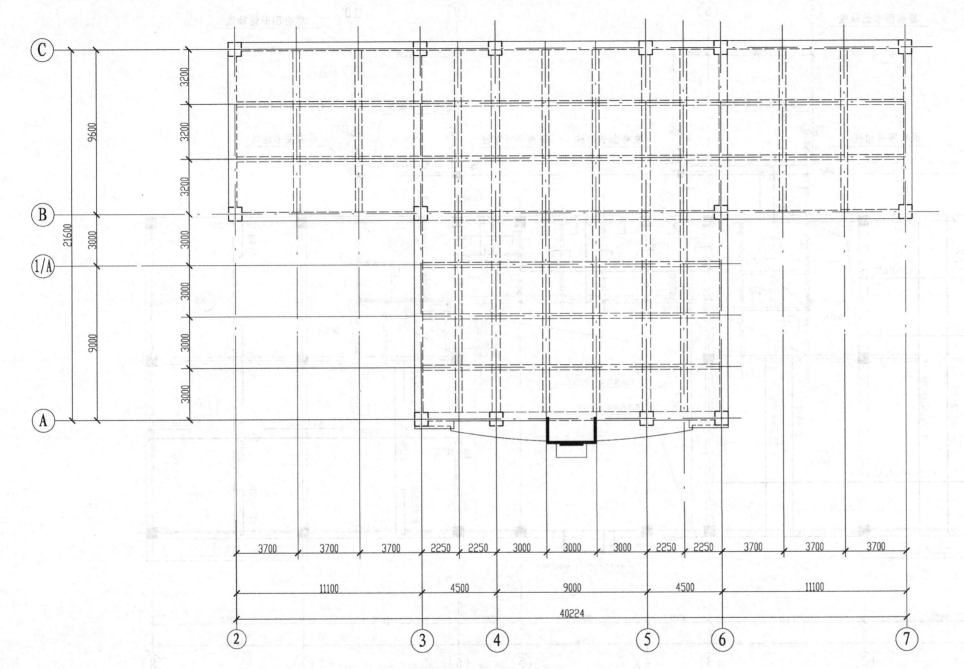

屋面板配筋图

板厚=100（双层双向配筋φ10@150）

说明:
该层板及次梁均采用非预应力钢筋混凝土构件，
框架梁为预应力钢筋混凝土构件。

读图指导:

1. 35.500 层为屋面板，屋面板为非预应力混凝土构件，板配筋看图方法与结施-17 相同。次梁采用非预应力混凝土构件，框架梁采用预应力混凝土构件。其板配筋为双层双向配筋，配筋直径及间距为φ10@150。
2. 结合设计总说明（一）了解屋面板混凝土强度等级，结合设计总说明（二）图13，了解转角处钢筋构造要求。

设计单位名称		××××电教信息大楼
绘　图		
设　计		**屋面板配筋图**
校　对		
审　核		
专业负责人	比　例	设计阶段 施工图
工程负责人	日　期	档案号 S1234-结施-22

柱编号	配筋型式	柱底标高/m	柱顶标高/m	截面尺寸/mm b	截面尺寸/mm h	①	②	③	④	⑤	箍筋加密区间距/mm	箍筋非加密区间距/mm	备注
KZ1	A	-1.700	22.460	700	700	2Φ20	4Φ20	4Φ20	Φ10	Φ10	100	200	
	A	22.460	26.460	700	700	2Φ25	4Φ25	4Φ25	Φ10	Φ10	100	200	
KZ2	B	-1.700	26.460	700	700	2Φ20	6Φ20	6Φ20	Φ10	Φ10	100	200	
	B	26.460	30.500	700	700	2Φ25	6Φ25	6Φ25	Φ10	Φ10	100	200	
KZ3	B	-1.700	22.460	700	700	2Φ20	6Φ20	6Φ20	Φ10	Φ10	100	200	
	B	22.460	30.500	700	700	2Φ25	6Φ25	6Φ25	Φ10	Φ10	100	200	
KZ4	B	-1.700	22.460	800	800	2Φ20	6Φ20	6Φ20	Φ10	Φ10	100	200	
	B	22.460	26.460	800	800	2Φ25	6Φ25	6Φ25	Φ10	Φ10	100	200	
KZ5	B	-1.700	26.460	900	900	2Φ20	6Φ20	6Φ20	Φ10	Φ10	100	200	
	A	26.460	30.500	700	700	2Φ20	4Φ20	4Φ20	Φ10	Φ10	100	200	
KZ6	B	-1.700	26.460	800	800	2Φ20	6Φ20	6Φ20	Φ10	Φ10	100	200	
	B	26.460	30.500	800	800	2Φ25	6Φ25	6Φ25	Φ10	Φ10	100	200	
KZ7	A	-1.700	22.460	800	800	2Φ22	4Φ22	4Φ22	Φ10	Φ10	100	200	
KZ8	C	-5.400	27.000	400	500	2Φ22	2Φ22	2Φ22	Φ10		100	200	

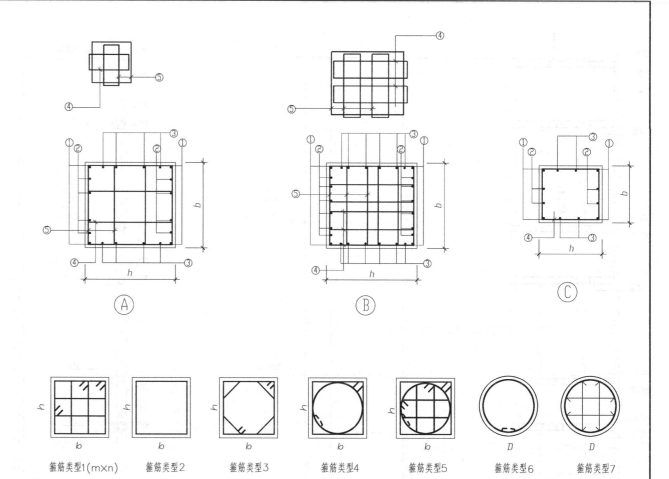

Ⓐ   Ⓑ   Ⓒ

箍筋类型1(m×n)　箍筋类型2　箍筋类型3　箍筋类型4　箍筋类型5　箍筋类型6　箍筋类型7

说明:
1. 本图尺寸以毫米为单位,标高为相对标高,以米为单位。
2. 各层柱每边钢筋多于4根者,应分两次搭接,在钢筋搭接的长度范围内,必须布置加密箍,加密箍直径与该层箍筋直径相同。
3. 钢筋混凝土柱与填充墙连接面,均沿高度@500预埋2φ6钢筋,在柱内锚固长度不少于200mm,伸入墙中锚固长度不少于1000mm,均弯直钩。

读图指导:
1. 最新平法图集共将柱分为以下5种:框架柱KZ、框支柱KZZ、梁上柱LZ、墙上柱QZ和芯柱XZ。
2. 而柱构件,不是单独一层,而是跨楼层形成一根完整的柱子,因此除了阅读柱构件的截面尺寸及配筋信息外,还要阅读楼层与标高相关信息,概括起来,一共有以下三方面内容:截面尺寸及配筋信息;适合于哪些楼层或标高;整个建筑物的楼层与标高。
3. 柱构件钢筋主要有纵筋和箍筋,其中纵筋包括基础插筋(构造要求见最新平法图集)地下室钢筋(构造要求见最新平法图集),中间层钢筋和顶层钢筋(构造要求见最新平法图集)。箍筋分为地下室钢筋(构造要求见最新平法图集)和地上钢筋。
4. 本柱表采用列表法与柱子截面配筋详图相结合表示柱的尺寸、配筋与构造要求。
5. 读图时应与相应的规范、构造图集对照起来看,如混凝土保护层厚度、上下层钢筋搭接(或焊接)的位置,箍筋加密区的范围、顶部的锚固长度等。
6. 柱子的编号、尺寸、钢筋规格、数量、标高详见列表,并与截面相对应来看。在平面中的位置见结施-8柱网平面布置图。

设计单位名称	××××电教信息大楼		
绘 图			
设 计		柱 表	
校 对			
审 核			
专业负责人		比 例	设计阶段　施工图
工程负责人		日 期	档案号　S1234-结施-23

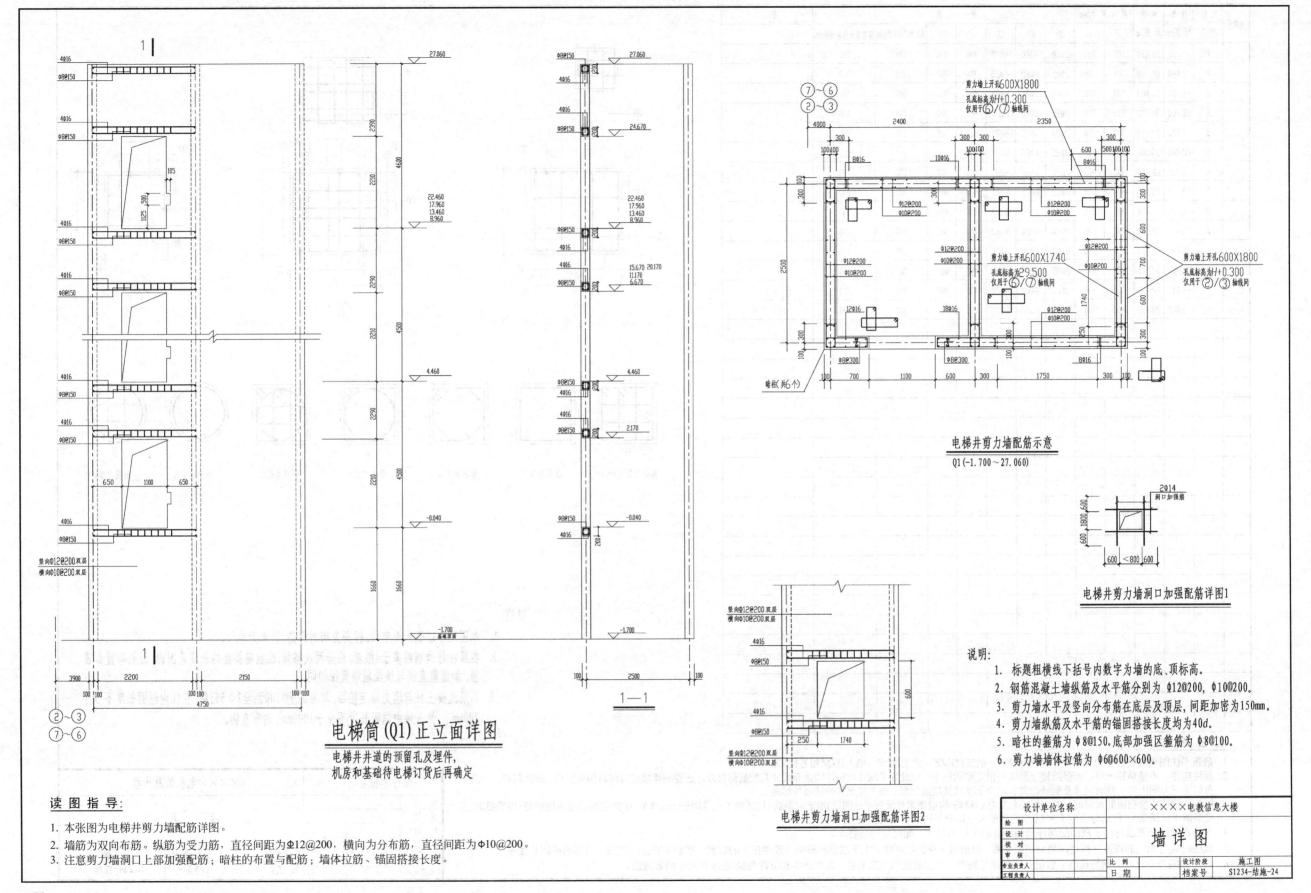

电梯井剪力墙配筋示意
Q1 (-1.700~27.060)

电梯井剪力墙洞口加强配筋详图1

电梯筒(Q1)正立面详图

电梯井井井道的预留孔及埋件,
机房和基础待电梯订货后再确定

1—1

电梯井剪力墙洞口加强配筋详图2

说明:
1. 标题粗横线下括号内数字为墙的底、顶标高。
2. 钢筋混凝土纵筋及水平筋分别为 Φ12@200, Φ10@200。
3. 剪力墙水平及竖向分布筋在底层及顶层, 间距加密为150mm。
4. 剪力墙纵筋及水平筋的锚固搭接长度均为40d。
5. 暗柱的箍筋为 Φ8@150, 底部加强区箍筋为 Φ8@100。
6. 剪力墙墙体拉筋为 Φ6@600×600。

读图指导:
1. 本张图为电梯井剪力墙配筋详图。
2. 墙筋为双向布筋。纵筋为受力筋,直径间距为Φ12@200,横向为分布筋,直径间距为Φ10@200。
3. 注意剪力墙洞口上部加强配筋;暗柱的布置与配筋;墙体拉筋、锚固搭接长度。

设计单位名称	××××电教信息大楼		
绘 图	墙 详 图		
设 计			
校 对			
审 核			
专业负责人	比 例	设计阶段	施工图
工程负责人	日 期	档案号	S1234-结施-24

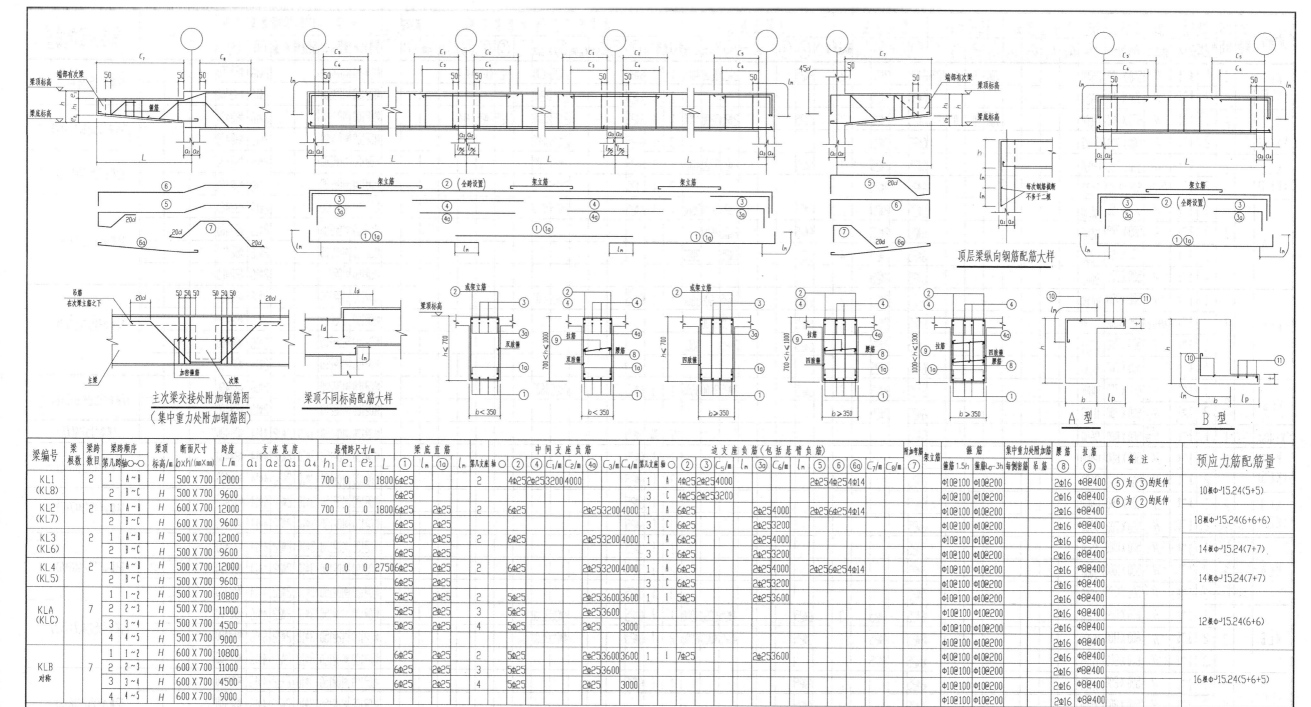

顶层梁纵向钢筋配筋大样

主次梁交接处附加钢筋图
（集中重力处附加钢筋图）

梁顶不同标高配筋大样

A 型　　　B 型

梁编号	梁跨数目	梁跨顺序第几跨	轴	梁顶标高/m	截面尺寸bxh/(mm×mm)	跨度L/m	支座宽度 a₁	a₂	a₃	悬臂跨尺寸/m a₄	h₁	e₁	e₂	L	梁底直筋①	①a	ln	第几支座	中间支座负筋 轴	②	④	C₁/m	C₂/m	④a	C₃/m	C₄/m	第几支座	近支座负筋（包括悬臂负筋） 轴	②	③	ln	③a	C₅/m	④	C₆/m	⑥a	C₇/m	C₈/m	预加竖筋⑦	架立筋	箍筋1.5h 箍筋	箍筋Lo-3h 箍筋	集中重力处附加筋 每侧加密箍 吊筋	腰筋⑧	拉筋⑨	备注	预应力筋配筋量
KL1 (KL8)	2	1	A~B	H	500×700	12000				700	0	0	1800	6Φ25		2		2		4Φ25 2Φ25	3200	4000				1	A	4Φ25 2Φ25	4000			2Φ25 4Φ25 4Φ14				Φ10@100	Φ10@100		2Φ16	Φ8@400	⑤为③的延伸	10根Φ⁷15.24(5+5)
		2	B~C	H	500×700	9600								6Φ25				3								C	4Φ25 2Φ25	3200							Φ10@100	Φ10@200		2Φ16	Φ8@400	⑥为②的延伸	
KL2 (KL7)	2	1	A~B	H	600×700	12000				700	0	0	1800	6Φ25	2Φ25	2		2		6Φ25						1	A	6Φ25				2Φ25 4000		2Φ25 6Φ25 4Φ14			Φ10@100	Φ10@100		2Φ16	Φ8@400		18根Φ⁷15.24(6+6+6)
		2	B~C	H	600×700	9600								6Φ25	2Φ25			3		6Φ25							C	6Φ25				2Φ25 3200					Φ10@100	Φ10@200		2Φ16	Φ8@400		
KL3 (KL6)	2	1	A~B	H	500×700	12000								6Φ25	2Φ25	2		6Φ25							1	A	6Φ25				2Φ25 4000					Φ10@100	Φ10@100		2Φ16	Φ8@400		14根Φ⁷15.24(7+7)
		2	B~C	H	500×700	9600								6Φ25	2Φ25			3		6Φ25							C	6Φ25				2Φ25 3200					Φ10@100	Φ10@200		2Φ16	Φ8@400		
KL4 (KL5)	2	1	A~B	H	500×700	12000			0	0	0	0	2750	6Φ25	2Φ25	2		2Φ25	3200	4000				1	A	2Φ25	4000			2Φ25 6Φ25 4Φ14				Φ10@100	Φ10@100		2Φ16	Φ8@400		14根Φ⁷15.24(7+7)
		2	B~C	H	500×700	9600								6Φ25	2Φ25			3		2Φ25							C	2Φ25	3200							Φ10@100	Φ10@200		2Φ16	Φ8@400		
KLA (KLC)	7	1	1~2	H	500×700	10800								5Φ25	2Φ25	2		5Φ25				2Φ25 3600 3600				1	1	5Φ25				2Φ25 3600					Φ10@100	Φ10@100		2Φ16	Φ8@400		12根Φ⁷15.24(6+6)
		2	2~3	H	500×700	11000								5Φ25	2Φ25	3		5Φ25				2Φ25 3600												Φ10@100	Φ10@100		2Φ16	Φ8@400		
		3	3~4	H	500×700	4500								5Φ25	2Φ25	4		5Φ25				2Φ25 3000												Φ10@100	Φ10@100		2Φ16	Φ8@400		
		4	4~5	H	500×700	9000																													Φ10@100	Φ10@200		2Φ16	Φ8@400		
KLB 对称	7	1	1~2	H	600×700	10800								6Φ25	2Φ25	2		2Φ25	3600	3600				1	1	7Φ25				2Φ25 3600					Φ10@100	Φ10@100		2Φ16	Φ8@400		16根Φ⁷15.24(5+6+5)
		2	2~3	H	600×700	11000								6Φ25	2Φ25	3		5Φ25				2Φ25 3600												Φ10@100	Φ10@100		2Φ16	Φ8@400		
		3	3~4	H	600×700	4500								6Φ25	2Φ25	4		5Φ25				2Φ25 3000												Φ10@100	Φ10@100		2Φ16	Φ8@400		
		4	4~5	H	600×700	9000																													Φ10@100	Φ10@200		2Φ16	Φ8@400		

预应力梁表

说明：
1. 本图表中尺寸单位为毫米，标高为米。
2. 本图材料：混凝土为C40级；钢筋为Ⅱ级钢(Φ)，Ⅰ级钢(Φ)。
3. 梁直筋在支座附近接接时，其长度等于 ln=40d，在端支座的锚固长度不足时，需将钢筋上弯，上弯长度≥10d，梁上部钢筋在梁中搭接。
4. 悬臂梁端集中重力处加密箍时，只加于内侧，悬臂跨 e₁为零时，⑤、⑥号筋在支座处不必弯折。
5. 架立筋与受力筋搭接长度如无特别注明时，一律为150mm。
6. 双排箍之钢筋间距为 25mm，且不小于d。
7. 本表之梁平面位置详见楼板图。
8. 3～6层平面图中梁的梁表图除特殊注明外，均按2层梁表配筋。例如KL1按梁表中KL1配筋。
9. 梁顶标高H为每层EL.××××标高。
10. 预应力束型见详图。
11. KLA/B/C梁⑧~⑤轴与①~④轴对称。

读图指导：
1. 本工程在跨度较大的梁中同时使用了普通钢筋和预应力钢筋。
2. 在读梁的配筋时，应结合典型梁的配筋和预应力配筋图。
3. 预应力钢筋的长度按相应的规定进行计算。
4. 例读KL1，2跨，截面尺寸为 500mm×700mm两跨跨度分别为12000mm、9600mm，悬臂跨为1800mm。普通钢筋梁底钢筋为①号筋为 6Φ25通常筋，支座筋②4Φ25通常筋深入支座。④号筋仅设在支座两端负筋其尺寸每边4000mm。⑤、⑥号筋为悬臂梁配筋。箍筋加密区为1.5h，h为梁高。L-3h为非加密区，直径φ10间距200mm。h为700mm，应选第三个截面图。其腰筋为2根Φ16，拉筋φ10@200。在本梁中，还有10根Φʲ15.24(5+5)预应力筋，其纵向布置见结施-15。

设计单位名称	××××电教信息大楼		
绘图			
设计		预应力梁表（一）	
校对			
审核			
专业负责人	比例	设计阶段 施工图	
工程负责人	日期	档案号	S1234-结施-25

57

预应力梁表（二）

梁编号	梁根数	梁跨数目	梁跨顺序 第几跨轴①~②	梁顶标高/m	截面尺寸 b×h/mm	跨度 L/m	支座宽度/mm a₁ a₂ a₃ a₄	悬臂跨尺寸/mm h₁ e₁ e₂ L	梁底直筋 ① lₙ ⑩	中间支座负筋	边支座负筋（包括悬臂负筋）	附加吊筋 架立筋 ⑦	箍筋	集中垂直力处附加筋	腰筋 ⑧	拉筋 ⑨	备注	预应力筋配筋量
KL1 (KL6)	2	1	A~B	H	500×700	12000	700 0 0 1800		6Φ25 2Φ25	2 6Φ25 2Φ25 3200 4000	1 A 6Φ25 2Φ25 4000 2Φ25 4Φ14		Φ10@100 Φ10@200		2Φ16	Φ8@400	12根 Φⁱ15.24(6+6)
		2	B~C	H	500×700	9600			6Φ25 2Φ25	3 C 6Φ25		Φ10@100 Φ10@200		2Φ16	Φ8@400	
KL2 (KL5)	2	1	A~B	H	600×700	12000	700 0 0 1800		6Φ25 2Φ25	2 6Φ25 2Φ25 3200 4000	1 A 6Φ25 2Φ25 4000 2Φ25 6Φ25 4Φ14		Φ10@100 Φ10@200		2Φ16	Φ8@400	20根 Φⁱ15.24(7+6+7)
		2	B~C	H	600×700	9600			6Φ25 2Φ25	3 C 6Φ25	2Φ25 3200		Φ10@100 Φ10@200		2Φ16	Φ8@400	
KL3 (KL4)	2	1	A~B	H	500×700	12000			6Φ25 2Φ25	2 6Φ25 2Φ25 3200 4000	1 A 6Φ25 2Φ25 4000		Φ10@100 Φ10@200		2Φ16	Φ8@400	12根 Φⁱ15.24(6+6)
		2	B~C	H+0.6	500×1300	9600			6Φ25 2Φ25	3 C 6Φ25	2Φ25 3200		Φ10@100 Φ10@200		6Φ16	Φ8@400	
KLA	7	1	1~2	H	500×700	10800			6Φ25 2Φ25	2 6Φ25 2Φ25 3600 3600	1 1 6Φ25 2Φ25 3600		Φ10@100 Φ10@200		2Φ16	Φ8@400	14根 Φⁱ15.24(7+7)
		2	2~3	H	500×700	11000			6Φ25 2Φ25	3 6Φ25 2Φ25 3600			Φ10@100 Φ10@200		2Φ16	Φ8@400	
		3	3~4	H	500×700	4500			6Φ25 2Φ25	4 6Φ25 2Φ25 3000			Φ10@100 Φ10@200		2Φ16	Φ8@400	
		4	4~5	H	500×700	9000			6Φ25 2Φ25				Φ10@100 Φ10@200		2Φ16	Φ8@400	
KLc	7	1	1~2	H	500×700	10800			6Φ25 2Φ25	2 6Φ25 2Φ25 3600 3600	1 1 6Φ25 2Φ25 3600		Φ10@100 Φ10@200		2Φ16	Φ8@400	14根 Φⁱ15.24(7+7)
		2	2~3	H+0.6	500×1300	11000			6Φ25 2Φ25	3 6Φ25 2Φ25 3600			Φ10@100 Φ10@200		6Φ16	Φ8@400	
		3	3~4	H	500×700	4500			6Φ25 2Φ25	4 6Φ25 2Φ25 3000			Φ10@100 Φ10@200		2Φ16	Φ8@400	
		4	4~5	H	500×700	9000			6Φ25 2Φ25				Φ10@100 Φ10@200		2Φ16	Φ8@400	
KLB	2	1	1~2	H	600×700	10800			6Φ25 2Φ25	2 6Φ25 2Φ25 3600 3600	1 1 6Φ25 2Φ25 3600		Φ10@100 Φ10@200		2Φ16	Φ8@400	17根 Φⁱ15.24(6+5+6)
		2	2~3	H	600×700	11100			6Φ25 2Φ25				Φ10@100 Φ10@200		2Φ16	Φ8@400	
KL1(6)	1	1	B~C	H	500×800	9600			5Φ25	1(2) AD 5Φ25			Φ10@100 Φ10@150	3Φ10 2Φ22	4Φ14	Φ8@400	7根 Φⁱ15.24(7)
KL2 (KL5)	2	1	A~B	H	500×800	12000			6Φ25	1 A 6Φ25			Φ10@100 Φ10@150	3Φ10 2Φ22	4Φ14	Φ8@400	12根 Φⁱ15.24(6+6)
		2	B~C	H	500×800	9600			6Φ25	3 C 6Φ25			Φ10@100 Φ10@150	3Φ10 2Φ22	4Φ14	Φ8@400	
KL3 (KL4)	2	1	A~B	H	500×700	12000			6Φ25	1 A 6Φ25			Φ10@100 Φ10@150	3Φ10 2Φ22	4Φ14	Φ8@400	14根 Φⁱ15.24(7+7)
		2	B~C	H	500×700	9600			6Φ25	3 C 6Φ25			Φ10@100 Φ10@150	3Φ10 2Φ22	4Φ14	Φ8@400	
KLA	3	1	3~4	H	500×1000	4500			5Φ25	1 4 5Φ25			Φ10@100 Φ10@150	3Φ10 2Φ22	4Φ14	Φ8@400	12根 Φⁱ15.24(6+6)
		2	4~5	H	500×1000	9000			5Φ25	2 5 5Φ25			Φ10@100 Φ10@150	3Φ10 2Φ22	4Φ14	Φ8@400	
		3	5~6	H	500×1000	4500			5Φ25	3 6 5Φ25			Φ10@100 Φ10@150	3Φ10 2Φ22	4Φ14	Φ8@400	
KLB	3	1	2~3	H	600×800	11100			6Φ25 4Φ25	3 6Φ25 4Φ25 6000 4000	1 2 6Φ25 4Φ25 3600		Φ10@100 Φ10@150	3Φ10 2Φ22	4Φ16	Φ8@400	21根 Φⁱ15.24(7+7+7)
		2	3~6	H	600×1100	18000			6Φ25 4Φ25	6 6Φ25 4Φ25 4000 6000	2 1 6Φ25 4Φ25 3600		Φ12@100 Φ12@150	3Φ10 2Φ22	6Φ16	Φ8@400	
		3	6~7	H	600×800	11100			6Φ25 4Φ25				Φ10@100 Φ10@150	3Φ10 2Φ22	4Φ16	Φ8@400	
KLC 对称	5	1	2~3	H	500×800	11100			6Φ25	2 6Φ25	1 2 6Φ25		Φ10@100 Φ10@150	3Φ10 2Φ22	4Φ16	Φ8@400	12根 Φⁱ15.24(6+6)
		2	3~4	H	500×800	4500			6Φ25	3 6Φ25			Φ10@100 Φ10@150	3Φ10 2Φ22	4Φ16	Φ8@400	
		3	4~5	H	500×800	9000			6Φ25	4 6Φ25			Φ10@100 Φ10@150	3Φ10 2Φ22	4Φ16	Φ8@400	

设计单位名称	××××电教信息大楼
绘 图	
设 计	预应力梁表（二）
校 对	
审 核	
审 定	
专业负责人	比 例 / 设计阶段 施工图
工程负责人	日 期 / 档案号 S1234-结施-26

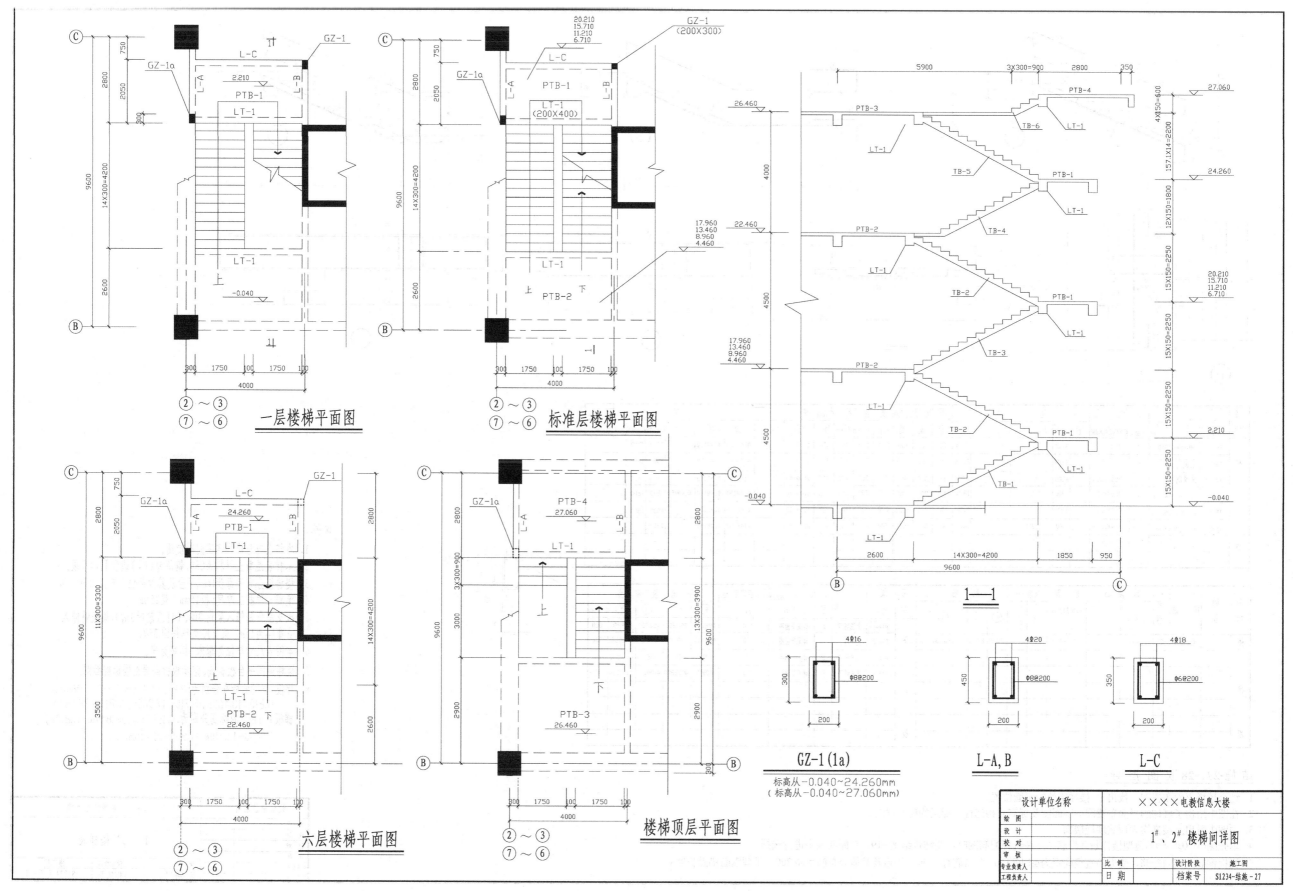

一层楼梯平面图
②~③
⑦~⑥

标准层楼梯平面图
②~③
⑦~⑥

六层楼梯平面图
②~③
⑦~⑥

楼梯顶层平面图
②~③
⑦~⑥

1—1

GZ-1(1a)
标高从-0.040~24.260mm
(标高从-0.040~27.060mm)

L-A, B

L-C

设计单位名称		××××电教信息大楼		
绘图				
设计		1#、2#楼梯间详图		
校对				
审核				
专业负责人		比例	设计阶段	施工图
工程负责人		日期	档案号	S1234-结施-27

59

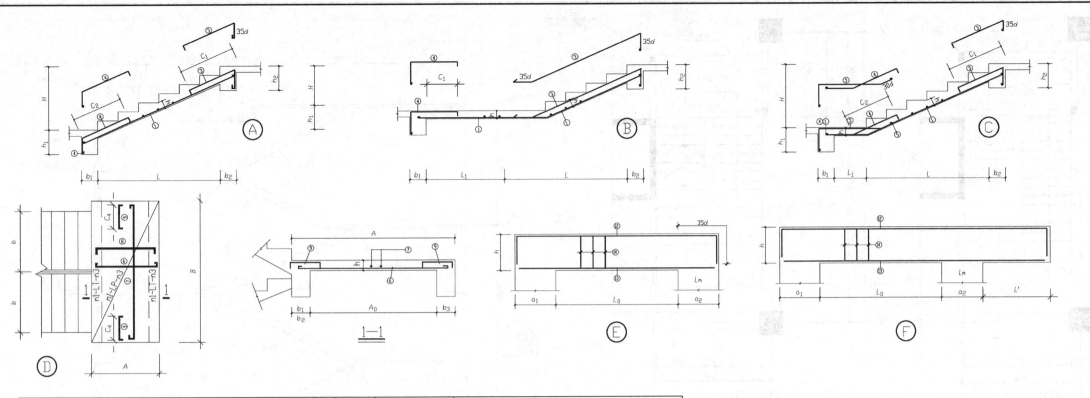

名称	编号	标高	类型	断面 b×h/mm×mm	D	L	L1	L2	H	级数	踏步 宽	踏步 高	b1	b2	h1	h2	梯板①	梯板②	梯板③	梯板④	梯板⑤	C1/mm	C2/mm	C3/mm
楼梯板	TB-1	-0.040~2.210	A	1750X150	4200				2250	15	300	150	200	200	400	400	Φ14@150		Φ14@150	Φ14@150		1500	1500	
	TB-2	见说明8	A	1750X150	4200				2250	15	300	150	200	200	400	400	Φ14@150		Φ14@150	Φ14@150		1500	1500	
	TB-3	见说明8	A	1750X150	4200				2250	15	300	150	200	200	400	400	Φ14@150		Φ14@150	Φ14@150		1500	1500	
	TB-4	22.460~24.260	C	1750X150	3300	900			1800	12	300	150	200	200	400	400	Φ14@150		Φ14@150	Φ14@150	Φ14@150	1200	1200	
	TB-5	24.260~26.460	A	1750X150	3900				2200	14	300	157.1	200	200	400	400	Φ14@150		Φ14@150	Φ14@150		1500	1500	
	TB-6	26.460~27.060	B	1750X150	900	3300			600	4	300	150	200	200	400	400	Φ14@150		Φ14@150	Φ14@150		1200		

名称	编号	标高	类型	跨度 L0/mm	跨度 L'/mm	断面 b×h/mm	支座 a1/mm	支座 a2/mm	配筋⑫	配筋⑬	配筋⑭
楼梯梁	LT-1	见说明7	E	3600		200X400			2Φ20	2Φ25	Φ8@200

名称	编号	标高	类型	平台板尺寸 A×B/mm×mm	平台板厚度 h	配筋⑥	配筋⑦	配筋⑧	配筋⑨	C4/mm
平台板	PTB-1	见说明7	D	详见平面图	100	Φ8@200	Φ6@200	Φ8@200	Φ8@200	600
	PTB-2	见说明7	D	详见平面图	100	Φ8@150	Φ8@200	Φ8@150	Φ8@150	900
	PTB-3	见说明7	D	详见平面图	100	Φ10@150	Φ10@200	Φ10@200	Φ10@150	900
	PTB-4	见说明7	D	详见平面图	100	Φ10@150	Φ10@200	Φ10@200	Φ10@150	900

n1-LT-n3

说明:
1. 本梯表应与楼梯详图同时使用。
2. 本梯表混凝土材料为C30,钢筋为I(φ)级和II(Φ)级。
3. 楼梯板分布筋每步1φ6,平台及其他部位分布筋 φ6@200。
4. 混凝土保护层厚度:板15mm,梁25mm。
5. 板支座负筋锚入梁内30d,(II级筋时35d),梁底筋伸入支座Lm为15d,梁支座负筋锚固35d。
6. 本图表尺寸单位为毫米,标高为米。
7. 楼梯梁同平台板标高,踏步板标高详见楼梯剖面图。
8. 梯板TB-2的标高分别为:2.210~4.460m,6.710~8.960m,11.210~13.460m,15.710~17.960m,20.210~22.460m。
梯板1-TB-3的标高分别为:4.460~6.710m,8.960~11.210m,13.460~15.710m,17.960~20.210m。

结施-27、-28读图指导:
1. 结合楼梯平面布置图,找出1#楼梯所处的平面位置。
2. 在图中给出了楼梯的平面布置图、剖面图及标高;构造柱、梯梁的配筋详图。
3. 由图中看出,楼梯均为板式现浇楼梯。
4. 本张图Ⓐ、Ⓑ、Ⓒ为典型楼梯断面配筋图,在选择配筋时,要结合结施-19,在配筋表中进行选择。
5. 梯板钢筋为双向配筋,受力筋直径间距为Φ14@150,分布筋每步1φ6,平台及其他分布筋φ6@200。了解钢筋锚固长度。

设计单位名称	××××电教信息大楼	
绘图		
设计		**1#、2#楼梯表**
校对		
审核		
专业负责人	比例 / 设计阶段 施工图	
工程负责人	日期 / 档案号 S1234-结施-28	

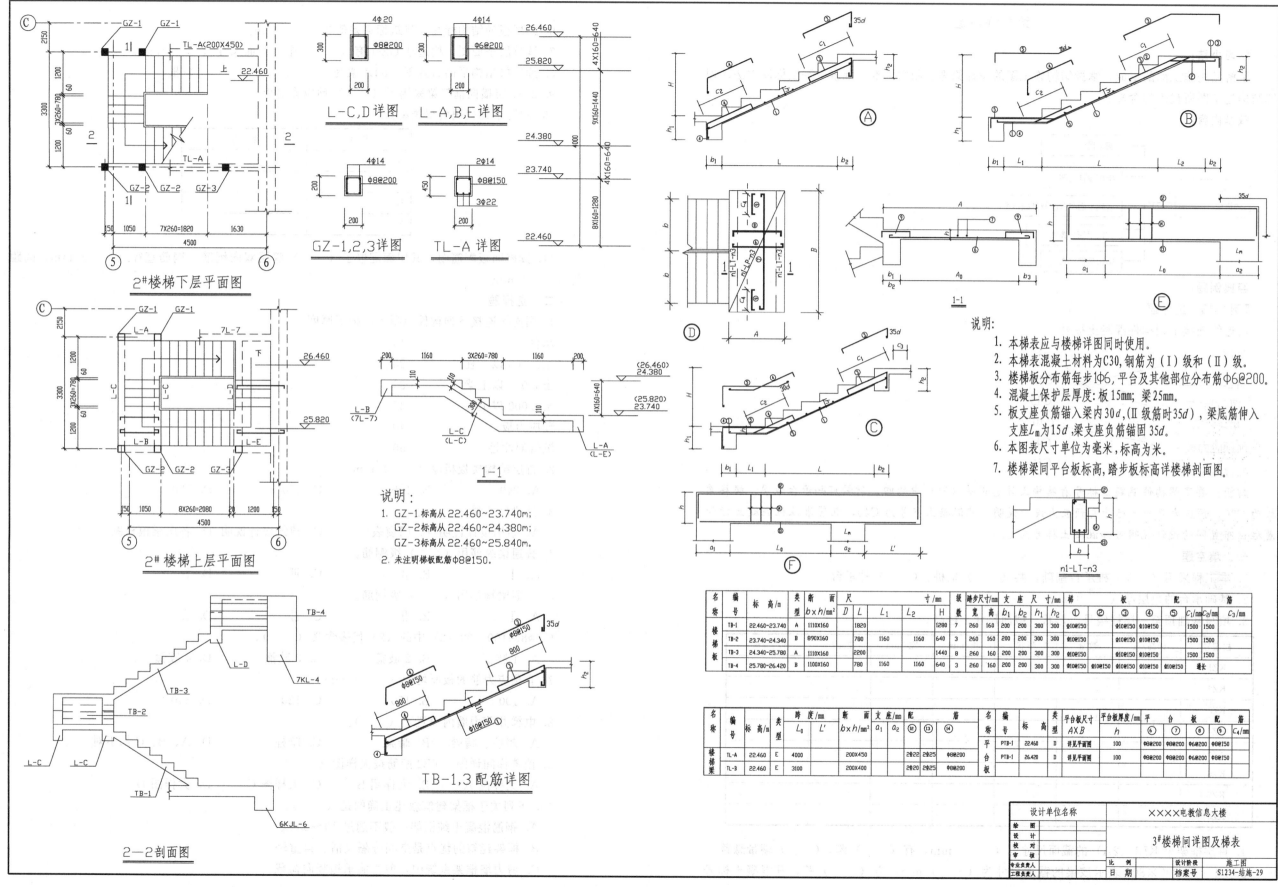

2#楼梯下层平面图

2#楼梯上层平面图

2—2剖面图

TB-1,3配筋详图

L-C,D详图　　L-A,B,E详图

GZ-1,2,3详图　　TL-A详图

1-1

说明：
1. GZ-1标高从22.460～23.740m；
   GZ-2标高从22.460～24.380m；
   GZ-3标高从22.460～25.840m。
2. 未注明梯板配筋Φ8@150。

说明：
1. 本梯表应与楼梯详图同时使用。
2. 本梯表混凝土材料为C30，钢筋为（Ⅰ）级和（Ⅱ）级。
3. 楼梯板分布筋每步1Φ6，平台及其他部位分布筋Φ6@200。
4. 混凝土保护层厚度：板15mm；梁25mm。
5. 板支座负筋锚入梁内30d，（Ⅱ级筋时35d），梁底筋伸入支座L_m为15d，梁支座负筋锚固35d。
6. 本图表尺寸单位为毫米，标高为米。
7. 楼梯梁同平台板标高，踏步板标高详楼梯剖面图。

设计单位名称　××××电教信息大楼

3#楼梯间详图及梯表

档案号　S1234-结施-29

61

综合练习题

学习小结：

了解结构施工图的组成，掌握结构施工图的设计原理、制图标准、混凝土平法标注方法，理解结构施工图所代表的含义。

教学内容：

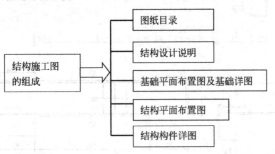

经典例题：

【例3-1】 选择题

用连线连接下列构件混凝土标号

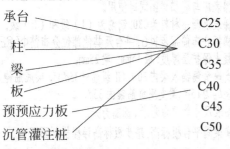

解析： 要了解构件混凝土标号看结构设计总说明（一）中的四、材料可知承台地梁、楼层梁板为C30，预应力混凝土标号看预应力设计说明，其混凝土标号为C40，沉管灌注桩混凝土标号看桩位布置图的设计说明可知混凝土标号为C25。

一、填空题

1. 本工程采用（   ）桩承台基础，共（   ）根桩，（   ）种承台。

2. 基础承台的垫层厚（   ）mm。

3. 填写基础顶至一层柱编号、形状、截面尺寸、柱高。

柱编号	标高/m	数量	形状	长/mm	宽/mm	柱高/m	体积/m³
KZ1							
KZ2							
KZ3							
KZ4							
KZ5							
KZ6							
KZ7							
KZ8							

4. 首层框架梁KL1（2A）的截面尺寸为（   ）mm，有（   ）跨，（   ）端带悬臂。

5. L1（7）300×800表示该梁的截面尺寸为（   ）mm，有（   ）跨，其混凝土标号

（   ）。

6. 二层板的结构标高与建筑标高差值为（   ）m。

7. 读首层平面图，构造柱GZ-1有（   ）个，截面尺寸（   ）mm。

8. 读三层结构平面布置图，KL1梁为（   ）梁，共（   ）根。

9. 2～7层横向框架采用了（   ）预应力筋束。

10. 填写下列代码的梁类型。

代号	梁类型
KJL(KL)	
WKL	
L	
XL	

11. 读屋面板配筋图，其屋面配置了（   ）双层双向钢筋，钢筋直径（   ）mm，间距为（   ）mm。

二、选择题

1. 用连线连接下列构件混凝土保护层厚度

承台　　　　　　　　　　15

±0.000以上柱　　　　　　25

±0.000以上梁　　　　　　30

±0.000以上板　　　　　　35

预应力板　　　　　　　　40

沉管灌注桩　　　　　　　50

2. 首层结构楼板板厚（   ）mm。

  A. 240　　　　　B. 100　　　　　C. 150　　　　　D. 120

3. 过梁尺寸看（   ）。

  A. 结构设计说明　B. 门窗表　　　C. 建筑设计说明　D. 各层梁模板图

4. 普通梁纵筋用（   ）级钢筋。

  A. Ⅰ　　　　　　B. Ⅱ　　　　　C. Ⅲ　　　　　D. Ⅳ

5. 普通梁箍筋用（   ）级钢筋。

  A. Ⅰ　　　　　　B. Ⅱ　　　　　C. Ⅲ　　　　　D. Ⅳ

6. Φ8@100/200（2）中的（2）代表含义（   ）。

  A. 1肢箍　　　　B. 2肢箍　　　　C. 3肢箍　　　　D. 4肢箍

7. 有预应力筋的板厚均为（   ）mm。

  A. 100　　　　　B. 150　　　　　C. 120　　　　　D. 240

8. 电梯井剪力墙内设置了（   ）。

  A. 暗柱、暗梁　　B. 暗梁　　　　C. 暗柱　　　　D. A、B、C都不对

9. 读楼梯间详图，TB2配筋按大样图（   ）。

  A. 大样图A　　　B. 大样图B　　　C. 大样图C　　　D. 大样图D

10. 下列关于框架建筑叙述正确的是（   ）。

  A. 钢筋混凝土纯框架一般不超过10～25层

  B. 框架建筑的优点是空间分隔灵活、自重轻

  C. 剪力墙框架系统中，剪力墙承担竖向荷载

D. 框架 筒体结构中的筒体系抗剪核心

E. 框架-筒体结构中的筒体系抗压核心

三、判断题

1. 承台下面由垫层，基础梁下面没有垫层。（　　）

2. 同一柱编号其截面尺寸相同。（　　）

3. 同一楼层板厚相同。（　　）

4. 本工程柱、梁、板混凝土标号相同。（　　）

5. 本工程梁、板混凝土保护层厚度相同。（　　）

6. 不同楼层剪力墙混凝土标号可能不同。（　　）

7. TB2 配筋按 B 大样图配筋。（　　）

8. 屋面板采用了无黏结预应力钢筋。（　　）

9. 原位标注高于集中标注。（　　）

10. 该工程板采用了有黏结预应力钢筋。（　　）

四、识图绘图题

1. 桩承台识读

读承台平面布置图与详图，CT2 平面图尺寸如图所示，已知承台高 1300mm，一阶，画出其断面图，并回答下列问题：

① 该承台尺寸为（　　　　），体积为（　　　　），图中共（　　）个。

② 该承台垫层尺寸为（　　　　），体积为（　　　　），图中共（　　）个。

③ 混凝土标号为（　　　），保护层厚度（　　　）。

④ Φ25@150 代表（　　　　　　　　）。

2. 梁图识读与绘制

读首层结构平面布置图、梁配筋图的 KL1（2A），完成下列问题。

① 指出图中何为原位标注，何为集中标注。

② 指出各标注的含义：

KL1（2A）；

400×1000；

Φ10@100/200（4）；

4Φ25；8Φ25（2/6）；

G4Φ22；

8Φ25（4/4）；

2Φ16；

Φ10@100（4）。

③ 指出图中钢筋哪些是纵筋？哪些是箍筋？哪些是架立筋？哪些是支座筋？哪些是底筋？哪些是构造筋？

④ 主次梁交接处应设置什么钢筋？

⑤ 该类型梁在图中有几根？

⑥ 支座筋的长度是怎样计算的？

⑦ 加密区箍筋区间为多少？

⑧ 结合平法标注，绘制 KL2（2）模板图和断面配筋图。

3. 板图的识读与绘制

读首层平面板配筋图，完成下列问题。

① 首层板厚是多少？

② 指出图中受力筋、分布筋、支座筋。

③ 板中筋Φ8@150 的含义。

④ 受力筋、分布筋深入支座的长度是多少？

⑤ 将首层屋面板配筋用平法标注。

4. 墙的识读与绘制

读结施-24 电梯井剪力墙配筋详图，看图回答下列问题。

① 指出剪力墙中哪些是暗梁？哪些是暗柱？

② 剪力墙中哪些是受力筋？哪些是分布筋？受力筋与受力筋之间用什么筋连接？

③ 剪力墙中设有洞口时还应设什么钢筋？

④ 结合平法标注，绘制剪力墙顶部锚固筋。

5. 楼梯图的识读与绘制

读结施-27 楼梯结构详图，完成下列问题。

① 指出 PTB-1、TB-1 的含义。

② TB-1 的配筋图看哪一详图？

③ 指出 TB-1 配筋中哪些是分布筋？哪些是受力筋？哪些是支座筋？

五、问答题

1. 总设计说明主要包括哪些内容？结合图纸说明钢筋混凝土柱与墙的连接。

2. 桩基是依据什么进行设计？桩身配了哪些钢筋？

3. 结施-10 中断面图 1—1 与断面图 2—2 有什么区别？

4. YP-1 与 YP-2 代表什么含义？有什么不同？

5. 结施-11 中 3a—3a 剖面在哪张图阅读？GZ-2（2 个）、GZ-3（2 个）、GZ-4（2 个），代表什么含义？

6. 结施-12 中 3—3 断面为一变截面尺寸从 1400~1950mm 代表什么含义？

7. 结施-13 中 26.460 层结构平面布置图及梁配筋图在哪些部位设置了女儿墙构造柱？哪些部位设置了剪力墙和暗柱？

8. 预应力筋与普通钢筋有什么不同？预应力张拉法有哪几种？本工程梁板预应力有什么不同？

检查与测试

一、填空题（每空 1 分，共 20 分）

1. 房屋中起承重和支撑作用的构件的（　）、（　）、（　）、（　）及基础，按一定的构造和连接方式组成房屋结构体系，称为房屋结构。

2. CT1 为（　）基础，CT1 构件尺寸：其中长为（　）mm，宽为（　）mm，高为（　）mm，体积为（　）m³，共（　）个。

3. 读结施-7，KL1（2），KL 代表（　），1 代表（　），（2）代表（　）。

4. 读结施-8，KZ1 尺寸为：长为（　）mm，宽为（　）mm，高为（　）mm 体积为（　）m³，共（　）个。

5. 板的类型有有梁板和无梁板。有梁板分为楼板（LB）、屋面板（　）、悬挑板（　）。

二、选择题（每题 2 分，共 20 分）

1. 沉管灌注桩混凝土保护层厚度为（　）。

A. 15mm　　　B. 25mm　　　C. 40mm　　　D. 50mm

2. CT1 底部受力筋和分布筋均为（　）。

A. Φ8@150　　B. Φ12@150　　C. Φ20@150　　D. Φ25@150

3. KZ1 一层柱底标高为（　）m 柱顶标高为（　）m。

A. −1.70，22.46 B. −0.04，4.46　C. −1.70，4.46　D. −0.04，22.46

4. 读结施-1 结构设计总说明（一）的，构造柱应设置在墙体的（　），以及宽度大于 2m 的门窗洞口两侧。（多选题）

A. 转角　　　B. 丁字接头　　　C. 端部　　　D. 墙长大于 5m 的墙中

5. 当墙长大于 6m 时，每隔（　）m 设一构造柱。

A. 3　　　　　B. 4　　　　　C. 2.5　　　　　D. 6

6. 墙体中门窗洞口顶低于楼层梁底时，依据洞口和墙厚设置过梁，当洞口尺寸为 1500mm 时，过梁尺寸为（　）。

A. 120mm×240mm　　　　　B. 180mm×240mm

C. 240mm×240mm　　　　　D. 300mm×350mm

7. 常用的构造柱有（　）。（多选）

A. T 字形　　B. L 形　　　C. 十字形　　　D. 一字形

8. 1L-1（7），7 表示（　）。

A. 第 7 层　　B. 7 根梁　　C. 7 跨梁　　　D. 梁编号

9. 读结施-2 中图 22，主次梁交接处两侧共附加箍筋为（　）。

A. 4 根 Φ8@50　　B. 6 根 Φ8@50　　C. 2 根 Φ8@50　　D. 8 根 Φ8@50

10. 屋面板厚为（　　　）。
A. 120mm　　　　B. 240mm　　　　C. 100mm　　　　D. 150mm

三、识图绘图题（45分）

柱图识读与绘制

下表是 KZ4 柱配筋表，结合典型图 A，混凝土平法标注，完成下列问题。

柱编号	配筋形式	柱底标高/m	柱顶标高/m	截面尺寸/mm		配筋					加密区箍筋间距/mm	非加密区箍筋间距/mm
				b	h	①	②	③	④	⑤		
KZ4	A	-1.7	22.46	800	800	2Φ20	6Φ20	4Φ20	Φ10	Φ10	100	200
	A	22.46	26.46	800	800	2Φ25	6Φ25	4Φ25	Φ10	Φ10	100	200

(1) 标高单位是什么？截面尺寸单位是什么？

(2) ①②③④⑤哪些是纵筋？哪些是箍筋？

(3) 各层柱纵筋有哪几种连接方式？

(4) 箍筋加密区设在哪里？区间尺寸是多少？

(5) 如果用平法标注如何标注？

(6) 结合平法标注，计算 KZ4 的钢筋长度。

四、问答题（15分）

1. 基础一般有哪些类型？本工程采用的桩是什么桩？桩径是多少？桩基混凝土强度是多少？承台混凝土强度是多少？（10分）

2. 二层结构与一层结构有哪些不同？三层结构与二层结构相比，哪些地方有变化？（5分）

第 4 章　建筑给水排水施工图读解

4.1　建筑给水排水施工图概述

4.1.1　建筑给水排水包括的范围

建筑给水排水是建筑物的有机组成部分，它主要包括：建筑内部给水排水、建筑消防给水、建筑小区给水排水、建筑水处理、特殊建筑给水排水五个部分，如表 4-1 所示。最常见的是前三者，其中建筑内部给水排水是建筑给水排水的主体与基础。建筑内部给水排水与建筑小区给水排水的界限划分：给水是以建筑物的给水引入管的阀门为界，排水是以排出建筑物的第一个排水检查井为界。

表 4-1　建筑给水排水的组成

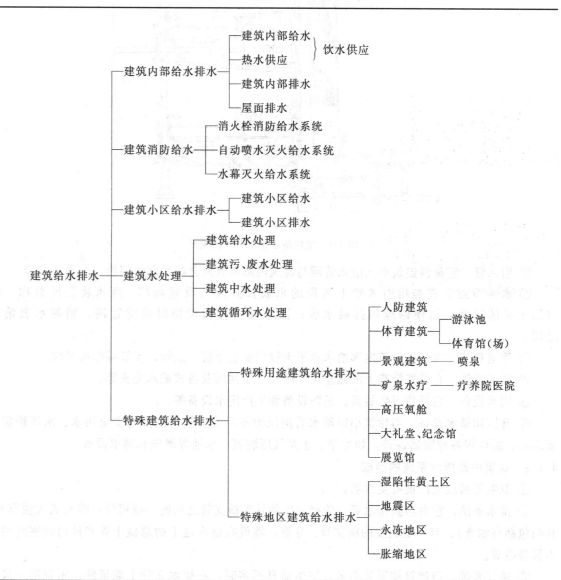

4.1.2 建筑内部给水系统的组成

建筑内部给水系统一般由下列部分组成，如图 4-1 所示。

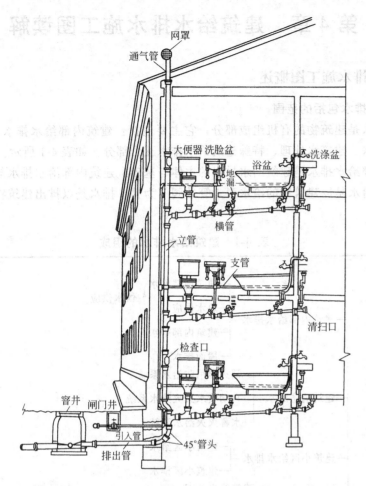

图 4-1 室内给水排水系统的组成

① 引入管。它是指建筑小区给水管网与建筑内部各管网之间的联络网段，也称进户管。

② 水表节点。它是指引入管上装设的水表及其前后设置阀门、泄水装置的总称。阀门用于关闭管网、以便修理和拆换水表；泄水装置作为检修时放空管网、检测水表精度之用。

③ 管道系统。它是指建筑内部给水水平干管或垂直干管、立管、支管等组成系统。

④ 给水附件。它是指管路上的截止阀、闸阀、止回阀及各式配水龙头等。

⑤ 用水设备。它是指卫生器具、消防设备和生产用水设备等。

⑥ 升压和储水设备。当建筑小区给水管网压力不足或建筑物内部对安全供水、水压稳定有要求时，需设置各种附属设备，如水箱、水泵气压装置、水池等增压和储水设备。

4.1.3 建筑内部排水系统的组成

① 卫生器具或生产设备受水器。

② 排水系统。它由器具排水管（连接卫生器具和横支管之间的一段短管，除坐式大便器外，其间包括存水弯）、有一定坡度的横支管、立管、埋设在室内地下的总横干管和排出到室外的排出管等组成。

③ 通气系统。当建筑物层数不多，卫生器具不多时，在排水立管上端延伸出屋顶的一段管道（自最高层立管检查口算起），称通气管。如图 4-1 所示，当建筑物层数较多时，卫生器具甚多时，在排水管系统中应设辅助通气管及专用通气管。

④ 清通设备。一般是指作为疏通排水管道之用的检查口、清扫口、检查井以及带有清通门的 90°弯头或三通接头设备。

⑤ 抽升设备。某些建筑的地下室、半地下室、人防工程、地下铁道等地下建筑物中污水不能自流排至室外，必须设置水泵和集水池等局部抽水设备，将污水抽送到室外水管网中去。

⑥ 污水局部处理构筑物。室内污（废）水不符合排放要求时，必须进行局部处理。如沉淀池用于去除固体物质，除油池用于回收油脂，中和池用于中和酸碱性，消毒池用于消毒灭菌等。

4.1.4 建筑内部给水系统图示

建筑内部给水系统图示较多，工程中往往根据情况采用图示中某种图示或综合几种图式，组合成其他图式。下面列出几种常用图式。

（1）下行上给的直接给水方式

它是将建筑内部给水管网与外部直连，利用外网供水。图 4-2 所示方式优点是系统简单，造价低，节约能源。缺点是内部无储备水量，外网停水时内部立即断水。

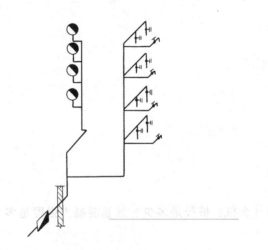

图 4-2 下行上给的直接给水方式

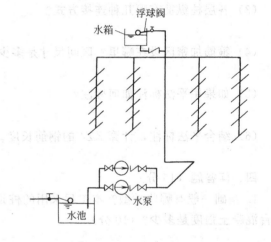

图 4-3 上行下给方式水池、水泵和水箱的给水方式

（2）设水池、水泵和水箱的供水方式

这种方式适用于外网水压经常不足且不允许直接抽水，允许设置高位水箱的多层或高层建筑。这种方式有上行下给方式如图 4-3 和下行上给方式如图 4-4 所示。其优点是供水可靠，且水压稳定。缺点是不能利用外网水压，能源耗量大，造价较高，安装与维护较复杂。

（3）高层建筑的分区给水方式

在高层建筑中，为避免底层承受过大的水静压力。常采用竖向分压的供水方式，如图 4-5 所示。高区由水泵水箱供水，底区可由水泵水箱供水外，也可由外网直接供水，以充分利用外网水压，节省能耗。

4.1.5 给水排水工程图特点

给水排水施工图的表达方法，主要是以表达给水排水的系统和设备布置为主，因此在绘制给水排水施工图的平面图时，房屋轮廓均用细线画出；给水排水的设备、管道则采用较粗的线型。给水排水工程图中的管道及附件、管道连接、阀门、卫生器具及水池、设备及仪表等，都采用示意的图例和代号表示。

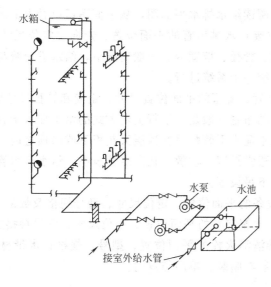

图 4-4 下行上给方式水池、水泵和水箱的给水方式

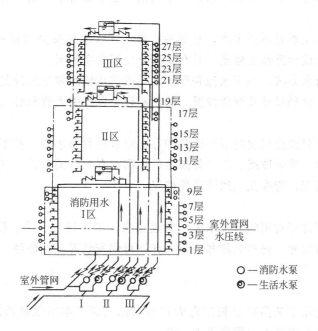

图 4-5 高层建筑分区给水系统

4.2 图纸的组成和编排

本书主要讲解建筑给水排水工程图的组成和编排。

4.2.1 图纸目录（如实例水施）

给水排水工程涉及图纸较多，常按一定的图名和顺序归纳编排成图纸目录以便查阅。

4.2.2 给排水总说明（如实例水施-2～水施-4）

通常要以常规做法按总则、室内生活给水、室内消防给水、室内排水、室外给水、室外排水、工程施工及验收七大项分列出各种要求和做法，以便给设计人员选用。在工程中需采用的做

法则在编号前打√注明。

4.2.3 给排水平面图（如实例水施-5）

（1）房屋平面图

给排水平面图主要反映管道系统各组成部分的平面位置，因此房屋的轮廓线应与建筑施工图一致。一般只抄绘房屋的墙身、柱、门窗洞、楼梯等主要构配件。房屋的细部、门窗代号均可略去。

（2）卫生设备和器具的类型及位置

这些设备和器具有一部分是工业产品，如洗脸盆、大便器、小便器、地漏等；另一部分是在施工现场砌筑的，如厨房中的水池等。

（3）给水排水管道平面位置

给水排水管道应包括立管、干管、支管，要注出管径，底层给水排水平面图中还有给水引入管和废污水排出管。底层给水排水平面图中各种管道要按系统编号。一般给水管以每一个承接排水管的检查井为一个系统。

（4）图例和说明

通常将图例和施工说明都附在底层给水排水平面图中。为便于阅读图纸，常将各种管道及卫生设备等图例、选用的标准图集、施工要求和有关文字材料等用文字加以说明。

图例和施工说明内容较多时，也可将图例和施工说明放在底层给水排水平面图前。常用图例见读图实例水施-3。

4.2.4 给排水系统图

（1）表示内容和方法

给排水系统图应表示出管道的空间布置情况，各管段的管径、坡度、标高，以及附件在管道上的位置。给排水系统图宜用正面斜轴测法绘制，我国习惯上都采用正面斜等测来绘制系统轴测图，如图 4-6 所示。

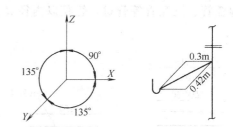

图 4-6 给排水系统表示方法

（2）管道系统的划分

一般按给水排水平面图中进出口系统不同，分别绘制出各管道系统的系统图。给水引入管或排水排出管的数量超过 1 根时，宜进行编号。为了与平面图相呼应，每个管道系统应编号，其编号应与底层给水排水平面图编号相一致，如图 4-7 所示。

（3）图线、图例与省略画法

给水、排水、污水系统图中的管道，都用粗实线表示。在管道系统中的配水器具，如水表、截止阀、放水龙头等用图例画出，相同布置各层，可将其中的一层画完整，其他各层只需在立管分支处用折断线表示。

（4）房屋构件的位置

为了反映管道和房屋的联系，系统图中还要画出管道穿越的墙、地面、露面、屋面的位置，一般用细实线画出地面和墙面，并加轴测图中材料图例线，用两条靠近的水平细实线画出楼面和

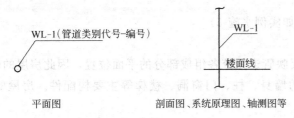

图 4-7　管道编号表示法

屋面。

（5）标高和管径

室内工程应标注相对标高；室外工程宜标注绝对标高，当无绝对标高资料时，可标注相对标高。在给水系统中，标高以管中心为准，一般要注出引入管、横管、阀门及放水龙头，卫生器具的连接支管，各层楼地面及屋面，与水箱连接的各管道，以及水箱的顶面和底面等标高。平面图中，管道标高应按图 4-8 表示。

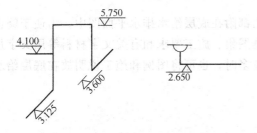

图 4-8　平面图中管道标高标注法

管径以 mm 为单位，铸铁管等管材，管径以 DN 表示（如 $DN15$、$DN50$）；无缝钢管、焊接钢管、铜管不锈钢管，管径以 $D×壁厚$ 表示（如 $D108×4$、$D159×4.5$ 等）；钢筋混凝土（或混凝土）管、陶土管、耐酸陶瓷管、缸瓦管等管材，管径以内径 d 表示（如 $d230$、$d380$ 等）。图 4-9 为多管管径表示法。

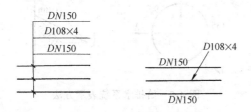

图 4-9　多管管径表示法

4.2.5　详图

当平面图不能清楚反映某一节点图形时，需有放大和细化的详图才能清楚地表示某一部位的详细结构及尺寸。给排水施工图通常利用标准图集中选用的图作为详图。

4.3　读图方法和步骤

阅读建筑给排水工程图纸时，一般按水的流向阅读，即给水系统按进户管（引入管）→干管→立管→支管→用水设备的顺序。排水系统按用水设备→存水弯→器具排水管→排水横管→立管→排出管的顺序阅读。看图时从粗到细，从大到小，先看基本图例和说明，再看平面图、系统图和详图，同时注意和其他专业的关系。

4.3.1　看给排水平面图

一般自底层开始，逐层阅读给水排水平面图，从平面图可以看出下述内容。

① 看给水进户管和污（废）水排出管的平面位置、走向、定位尺寸、系统编号以及建筑小区给水排水管网的连接形式、管径、坡度等。一般情况下，给水进户管与排水排出管均有系统编号。读图时，可按其一个系统一个系统进行。

② 看给水排水干管、立管、支管的平面位置尺寸、走向和管径尺寸以及立管编号。

建筑内部给水排水管道的布置一般是：下行上给方式的水平配水干管敷设在底层或地下室天花板下，上行下给方式的水平配水干管敷设在顶层天花板下或吊顶之内，在高层建筑内也可设在技术夹层内；给水排水立管通常沿墙、柱敷；在高层建筑中，给水排水管敷设在管井内；排水横管应于地下埋设，或在楼板下吊设等。

③ 看卫生器具和用水设备的平面位置、定位尺寸、型号规格及数量。

④ 看升压设备（水泵、水箱等）的平面位置、定位尺寸、型号规格数量等。

⑤ 看消防给水管道，弄清消火栓的平面位置、型号、规格；水带材质与长度；水枪的型号与口径；消防箱的型号；明装与暗装、单门与双门。

4.3.2　看给排水系统图

在看给排水系统图时，先看给水排水进出口的编号。为了看得清楚，往往将给水系统和排水系统分层绘出。给排水各系统应对照给水排水平面图，逐个看各个管道系统图。

（1）给水系统

在给水系统图上卫生器具不画出来，水龙头、淋浴器、莲蓬头只画符号，用水设备如锅炉、热交换器、水箱等则画成示意性立体图，并在支管上注以文字说明。

看图时了解室内给水方式，地下水池和屋顶水箱或气压给水装置的设置情况，管道的具体走向，干管的敷设形式，管径尺寸及变化情况，阀门和设备以及引入管和各支管的标高。

（2）排水系统

在排水系统图上也只画出相应的卫生器具的存水弯或器具排水管。看图时了解排水管道系统的具体走向，管径尺寸，横管坡度、管道各部位的标高，存水弯的型式、三通设备设置情况，伸缩节和防火圈的设置情况，弯头及三通的选用情况。

4.3.3　看详图

建筑给水排水工程详图常用的有：水表、管道节点、卫生设备、排水设备、室内消火栓等。看图时可了解具体构造尺寸、材料名称和数量，详图可供安装时直接使用。

4.4　读图实例

本教材读图实例选用了某高校电教信息大楼为读图实例。本书仅挑选图纸目录中打√的图纸，加以点评说明，有关阅读方法顺序见上一节。

序号	图 纸 名 称	图 号	规格	附注	本图册选用
1	图纸目录	S1234-水施	A4		✓
2	给排水材料表	S1234-水施-1	A4		✓
3	给排水总说明	S1234-水施-2	A3		✓
4	给排水图例表及补充说明	S1234-水施-3	A2		✓
5	自动喷水灭火系统设计 安装 施工说明	S1234-水施-4	A2		✓
6	首层给排水平面布置图	S1234-水施-5	A1		✓
7	二层给排水平面布置图	S1234-水施-6	A1		✓
8	三层给排水平面布置图	S1234-水施-7	A1		
9	四层给排水平面布置图	S1234-水施-8	A1		
10	五层给排水平面布置图	S1234-水施-9	A1		
11	六层给排水平面布置图	S1234-水施-10	A1		
12	屋顶电梯机房给排水平面布置图	S1234-水施-11	A1		
13	屋顶给排水平面布置图	S1234-水施-12	A1		✓
14	卫生间大样	S1234-水施-13	A2		✓
15	给排水管道系统图	S1234-水施-14	A1		✓

设计单位名称			工程名称 PROJECT NAME	××××电教信息大楼		
	签 名 SIGNATURE					
设计 DESIGN		图 纸 目 录		设计阶段 DESIGN STAGE	施工图	
制图 DRAW				图号: DRAWING No.		
校核 CHECK				S1234-水施		⚠
审核 APPR.		合同号 CONTRACT No.	专业 给排水	第 1 张 SHEET	共 1 张 OF	比例 SCALE	版次 REV.

序号	名 称	型 号	规 格	单位	数量	附 注
1	镀锌钢管		DN150	m	100	
2	镀锌钢管		DN100	m	280	
3	镀锌钢管		DN80	m	80	
4	镀锌钢管		DN70	m	60	
5	镀锌钢管		DN65	m	40	
6	镀锌钢管		DN50	m	150	
7	镀锌钢管		DN40	m	230	
8	镀锌钢管		DN32	m	210	
9	镀锌钢管		DN25	m	400	
10	镀锌钢管		DN20	m	40	
11	镀锌钢管		DN15	m	50	
12	闸阀	Z15T-10	DN25	个	7	
13	截止阀	J11X-10	DN40	个	5	
14	截止阀	J11X-10	DN32	个	5	
15	截止阀	J11X-10	DN25	个	6	
16	蝶阀	D71J-10	DN150	个	4	
17	湿式旋翼式水表	LXS-70	DN70	个	1	
18	室内消火栓	SN65	DN65	套	12	87S163-16-3（丙型）
19	室外消火栓	SS100-10	DN100	套	2	
20	湿式报警阀	ZSS100	DN100	套	1	
21	信号闸阀		DN100	个	6	
22	水流指示器	ZSJZ100	DN100	个	6	
23	压力表		DN25	个	7	
24	喷头	吊顶型	DN15	个	300	
25	水表井			座	1	S145-17-8
26	排水铸铁管		D200	m	50	
27	排水铸铁管		D100	m	90	
28	PVC排水管		D100	m	150	
29	PVC排水管		D75	m	60	
30	PVC排水管		D50	m	150	
31	PVC检查口		D100	个	8	
32	PVC地漏		D75	个	24	
33	PVC地漏		D50	个	6	
34	洗脸盆			套	25	
35	污水池			套	10	
36	小便器			套	15	
37	蹲式大便器			套	35	
38	雨水检查井		φ700	座	2	S231-28-5

给排水材料表	设计项目	××××电教信息大楼	
	制表	图号	
	校审	S1234-水施-1	

给 排 水 总 说 明

(序号前有"√"者 为本设计采用条文)

1 总 则

√ 1.1 图中尺寸单位:除图中说明外,标高以 m 计,其余均以 mm 计。

√ 1.2 室内地坪标高为 0.000m,室外地坪为 -0.120m。

1.3 卫生间及厨房比室内地坪低 0.03m。

1.4 图中管线的设计标高,给水管为管中心。

1.5 给水管从学院内生活给水管网直接引入。

1.6 给水管在室外形成环网,从市政给水管网引入。

1.7 地下水池由室外管网引入。

1.8 排水接入学院内排水管网。

√ 1.9 室内给水、排水立管在穿过楼板时应配合土建施工预留孔洞,当穿过屋面时,应预埋防水套管。

1.10 图中 DN 为给水管,D 为排水管。

√ 1.11 在屋面上铺设的水平管段,在阀门、三通、弯管与直线段适当间距(参见上表)的下部应设管墩,用 100 号混凝土捣制。

1.12 在有可能经常检修的给水附件前(或后)及支管的阀门前(或后)应装活接头以便检修,设计图中未标明其具体位置。

2 室内生活给水

2.1 室内给水管管材及接口

√ 2.1.1 管材选用镀锌钢管。

2.1.2 水泵房、地库及各主给水管均选用焊接钢管和无缝钢管,焊接施工各入户管及裙房内生活给水均采用镀锌钢管,丝扣连接。

√ 2.1.3 DN≤150mm 者用镀锌钢管(GB 3091—82)丝扣连接。

2.1.4 DN≥200mm 者用钢管,焊接或法兰连接。

2.1.5 DN≥75mm 者用承插式给水铸铁管,石棉水泥接口。

2.2 管道敷设及固定

√ 2.2.1 镀锌钢管或非镀锌钢管的横管段用钩钉或支架固定,钩钉按国标 S161/55—24 至 S161/55—34 页施工,固定点的间距不大于下表的规定:

管径 DN/mm	15	20	25	32	40	50	70	80	100	125	150
最大间距/m	2	2.5	3	3.5	4	4.5	5	5.5	6	6.5	7

钢管的立管支架参照 S161/55—47,48,49 页施工,当楼层高度不超过 4m 时,可只设一个支架,并安装在距离(楼)面 1.5～1.8m 的地方,并应在下端弯头处设 100 号混凝土支墩。

√ 2.2.2 已预埋件用管卡固定,其余按 S161 管固定件嵌入墙体或用膨胀螺栓固定。

√ 2.2.3 预留孔、预埋套管应及时配合土建施工预留,一切孔洞施工完后用高标号水泥砂浆填实。

2.3 管道防腐

2.3.1 明装管道按下述要求刷漆

√ ① 镀锌钢管或铸铁管除锈后刷红丹两道,再刷银粉漆两道(当有装饰要求时,不刷银粉漆,刷与装饰色调相协调的面体漆两道)。

√ ② 管道上的固定件与管道的刷漆要求相同。

√ 2.3.2 埋地管段的防腐、镀锌钢管、镀锌无缝钢管及铸铁管均刷冷底子油两道、热沥青两道,总厚度不小于 3mm,当有特殊防腐要求时,设计另行规定。

√ 2.4 给水管道埋深若图中未注明时,可按下述要求施工
在阀门井处为地面以下 1m,室外管段地面以下 0.5m,室内管段地面以下 0.3m,埋深变化段用管道纵坡调整,不用弯管等配件。

2.5 管道试压

√ 生活给水工作压力:0.5MPa;试验压力:1.0MPa

生活水箱出水管工作压力:0.5MPa;试验压力:1.0MPa

3 室内消防给水

3.1 消防给水管管材及接口

√ 3.1.1 管材选用如设计图中所示。

3.1.2 DN≤150mm 者采用:a.镀锌钢管,丝扣连接;b.无缝钢管,焊接。

3.1.3 DN≥200mm 者采用无缝钢管,焊接或法兰连接。

3.2 室内消火栓按标准图 87S163 施工。

消火栓管径:a.DN50;b.DN65;c.DN80(均为 SN 系列)

√ 衬胶水龙带每根长:a.15m;b.20m;c.25m

水枪口径:a.13mm;b.16mm;c.19mm

3.3 消防软管卷盘包括 DN25 软管 20m 及灭火喉。

√ 3.4 消火栓选用双阀双出口:a.明装;b.半明装;c.暗装。

3.5 消火栓选用单阀单出口:a.明装;b.半明装;c.暗装。

3.6 高区消火栓系统工作压力:1.3MPa;试验压力:1.8MPa。

3.7 低区消火栓系统工作压力:0.8MPa;试验压力:1.3MPa。

√ 3.8 自动喷水灭火设施的安装
详见全国通用建筑标准设计给排水试用图集"室内自动喷水天火设施安装"JSJT—117。

3.9 卤代烷 1301(1211)灭火

3.9.1 管道采用 a.内外镀锌的无缝钢管;b.铜管。管道附件采用卤代烷天火剂输送管件。

3.9.2 公称直径等于或小于 80mm 的管道附件采用螺纹连接,公称直径大于 80mm 的管道附件采用法兰连接,钢制管道附件应内外镀锌。

4 室内排水

4.1 排水管管材及接口

√ 4.1.1 采用承插式排水铸铁管,丝麻填充,石棉水泥接口。

√ 4.1.2 采用硬聚氯乙烯管(GB 5836—86)承插接,并按建设部颁发的"建筑排水硬聚氯乙烯管道施工及验收规程"(GJJ 30—89)有关规定进行施工和验收。

√ 4.2 生活污水管道的坡度当图中未注明时按下表采用

序号	管径	标准坡度	最小坡度	序号	管径	标准坡度	最小坡度
1	DN50	0.035	0.025	4	DN125	0.015	0.010
2	DN75	0.025	0.015	5	DN150	0.010	0.007
3	DN100	0.020	0.012	6	DN200	0.008	0.005

安装时应尽量采用标准坡度,有阻碍时才可采用最小坡度。

√ 4.3 架空敷设的水平管用吊架固定,固定在承重结构上,参照 S161/55—14,15 施工。吊架间距应在每个接头处设一个吊架,同距不大于两米,配件较多的横管段可适当减小。

√ 4.4 立管用管卡固定,参照 S161/54—47,48,49 施工,管卡间距,当楼层高度不大于 4m 时,可只设一个卡,并安装在距楼面 1.5～1.8m 的地方,管卡均安装在管道承口处。

4.5 管道的防腐按第 2.3 条的规定。

√ 4.6 排水横管与立管相接时采用顺水三通连接。

√ 4.7 排水立管转弯时或最末端转弯处,采用两个 45° 的弯管与水平管段(埋地引出管)相接,立管末端的弯头处设 100 号混凝土墩。

√ 4.8 排水地漏的顶面应比净地面低 0.005m,地面应有不小于 0.005 的坡度坡向地漏。

√ 4.9 排水立管上检查口应安装在离地面 1.0m 高处,检查口的朝向应便于检修。

5 室外给水

5.1 给水管管材及接口

√ 5.1.1 给水管采用钢管。

√ 5.1.2 DN≤70mm 者用镀锌钢管丝扣连接。

5.1.3 DN≥75mm 者用承插式给水铸铁管,石棉水泥接口。

√ 5.1.4 DN≥80mm 者用镀锌钢管,焊接,焊接处从严防腐。

5.2 室外给水管网工作压力为 0.5MPa。

√ 5.3 给水管必须敷设在老土层上,并不能敷设在石块、木块、砖块或其他垫块上。

√ 5.4 当管底为软弱土质时,应换用粘土夯实后铺垫,夯实密实度不低于 95%。

√ 5.5 当管底为岩石或半岩石层时,应在管底铺砂或砂和粗砂层 200mm 做基础。

5.6 管道回填土中不能夹有石块、砖块、草皮、树根等杂物。

√ 5.7 给水阀门井按图 S143 17-7 施工。

√ 5.8 室外消火栓按标准图 88S162/6 施工。

6 室外排水

6.1 排水管管材及接口

6.1.1 D<300mm 者用承插式混凝土排水管,水泥砂浆接口。

6.1.2 D≥300mm 者用钢筋混凝土管,生活污水管用沥青接口,雨水管用水泥砂浆接口。

6.2 排水管混凝土带形基础按 S222/17 施工。

6.3 污水检查井按 S231/28—11,12 施工。

6.4 雨水检查井按 S231/28-5,6 施工。

6.5 化粪池用钢筋混凝土矩形 7 号化粪池 S214.1。

6.6 隔油池按 S217/8-6,7 中乙型施工。

7 工程施工及验收

√ 凡未说明部分,均应按国家标准"采暖与卫生工程施工及验收规范"(GB J242—82)中的有关规定施工。

设计单位名称		××××电教信息大楼	
绘图			
设计		给排水总说明	
校对			
审核			
专业负责人		比例	设计阶段 施工图
工程负责人		日期	档案号 S1234-水施-2

70

给排水图例表

名称	平面图	系统图
生活给水管	—J—	
消火栓给水管	—X—	
喷淋给水管	—ZP—	
污水管	—P—	
雨水管	—Y—	
冷凝水管	—K—	
生活给水立管	JL	JL
消火栓给水立管	XL	XL
喷淋给水立管	ZPL	ZPL
污水立管	PL	PL
冷凝水立管	KN	KN
室内消火栓		
室外消火栓		
水龙头		
自闭式冲洗阀		
截止阀		
闸阀		
止回阀		
蝶阀		
自动排气阀		
湿式报警阀		
安全阀		
信号闸阀		
水流指示器		

名称	平面图	系统图
闭式喷头		
压力表		
灭火器		
水表		
水表井		
检查井		
雨水口		
水泵结合器		
洗脸盆		
洗涤盆		
浴盆		
污水池		
蹲式大便器		
坐式大便器		
立式小便器		
挂式小便器		
地漏		
清扫口		
检查口		
通风帽		
雨水斗		
S型存水弯		
P型存水弯		
管道转弯		

补充说明：(本说明为施工图S1234—水施—5～12的补充说明)

一、生活给水、消火栓给水系统

（一）生活给水管接入学院生活给水加压管网，与给水阀门井的连接由甲方负责，本设计仅配管（甲方已确认）。

（二）消火栓系统直接接入图书馆消火栓系统，其工作压力及稳压方式均由图书馆消火栓系统提供，消火栓立管的连接详见施工图，本设计仅配管，不设屋顶水箱。

（三）生活给水管道、消火栓给水管道均采用热镀锌钢管，丝扣连接，其室内外部分防腐详见给排水总说明。

（四）消火栓按照最新颁布的规范施工，半明装，施工时预留孔洞尺寸：长×高＝800mm×1200mm。

（五）本图尺寸标高以m（米）计，其余均以mm（毫米）计。±0.000为相对标高，EL为管中心标高。

二、生活污水、雨水系统

（一）污水立管接入室外已建化粪池，化粪池位置及污水管与化粪池的连接均由甲方负责。

（二）污水管道采用排水PVC管，横管与横管、横管与立管的连接应采用45°三通、90°斜三通、直角顺水三通。室外埋地部分采用排水铸铁管，在管道外壁涂刷热沥青防腐，并包扎沥青纤维布。

（三）雨水、冷凝水立管采用排水PVC管，雨水管及冷凝水管埋地部分采用排水铸铁管，其防腐同污水管道。

（四）雨水检查井Y—1、Y—2按照S231—8—5施工。井底标高—2.400m。

（五）内庭院雨水沟宽400mm，起点深800mm，雨水算子采用750mm×450mm铸铁算子。

三、自动喷淋灭火系统

（一）本大楼自动喷淋系统的加压及稳压由图书馆自动喷淋加压系统提供，本设计仅配管，不设消防水箱。

（二）每层水流指示器前设置一个信号阀，末端设置一套试水装置。

（三）配水支管遇到冷凝水管、风管、电缆桥架时，均视现场安装的具体情况局部上弯或下弯绕行。

（四）喷头采用吊顶型喷头，安装高度由吊顶决定。凡喷头安装位置与风口或电器灯具冲突时，可做适当调整。

（五）本喷淋系统需在图书馆地下泵房喷淋泵后新增一个湿式报警阀，新增湿式报警阀以及阀后配水干管的安装应参照地下泵房内已建湿式报警阀及其阀后配水干管的做法施工。

四、灭火器采用手提式干粉灭火器，灭火级别8A，灭火剂充装量5kg。灭火器设置于各房间出入口旁，灭火器安装于托架上，其底部离地面高度为0.4m，此安装高度可视现场情况调整。

五、本说明未尽事项详见给排水总说明及自动喷淋灭火系统设计安装施工说明。

六、施工时应与土建以及相关专业密切配合。

设计单位名称	××××电教信息大楼		
绘 图			
设 计		给排水图例表及补充说明	
校 对			
审 核			
专业负责人		比 例	设计阶段	施工图
工程负责人		日 期	档案号	S1234-水施-3

S1234-水施-3

71

自动喷水灭火系统设计 安装 施工说明

一、根据甲方已确认的文件,湿式自动喷淋系统稳压及加压由学院统一负责,本设计仅配管,不设消防水箱。

二、湿式自动喷水灭火系统由两台喷淋泵、湿式报警系统、闭式喷头、报警装置、管道系统构成,其工作过程如下:

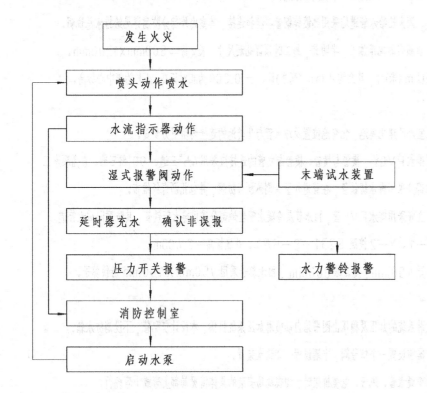

三、湿式报警系统包括报警阀、主控阀、水力警铃、压力开关、试水阀成套设施。施工按照国标GB 50116—2013进行(ZSS乙型)。

四、地下泵房内新增湿式报警阀一套,型号ZSS100。报警阀竖直安装,水力警铃装在报警阀附近,镀锌钢管连接。

五、为保证灭火系统处于常备状态,主控制阀,警铃管路截止阀应保持常开位置,并有明显的标志,以便随时检查,系统在安装调试后或检修完毕后将主控制手轮锁死在开启状态。延时器溢流孔也随时处于常开位置。

六、湿式自动喷水灭火系统报警系统施工安装后,对该系统进行全面开通调试,以保证该系统处于正常工作状态。

七、分区域设置水流指示器,水流指示器动作发出信号至消防控制中心,显示火灾区域,确认后启动喷淋泵。水流指示器安装必须按产品上指示的水流方向正确安装,往安装有水流指示器的管网充水时,将主控阀关小,

慢慢向管网灌水,有利于管网排气,又使水流指示器免受水流冲击。水流指示器前设带电触点开启指示法兰闸阀,阀门开闭信号输往消防控制中心。

八、大楼采用68°温级红色喷头。喷头垂直于水平配水支管向下安装,喷头安装时应避免玻璃球支撑部分受直接冲击,施工中应使用消防喷头专用工具,以避免支架扭曲变形,产生渗漏或碰撞玻璃球释放元件。喷头与管网连接处,在螺纹表面添加密封填料,以防渗漏。

九、喷头安装高度由吊顶标高决定,一般距板底1800mm。图中仅注明干管管径及标高,支管管径按下表进行,图中所注支管标高可视现场情况调整。

喷头个数	标准管径
3	25 32 40
4	25 32 40 40
5	25 32 40 40 50
6	25 32 40 40 50 50
7	25 32 40 40 50 50 80
8	25 32 40 40 50 50 80 80

十、灭火系统的管道布置为枝状管网,报警阀后的管道采用镀锌钢管,管道连接采用焊接,焊接时,异径管道的管径二者相差大于50mm时,采用大小头,喷头与管网连接采用螺纹连接。

十一、喷淋主干管遇水管或风管时绕下越过,喷淋支管遇水管或风管时绕上越过。

十二、灭火系统的管道固定采用管道支架、吊架、托架(S161)固定,吊架和支架的位置以不妨碍喷头喷水效果布置,一般吊架距喷头的距离应大于0.3m,距末端喷头的间距应小于0.75m。管道支吊架的最大间距参见下表:

管径/mm	15	20	25	32	40	50	70	80	100	125	150	200
间距/m	2	2.5	3	3.5	4	4.5	5	5.5	6	6.5	7	8

十三、一般在喷头之间的每段配水支管上至少应装一个吊架,为防止喷头喷水时,管道产生大幅度的晃动,配水立管、配水干管、配水支管上应再附加防晃支架,一般每条配水干管和配水支管只需设置一个沿管线方向的晃动的支架。

十四、管网设有坡度坡向配水立管,坡度不小于0.002。每区管网末端设试验用放水阀一个,公称直径DN25,阀前设压力表一个。

十五、管道安装完毕后,除锈刷一道防锈红丹,二道调合漆。

十六、施工中除上述要求外,还应符合"采暖与卫生工程施工及验收规范"。管道工作压力:0.5MPa;管道试验压力:0.9MPa。

设计单位名称		××××电教信息大楼		
绘 图		自动喷水灭火系统		
设 计		设计 安装 施工说明		
校 对				
审 核				
专业负责人		比 例		设计阶段 施工图
工程负责人		日 期		档案号 S1234-水施-4

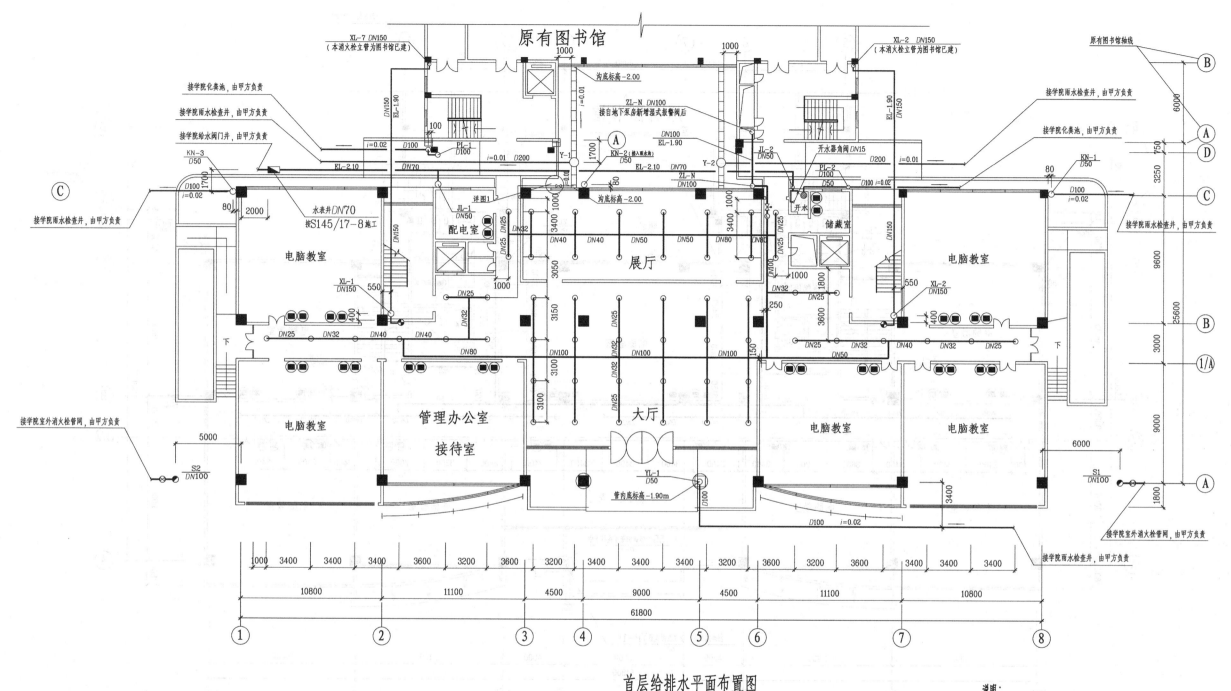

首层给排水平面布置图

说明：
喷淋系统配水管管中心标高：$EL=H-0.8m$。
（"H"为楼面标高）。

读图指导：

1. 生活给水引入管($DN70$)由水表井开始，至配电室旁接引一给水立管JL-1($DN50$)，此处继续向右为干管，至开水间处给水立管JL-2($DN50$)。
2. 给水引入管与立管JL-1、JL-2的连接方式和排水立管PL-1、PL-2与排出管的连接方式要结合"给排水管道系统图"（即系统图）来阅读。
3. 消火栓立管XL-7和XL-2分别由原图书馆的消防立管XL-7和XL-2引入，此两段连接管为$DN150$。
4. 在大厅、展厅和走道处设自动喷淋灭火系统，该系统接自两建筑物之间的地下泵房新增湿式报警阀，自喷系统的干管和立管ZL-N管径为$DN100$。
5. 在两个楼梯间处各有一消火栓给水立管(管径$DN150$)，每层各自带一个消火栓，电梯前室布置有自喷系统。
6. 在轴线Ⓒ-Ⓒ上，设有三根冷凝水立管，分别为KN-1、KN-2、KN-3。

设计单位名称		××××电教信息大楼			
绘 图					
设 计		首层给排水平面布置图			
校 对					
审 核					
专业负责人		比 例	1:120	设计阶段	施工图
工程负责人		日 期		档案号	S1234-水施-5

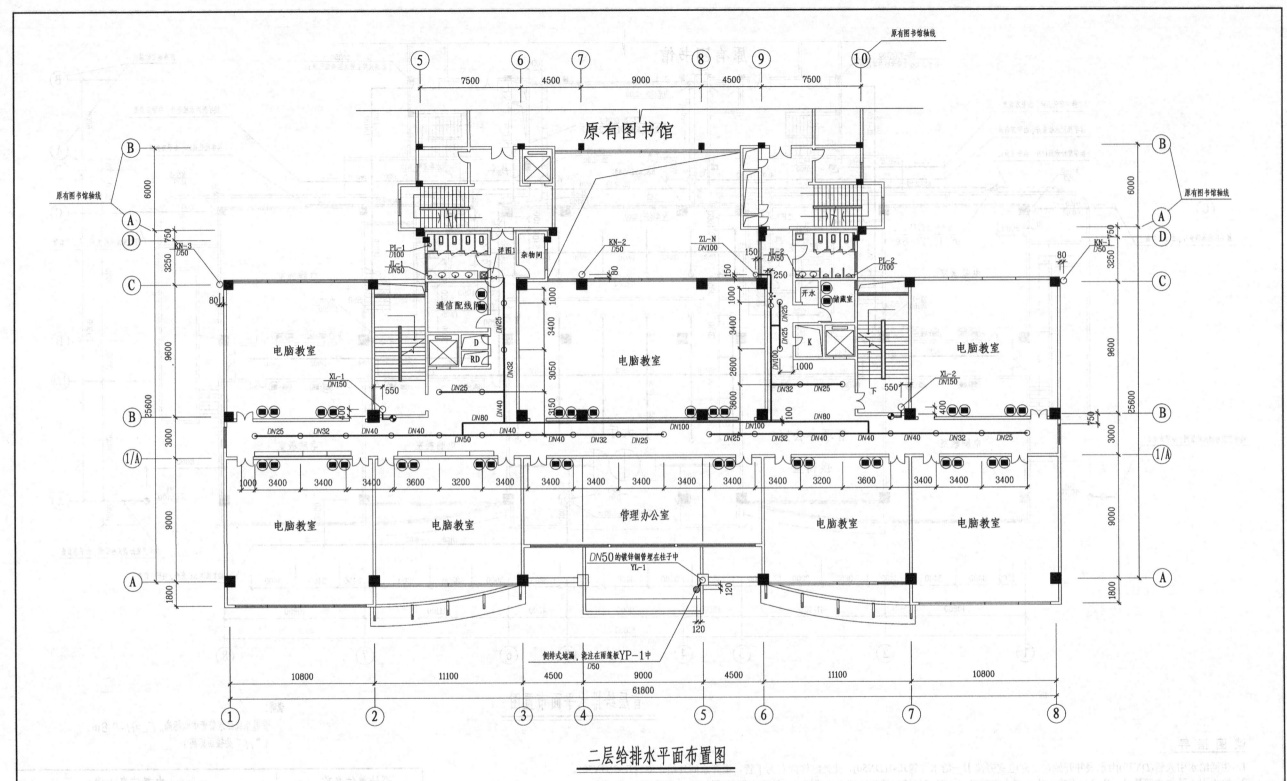

二层给排水平面布置图

原有图书馆

电脑教室

杂物间

通信配线间

电脑教室

开水

储藏室

电脑教室

电脑教室

电脑教室

管理办公室

电脑教室

电脑教室

$DN50$的镀锌钢管埋在柱子中
YL-1

侧排式地漏,浇注在雨篷板YP-1中
D50

读图指导:

1. 读图时注意二层平面与一层平面有什么不同。
2. 二层两个卫生间的给排水设备和管道布置,看卫生间大样图。
3. 雨篷处设有地漏,地漏水通过雨水管YL-1排走。
4. 室内给水排水读图方法与水施-5相同。

说明:

喷淋系统配水管管中心标高:$EL=H-0.8$m。
("H"为楼面标高)。

设计单位名称		××××电教信息大楼	
绘 图			
设 计		二层给排水平面布置图	
校 对			
审 核			
专业负责人		比 例 1:120	设计阶段 施工图
工程负责人		日 期	档案号 S1234-水施-6

74

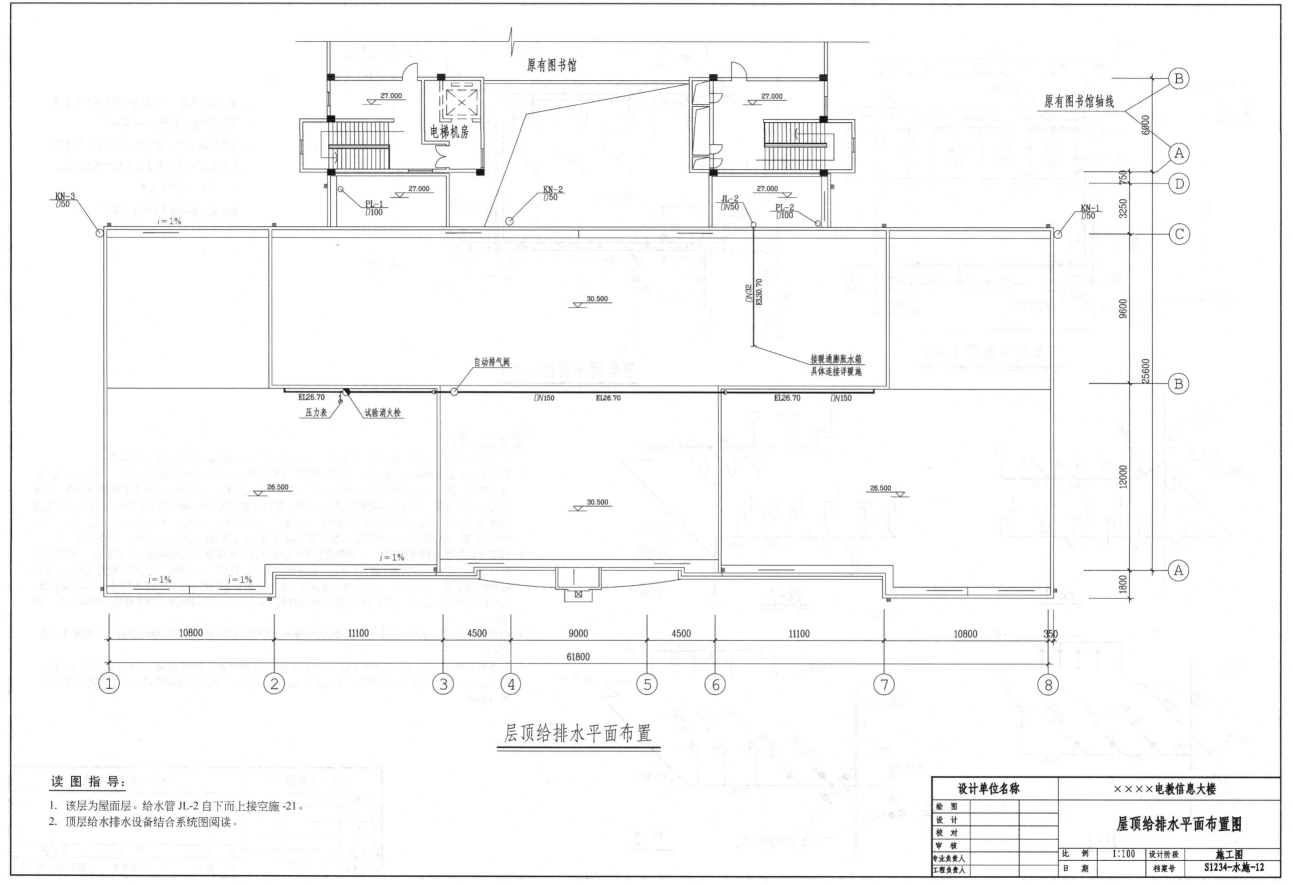

原有图书馆

27.000

电梯机房

原有图书馆轴线

KN-3
D50

i=1%

KN-2
D50

27.000

PL-1
D100

JL-2
DN50

PL-2
D100

KN-1
D50

30.500

DN32
EL30.70

接暖通膨胀水箱
具体连接详暖施

自动排气阀

EL26.70

DN150   EL26.70

EL26.70   DN150

压力表   试验消火栓

26.500

30.500

26.500

i=1%

i=1%   i=1%

i=1%

10800   11100   4500   9000   4500   11100   10800   350

61800

层顶给排水平面布置

6600

750

3250

9600

25600

12000

1800

读图指导：

1. 该层为屋面层。给水管 JL-2 自下而上接空施 -21。
2. 顶层给水排水设备结合系统图阅读。

设计单位名称	××××电教信息大楼		
绘 图			
设 计		屋顶给排水平面布置图	
校 对			
审 核			
专业负责人		比 例	1:100	设计阶段	施工图
工程负责人		日 期		档案号	S1234-水施-12

施工图

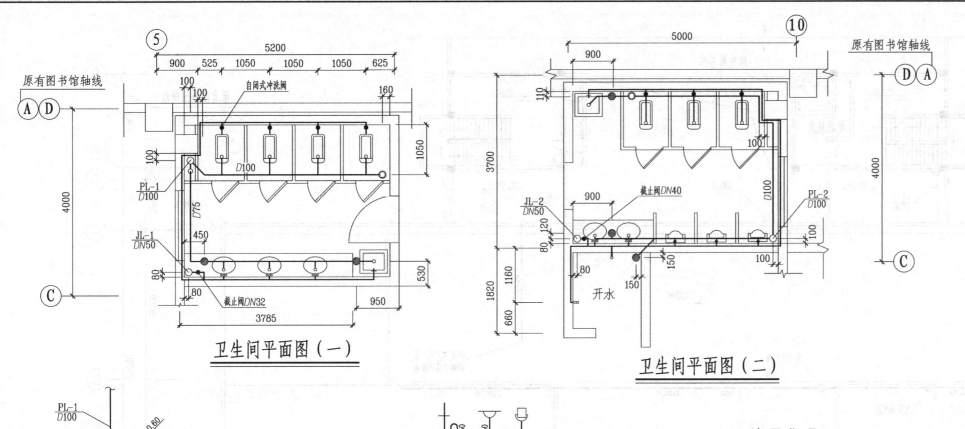

卫生间平面图（一）

卫生间平面图（二）

说明：
1. 给水管道暗埋，施工时与土建配合预留管槽。
2. 排水各管道均按照标准坡度施工。
3. 卫生间污水池、洗脸盆、大便器、小便器按最新颁布的国家或地方标准图集施工。
4. "H"为本层楼面标高。
5. 其余未尽事项详见给排水总说明。

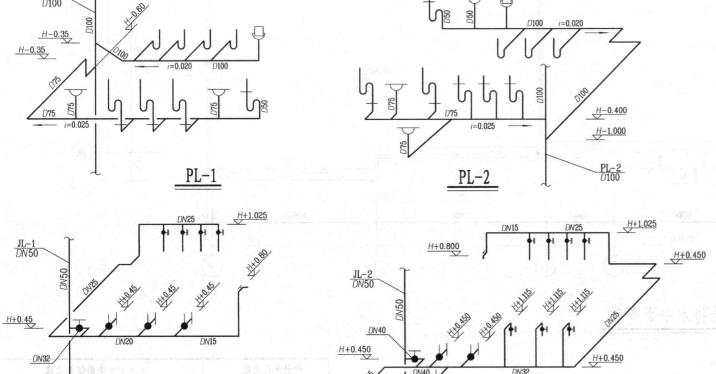

PL-1

PL-2

JL-1

JL-2

读图指导：
1. 左边的卫生间为女厕，设有3个洗手盆、1个污水池、4个蹲便器、2个地漏、1个清扫口。
2. 该卫生间的给水由JL-1立管供给，将JL-1立管的系统图和平面图对照阅读，该层给水支管(DN32)由立管接出，通过一截止阀(DN32)后管道变为暗装，分成两路，一路向右供给洗手盆和污水池，由系统图上可以看到，连接洗手盆的管道为DN32，管道安装高度为0.45m，最右边的洗手盆至污水池的管道为DN15，水龙头处的高度为0.80m；另一路在平面图中自下向上，经过柱子后，自左向右供给4个大便器，由系统图上可以知道，此支管的高度由开始的0.45m上升为1.025m，管径为DN25。
3. 该卫生间的排水横管有2条，一条是连接4个大便器的排水横管，在起端设一个清扫口，末端通向PL-1立管，管径为DN100，距墙1.05m，由系统图上可以看到，与立管的接入点高度为楼板下0.35m，坡度0.020；另一条是起点为污水池，连接洗手盆和地漏后通向PL-1立管的排水横管，管径为DN75，由系统图上可以看到，该管道的安装高度是楼板下0.35m，在立管附近下降至楼板下0.6m后与立管相接。
4. 由平面图上可以看到，给水立管JL-1距墙0.08m，洗手盆下的排水横管距墙0.525m，立管PL-1距墙0.1m。
5. 右边卫生间为男厕，设有2个洗手盆、1个污水池、3个蹲便器、3个小便器、2个地漏、1个清扫口。该卫生间的给水由JL-2立管供给，其读图方法与JL-1相同。其末端通向PL-2立管，其读图方法与PL-1相同。

设计单位名称	××××电教信息大楼		
绘 图			
设 计	卫生间大样		
校 对			
审 核			
专业负责人		比 例	设计阶段	施工图
工程负责人		日 期	档案号	S1234-水施-13

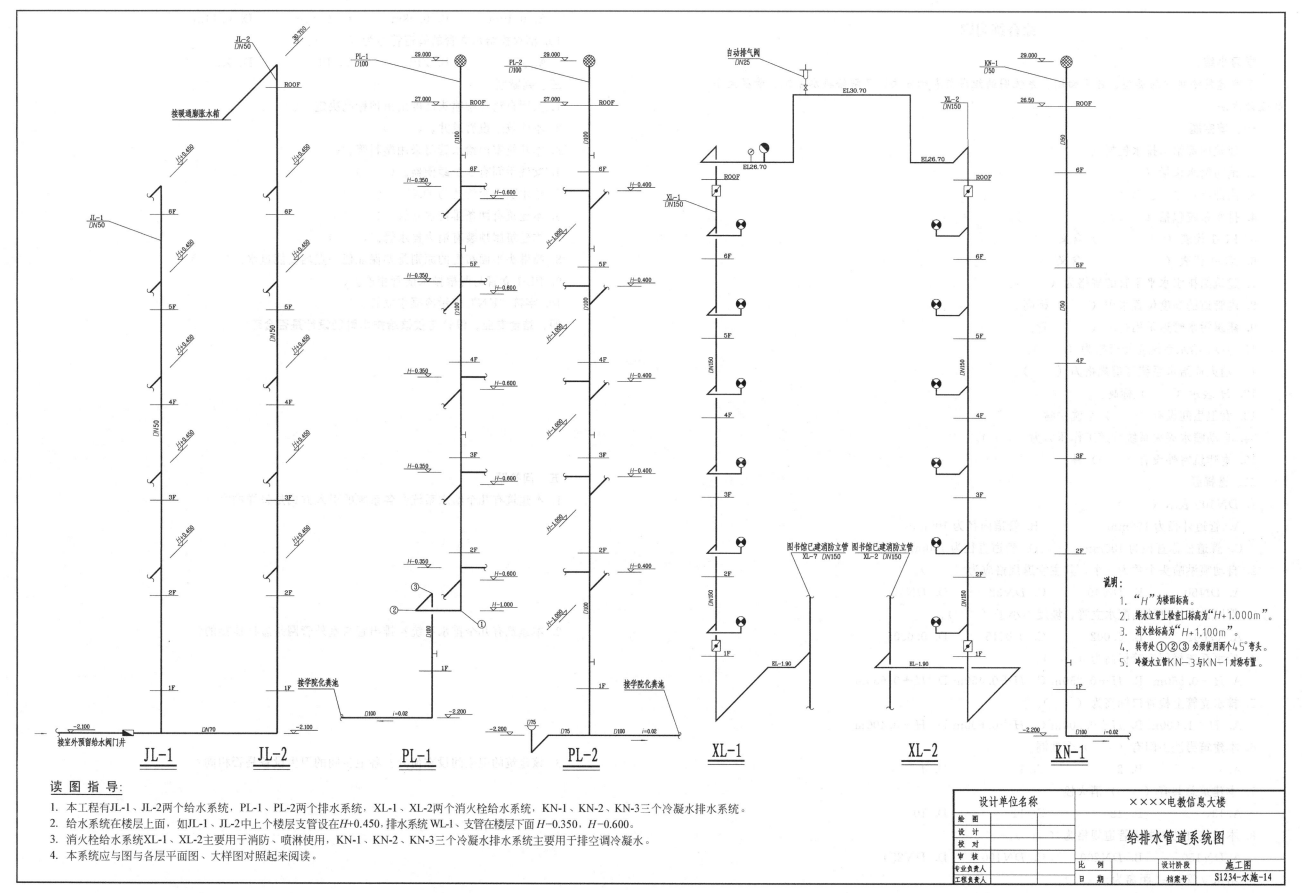

读图指导:
1. 本工程有JL-1、JL-2两个给水系统，PL-1、PL-2两个排水系统，XL-1、XL-2两个消火栓给水系统，KN-1、KN-2、KN-3三个冷凝水排水系统。
2. 给水系统在楼层上面，如JL-1、JL-2中上个楼层支管设在H+0.450，排水系统WL-1、支管在楼层下面H-0.350，H-0.600。
3. 消火栓给水系统XL-1、XL-2主要用于消防、喷淋使用，KN-1、KN-2、KN-3三个冷凝水排水系统主要用于排空调冷凝水。
4. 本系统应与图与各层平面图、大样图对照起来阅读。

说明:
1. "H"为楼面标高。
2. 排水立管上检查口标高为"H+1.000m"。
3. 消火栓标高为"H+1.100m"。
4. 转弯处①②③必须使用两个45°弯头。
5. 冷凝水立管KN-3与KN-1对称布置。

设计单位名称	××××电教信息大楼		
绘 图			
设 计	**给排水管道系统图**		
校 对			
审 核			
专业负责人	比 例	设计阶段	施工图
工程负责人	日 期	档案号	S1234-水施-14

学习小结：

了解建筑给排水的类型、各平面图、系统图的组成与表示方法，了解给排水系统、管径大小的设计方法。

一、填空题

1. 建筑内部给水排水包括（　　　　　　　　　　）。

2. 消防给水包括（　　　　　　　　　　）。

3. 内部给水系统包括（　　　　　　　　　　）。

4. 排水系统包括（　　　　　　　　　　）。

5. PL-1 代表（　　　　　　　）含义。

6. XL-1 代表（　　　　　　　）含义。

7. 建筑给排水水平干管的规格为（　　　　　）。

8. 内管道的高度位置采用（　　　）标高。

9. 建筑污水管道采用排水（　　　）管。

10. JL-1 给水系统立管规格为（　　　　　）。

11. 消火栓给水系统管道规格为（　　　　　）。

12. H 表示（　　　）标高。

13. 女卫生间设有（　　　）个洗手盆。

14. 自动喷水灭火系统管道工作压力为（　　　　）。

15. 本建筑室外设有（　　　）井。

二、选择题

1. $DN100$ 表示（　　　）。
   A. 管道外径为 100mm　　　　　B. 管道内径为 100mm
   C. 管道公称直径为 100mm　　　D. 管道直径为 100mm

2. 自动喷淋喷头个数为 5 个，其主管道规格应为（　　　）。
   A. $DN50$　　　B. $DN40$　　　C. $DN32$　　　D. $DN25$

3. 管网设有坡度坡向配水立管，坡度不小于（　　　）。
   A. 0.001　　　B. 0.002　　　C. 0.0015　　　D. 0.0005

4. 给水系统楼层支管标高为（　　　）。
   A. $H+0.550$m　B. $H+0.350$m　C. $H+0.450$m　D. $H+0.650$m

5. 排水立管上检查口标高为（　　　）。
   A. $H+1.000$m　B. $H+0.800$m　C. $H+0.600$m　D. $H+0.400$m

6. 本建筑男洗手间有（　　　）个地漏。
   A. 3　　　　B. 2　　　　C. 1　　　　D. 4

7. 本建筑总共有（　　　）消火栓。
   A. 13　　　B. 12　　　C. 11　　　D. 10

8. 本建筑自动喷淋主管道规格为（　　　）。
   A. $DN150$　　B. $DN200$　　C. $DN100$　　D. $DN250$

9. 给水立管 JL-1 距离为（　　　）。

A. 0.10m　　　B. 0.08m　　　C. 0.12m　　　D. 0.14m

10. 消火栓给水立管的管道符号为（　　　）。
   A. JL　　　　B. ZPL　　　　C. PL　　　　D. XL

三、判断题

1. 大厅自动喷淋喷头高度由吊顶标高决定。（　　　）

2. 本建筑未设管道井。（　　　）

3. 本建筑室内给水管材采用塑料管。（　　　）

4. 女洗手间有 3 个蹲便器。（　　　）

5. 给水引入管管径为 $DN70$。（　　　）

6. 本建筑有两条排污水立管。（　　　）

7. 本建筑屋顶装有消火栓水管。（　　　）

8. 喷淋头平面布置的原则是要保证任一点均要能过水。（　　　）

9. PL-1 立管与两根排水横管相连。（　　　）

10. 字符"KN"表示冷凝水立管。（　　　）

四、结合专业，设计与校核给排水管径设计是否合理？

五、问答题

1. 本建筑有几个给水系统？各系统的引入方式是怎样的？

2. 本建筑有几个排水系统？排出管与室外管网是怎样连接的？

3. 该建筑的卫生间设在何处？各卫生间的卫生设备是否相同？

4. 本建筑除卫生间外，是否还有其他用水点？

5. 首层、二层、三层的消火栓系统的布置和自喷系统的喷头型式、喷头布置和管网布置是否相同？自喷系统上设有什么控制附件？

6. JL-1、PL-1、XL-1、KN-2 各代表什么含义？

第5章　通风空调施工图读解

5.1　通风空调施工图概述

5.1.1　通风空调的概念

通风是把空气作为介质，使之在室内的空气环境中流通，用来消除环境中危害气体的一种措施。主要指送风、排风、除尘、排毒方面工程。

空调是在前者的基础上发展起来的，是使室内维持一定要求的空气环境，包括恒温、恒湿和空气洁净的一种措施。由于空调也要用流动的空气——风来作为媒介，因此往往把通风和空调笼统称为一种功能。事实上空调比通风更复杂，它要把送入室内的空气进行净化加热（或冷却）、干燥、加湿等各种处理，使温度、湿度和清洁度都达到要求的规定。

5.1.2　通风系统

通风按其作用范围可分为局部通风和全面通风两种。按工作动力可分为自然通风和机械通风两种。自然通风又可分为有组织的自然通风、管道式自然通风和渗透通风三种。机械通风又分为局部机械通风和全面机械通风。

5.1.3　空调系统分类

按空气处理设备的集中程度可分为集中式系统，半集中式系统和局部式系统。

按处理房间冷、热负荷所用的介质，可分为全空气式系统、全水式系统和空—水式系统及制冷剂式系统。

5.1.4　通风空调施工图的特点

通风空调施工图的表达方法，主要是以表达通风空调的系统和设备布置为主，因此在绘制通风空调工程的平、立、剖面图时，房屋的轮廓除地面以外，均用细线画出；通风空调的设备、管道等则采用较粗的线型，另外还需要采用正面斜轴测图绘制系统图和原理图。

5.2　图纸的组成和编排

通风空调工程图一般由以下图纸组成并按其顺序编排。

5.2.1　图纸目录（见读图实例空施）

图纸目录的内容应包括序号、图纸名称、图号、规格、附注。

5.2.2　设计施工说明（见读图实例空施-2）

设计施工说明一般应包括设计依据、自然条件、设计要求和原则、各种设备的形式、选材、重要构造、施工注意事项等。

5.2.3　图例、设备及主要材料表

图例应符合"GB/T 50114—2010"中的画法。设备表至少应包括序号（或编号）、设备名称、技术要求、数量、备注栏。主要材料表至少应包括序号（或编号）、材料名称、规格或物理性能、数量、单位、备注栏。

5.2.4　平面图（见读图实例空施-3）

平面图有各层各系统平面图、空调机房平面图等。

① 系统平面图主要表明通风空调设备和系统管道的平面布置。其内容一般有：各类设备及管道的位置和尺寸；设备、管道定位线与建筑定位线间的关系；系统编号；另外还要注明送、回

风口的空气流动方向，注明通用图、标准图索引号，注明各设备、部件的名称、型号、规格。

② 空调机房平面图一般应反映下列内容：表明按标准图或产品样本要求所采用的"空调机组"的类别、型号、台数，并注出这些设备的定位尺寸；一般以双线表明一、二次回风管道、新风管道，以单线表明水、气管道，并注明其定位尺寸；另外应注明各段风管的规格尺寸和长度尺寸等。

5.2.5 剖面图（见读图实例空施-19）

① 通风空调系统剖面图有下列内容：与平面图中的设备、管道的位置尺寸相对应，并注出设备、管道（中、底或顶）标高。当管道穿出屋面，还应标出管道穿出屋面的高度和风帽标高（管道穿出屋面超过 1.5m 时，还应表明立管的拉索固定高度尺寸）。

② 通风空调机房剖面图有下列内容：与平面图的设备、管道位置相对应的竖向定位尺寸，并注出设备中心标高、基础表面标高及管道标高。

5.2.6 管道系统图（见读图实例空施-10）

管道系统图主要表明管道在空间的曲折、交叉和走向以及部件的相对位置；其基本要素应与平面图和剖面图相对应；在管道系统图中应能确认管径、标高、末端设备和系统编号。

5.2.7 详图（见读图实例空施-16）

详图的主要内容有：设备的安装详图（如空调器、过滤器、除尘器、通风机等）；设备部件的加工制作详图（如阀门、检查孔、测定孔、消声器等）；设备保温详图（如风管等）；现在各种详图大多采用标准图。

5.2.8 原理图（见读图实例空施-22）

原理图有空调原理图和制冷原理图，其基本要素应与平、剖面图及管道系统图相对应。

5.3 读图方法和步骤

对图纸而言一般为平面图、剖面图、系统图、详图。看剖面图与系统图时，应与平面图对照进行。

5.3.1 看平面图

① 查明系统的编号与数量。为清楚起见，通风空调系统一般均用汉语拼音字头加阿拉伯数字进行编号。通过系统编号，可知该图中表示有几个系统（有时平面图中，系统编号未注全，而在剖面图、系统图上标注了）。

② 查明末端装置的种类、型号规格与平面布置位置。末端装置包括风机盘管机组、诱导器、变风量装置及各类送、回（排）风口、局部通风系统的各类风罩等。如图中反映有吸气罩、吸尘罩，则说明该通风系统分别为局部排风系统、局部排尘系统；若图中反映有旋转吹风口，则说明该通风系统为局部送风系统；若图中反映有房间风机盘管空调器，则说明该房间空调系统为以水承担空调房间热湿负荷的无新风（或有新风）的风机盘管系统；如图中反映风管进入空调房间后仅有送风口（如散流器），则说明该空调系统为全空气集中式系统。

风口形式有多种，通风系统中，常用圆形风管插式送风口、旋转式吹风口、单面或双面送吸风口、矩形空气分布器、塑料插板式侧面送风口等；空调系统中常用百叶送风口（单、双、三层等）、圆形或方形直片散流器、直片形送吸式散流器、流线型散流器、送风孔板及网式回风口等。送风口的形式和布置是根据空调房间高度、长度、面积大小以及房间气流组织方式确定。读图时应认真领会查清。

③ 查明水系统水管、风系统风管等的平面布置，以及与建筑物墙面的距离。水管一般沿墙、柱敷设，风管一般沿天棚内敷设。一般为明装，有美观要求时为暗装。敷设位置与方式，必须弄清。

④ 查明风管的材料、形状及规格尺寸。风管材料有多种，应结合图纸说明及主要设备材料表，弄清该系统所选用的风管材料。一般情况下，风管材料选用普通钢板或镀锌钢板；有美观要求的风管，可选用铝及铝合金板；输送腐蚀性介质（如硝酸类）的风管，可选用不锈钢板或硬聚氯乙烯塑料板（如在蓄电池、储酸室的排风系统中，常用此种塑料风管）；输送潮湿气体的风管、有防火要求的风管、在纺织印染行业中排除有腐蚀气体的风管，常采用玻璃钢材料。

⑤ 查明空调器、通风机、消声器等设备的平面布置及型号规格。

⑥ 查明冷水或空气—水的半集中空调系统中膨胀水箱、集气罐的位置、型号及其配管平面布置尺寸。

5.3.2 看剖面图

根据平面图给定的剖切线编号与位置，查阅相应的剖面图。剖切线位置一般选在需要将管道系统表达较清楚的部位，剖切的视向一般为向左向上。

① 查明水系统水平水管、风系统水平风管、设备、部件在垂直方向的布置尺寸与标高、管道的坡度与坡向，以及该建筑房屋地面和楼面的标高，设备、管道距该层楼地面的尺寸。

② 查明设备的型号规格及其与水管、风管之间在高度方向上的连接情况。

③ 查明水管、风管及末端装置的种类、型号规格与平面布置位置。

5.3.3 看系统图

对系统而言，读图顺序可按空气流向进行。送风系统为：避风口—→进风管道—→通风机—→主干风管—→分支风管—→送风口；排风系统为：排气（尘）罩类—→吸气管道—→排风机—→立风管—→风帽；全空气空调系统为：新风口—→新风管道—→空气处理设备—→送风机—→送风干管—→送风支管—→送风口—→空调房间—→回风口—→回风机—→回风管道（同时读排风管、排风口）—→一、二次回风管—→空气处理设备。

平、剖面图中风管是用双线表示的，而系统图中风管则是按单线绘制。读图时注意查明系统编号；各设备型号及相对位置；查明各管段标高及规格尺寸、坡度、坡向。

5.4 读图实例

本教材主要选用了某高校电教信息大楼空调系统图作为工程读图实例，进行了读图指导。本书仅挑选图纸目录中打√图纸，加以点评说明，有关阅读方法顺序见上一节。

空施—— 图纸目录

看图纸目录了解图纸的名称、内容和数量。

序号	图 纸 名 称	图 号	规格	附注	本图册选用
1	空调设备材料表 演播厅空调设备材料表	S1234-空施-1	A1		✓
2	空调设计施工说明	S1234-空施-2	A1		✓
3	一层空调通风平面图	S1234-空施-3	A1		✓
4	二层空调通风平面图	S1234-空施-4	A1		
5	三层空调通风平面图	S1234-空施-5	A1		
6	四层空调通风平面图	S1234-空施-6	A1		
7	五层空调通风平面图	S1234-空施-7	A1		
8	六层空调通风平面图	S1234-空施-8	A1		
9	电梯机房通风平面图	S1234-空施-9	A1		
10	一层空调水系统平面图	S1234-空施-10	A1		✓
11	二层空调水系统平面图	S1234-空施-11	A1		
12	三层空调水系统平面图	S1234-空施-12	A1		
13	四层空调水系统平面图	S1234-空施-13	A1		
14	五层空调水系统平面图	S1234-空施-14	A1		
15	六层空调水系统平面图	S1234-空施-15	A1		
16	KCD系列吊装空气处理机接管大样图 风机盘管接管大样图	S1234-空施-16	A1		✓
17	静压箱大样图	S1234-空施-17	A1		
18	演播厅空调机房设备布置平面图 演播厅空调屋顶设备接管平面图 演播厅空调机房接管平面图	S1234-空施-18	A1		✓

设计单位名称		工程名称 PROJECT NAME		XXXX电教信息大楼				
	签 名 SIGNATURE							
设计 DESIGN			图 纸 目 录		设计阶段 DESIGN STAGE	施工图		
制图 DRAW					图号: DRAWING No.			
校核 CHECK					S1234-空施			⚠
审核 APPR.		合同号 CONTRACT NO.			专业 空调	第 1 张 SHEET	共 2 张 OF	比例 SCALE	版次 REV.

序号	图 纸 名 称	图 号	规格	附注	本图册选用
19	演播厅空调平面图 演播厅（五层）空调平面图 I—I剖面图，II—II剖面图	S1234-空施-19	A1		✓
20	1—1剖面图，2—2剖面图 3—3剖面图，4—4剖面图	S1234-空施-20	A1		✓
21	X1,X2静压箱大样图；定压水箱大样图	S1234-空施-21	A1		
22	制冷原理图	S1234-空施-22	A1		✓
23	制冷机房平面布置及剖面图	S1234-空施-23	A1		✓
	采用《国家标准图集》				
	《暖通空调设计选用手册》				
1	方形膨胀水箱				
2	汽水集配器				
3	风管支吊架				
4	空调风管，设备和冷水管道保温				
5	轴流式通风机安装图				
6	温度，风量测量孔 采用《全国通用通风管道配件图表》				

设计单位名称		工程名称 PROJECT NAME		XXXX电教信息大楼				
	签 名 SIGNATURE							
设计 DESIGN			图 纸 目 录		设计阶段 DESIGN STAGE	施工图		
制图 DRAW					图号: DRAWING No.			
校核 CHECK					S1234-空施			⚠
审核 APPR.		合同号 CONTRACT NO.			专业 空调	第 2 张 SHEET	共 2 张 OF	比例 SCALE	版次 REV.

空调设备材料表

序号	名称	型号	规格	单位	数量	附注
AC-1	吊装式空气处理机	KCD03 6排管		台	19	左接式
		制冷量Q=27.2kW				吉荣空调
		电功率N=0.75kW				
		余压P=230Pa				
		水量I=4.6m³/h				
		风量L=3000m³/h				
		噪声<50dB(A)				
AC-2	吊装式空气处理机	KCD03 4排管		台	4	左接式
		制冷量Q=22.8kW				吉荣空调
		电功率N=0.75kW				
		余压P=230Pa				
		水量I=3.86m³/h				
		风量L=3000m³/h				
		噪声<50dB(A)				
AC-3	吊装式空气处理机	KCD04 6排管		台	10	左接式
		制冷量Q=33kW				吉荣空调
		电功率N=1.5kW				
		余压P=250Pa				
		水量I=5.7m³/h				
		风量L=4000m³/h				
		噪声<57dB(A)				
AC-4	吊装式空气处理机	KCD04 4排管		台	1	左接式
		制冷量Q=26.5kW				吉荣空调
		电功率N=1.5kW				
		余压P=250Pa				
		水量I=4.6m³/h				
		风量L=4000m³/h				
		噪声<57dB(A)				
AC-5	吊装式空气处理机	KCD05 6排管		台	1	左接式
		制冷量Q=37kW				吉荣空调
		电功率N=1.5kW				
		余压P=260Pa				
		水量I=6.4m³/h				
		风量L=5000m³/h				
		噪声<58dB(A)				
AC-6	吊装式空气处理机	KCD05 4排管		台	1	左接式
		制冷量Q=28kW				吉荣空调
		电功率N=1.5kW				
		余压P=260Pa				
		水量I=4.9m³/h				
		风量L=5000m³/h				
		噪声<58dB(A)				
AC-7	风机盘管	FP16		台	11	左接式
		制冷量Q=7.89kW				吉荣空调
		电功率N=0.22kW				
		水量I=1.56m³/h				
		风量L=1600m³/h				
		噪声<48dB(A)				
AC-8	风机盘管	FP16		台	4	左接式
		制冷量Q=6.6kW				吉荣空调
		电功率N=0.22kW				
		水量I=1.56m³/h				
		风量L=1300m³/h				
		噪声<48dB(A)				
AC-9	风机盘管	FP20		台	2	左接式
		制冷量Q=10.5kW				吉荣空调
		电功率N=0.27kW				
		水量I=1.8m³/h				
		风量L=2000m³/h				
		噪声<52dB(A)				
AC-10	风机盘管	FP20		台	8	左接式
		制冷量Q=9.1kW				吉荣空调
		电功率N=0.27kW				
		水量I=1.8m³/h				
		风量L=2000m³/h				
		噪声<52dB(A)				

序号	名称	型号	规格	单位	数量	附注
AC-11	风机盘管	FP20		台	1	左接式
		制冷量Q=10.5kW				吉荣空调
		电功率N=0.27kW				
		水量I=1.8m³/h				
		风量L=1380m³/h				
		噪声<44dB(A)				
AC-12	风机盘管	FP16 带电加热器		台	1	温度(25±2)℃
		制冷量Q=13.3kW				温度50%±5%
		电功率N=0.138kW				吉荣空调
		加热器功率N=3kW				
		水量I=1.56m³/h				
		风量L=1600m³/h				
		噪声<44dB(A)				
P-1	百叶窗式排气扇	SF5677		台	6	
		叶轮直径=150mm				
		风量L=210m³/h				
		转速 1300r/min				
		装机容量 N=25W				
P-2,3	百叶窗式排气扇	SF5877		台	16	
		叶轮直径=200mm				
		风量L=480m³/h				
		转速 1200r/min				
		装机容量 N=28W				
P-4	轴流失通风机	T35-11 No3.5		台	2	
		余压=75Pa				
		风量L=2273m³/h				
		转速 1450r/min				
		装机容量 N=90W				
1	尼龙网过滤器	NF(1)	250x200	个	63	中航大记
2	单叶调节阀		250x200	个	63	
3	静压箱		1300x700x600(h)	个	34	
4	柔性接头	1154x444 L=150mm		个	34	
5	柔性接头	320x200 L=150mm		个	23	
6	变径管	320x200~500x320	L=250	个	23	
7	回风口	AL-RAL	500x300	个	172	中航大记
8	散流器	SC4	300x300	个	316	中航大记
9	柔性接头	840x200 L=150mm		个	13	
10	变径管	840x200~500x320	L=250	个	11	
11	对开多叶调节阀		500x320	个	34	
12	对开多叶调节阀		500x200	个	14	
13	柔性接头	1152x201 L=150mm		个	16	
14	柔性接头	1187x127 L=150mm		个	16	
15	变径管	840x200~500x320	L=250	个	16	
16	静压箱	1500x700x600(h)		个	10	
17	柔性接头	1352x201 L=150mm		个	11	
18	柔性接头	1387x127 L=150mm		个	11	
19	变径管	1387x127~500x200	L=250	个	11	
20	静压箱	1600x800x600(h)		个	2	
21	柔性接头	1454x444 L=150mm		个	2	
22	静压箱	1300x500x400(h)		个	4	
23	变径管	840x200~630x320	L=250	个	2	
24	对开多叶调节阀		630x320	个	2	
25	静压箱	1500x500x400(h)		个	1	
26	静压箱	1300x700x400(h)		个	12	
27	双球体合成橡胶软接头	K-ST型	DN40	个	68	
28	双球体合成橡胶软接头	K-ST型	DN50	个	68	
29	截止阀	J11X-10	DN40	个	4	
30	截止阀	J11X-10	DN40	个	4	
31	双球体合成橡胶软接头	K-ST型	DN20	个	54	
32	截止阀	J11X-10	DN20	个	54	
	截止阀	J11X-10	DN80	个	16	
	截止阀	J11X-10	DN100	个	8	

演播厅空调设备材料表

序号	名称	型号	规格	单位	数量	附注
UK01	风冷冷水机组	LSF140Z		台	1	电脑根据冷凝压力连续接调节冷凝器风扇转速
		制冷量Q=139.2kW				吉荣空调
		电功率N=56.6kW				
		水量L=23.9m³/h				
		噪声<79dB(A)				
UK02	立式空气处理机	G-18 (6排管)		台	1	左接式
		风量L=18000m³/h				吉荣空调
		出口余压P=450Pa				
		冷水量Q=156.0kW				
		电功率N=7.5kW				
		水量L=27m³/h				
UK03	水泵	ISO 60X40-200		台	1	格兰富水泵
		叶轮直径=217mm				
		风量L=210m³/h				
		转速 1450r/min				
		扬程H=12mH₂O				
		装机容量N=1.5kW				
UK04	定压水箱	No.1		台	1	
SF1	百叶窗式排气扇	SF5177		台	1	
		叶轮直径=250mm				
		风量L=780m³/h				
		转速 1200r/min				
		装机容量 N=37W				
X1	静压箱		1700x1700x800(h)mm	个	1	
X2	静压箱		2160x1500x1150(h)mm	个	1	
F1	防火调节阀	FFH2-II	1600x600(h)	个	1	70℃ 关闭 中航大记
F2	防火调节阀	FFH2-II	1400x600(h)	个	1	70℃ 关闭 中航大记
F3	防火调节阀	FFH2-II	500x250(h)	个	1	70℃ 关闭 中航大记
F4	防火调节阀	FFH2-II	600x250(h)	个	1	70℃ 关闭 中航大记
F5	防火调节阀	FFH2-II	400x200(h)	个	4	70℃ 关闭 中航大记
F6	防火调节阀	FFH2-II	500x200(h)	个	1	70℃ 关闭 中航大记
F7	防火调节阀	FFH2-II	500x200(h)	个	3	70℃ 关闭 中航大记
F8	防火调节阀	FFH2-II	400x120(h)	个	1	70℃ 关闭 中航大记
F9	防火调节阀	FFH2-II	300x120(h)	个	1	70℃ 关闭 中航大记
J1	板式消声器	JWX L=2000mm	1600x600(h)	个	1	
J2	直角消声弯头	JXw	1400x600(h)	个	1	带安装法兰
S1	散流器	SC4	525x525	个	9	中航大记
S2	散流器	SC4	300x300	个	3	中航大记
S3	散流器	SC4	225x225	个	3	中航大记
H1	铝制百叶回风口	AL-RAL	800x400	个	8	中航大记
H2	铝制百叶回风口	AL-RAL	500x200	个	3	中航大记
H3	铝制百叶回风口	AL-RAL	400x200	个	3	中航大记
H4	铝制百叶回风口	AL-RAL	400x200	个	3	中航大记
T1	对开多叶调节阀		900x320(h)	个	2	
T2	对开多叶调节阀		700x400(h)	个	2	
1	减振器			个	2	根据自带
2	钢制偏心异径管	DN80xDN100 L=200mm		个	4	
3	蝶阀	D71J-10	DN100	个	6	
4	钢制异径管	DN40xDN100 L=200mm		个	4	
5	挠性橡胶管接头	K-XT型	DN100	个	1	
6	止回阀	FIG.280型	DN100	个	1	美国GA
7	水过滤器	Y型	DN100 PN16	个	1	
8	水流开关			个	1	随机选配
9	压力表	Y-40	0~1.6MPa	个	1	
10	温度计	双金属温度计A5205	0~60℃	个	2	
11	截止阀	J11X-10内螺纹	DN15	个	1	
12	自动排气阀	ZPT-C	DN15	个	1	
13	钢制偏心异径管	DN60xDN100 L=200mm		个	1	
14	截止阀	J11X-10内螺纹	DN20	个	2	
15	截止阀	J11X-10内螺纹	DN32	个	1	
16	防雨百叶	AL-150	800x500(h)	个	1	
17	截止阀	J11X-10内螺纹	DN25	个	1	

读 图 指 导:

1. 本图列出了空调设备材料、演播厅空调设备材料的序号、名称、规格和数量。
2. 材料序号、名称、规格和数量应结合相应的图来阅读。

设计单位名称		××××电教信息大楼		
绘 图				
设 计		空调设备材料表		
校 对		演播厅空调设备材料表		
审 核				
专业负责人		比 例	设计阶段	施工图
工程负责人		日 期	档案号	S1234-空施-1

空调设计施工说明

一、空调设计说明

1. 本设计根据初步设计批文及深圳地区气象参数为依据。

2. 深圳地区冬季气温较高,本设计冬季不考虑空调。

3. 本项目空调建筑总面积为9214m²,夏季单位冷负荷为1276.1kW,建筑平面冷指标为153.6W/m²。

  3.1 考虑到使用时间,演播厅另设一套系统。采用一台风冷冷水机组(UK01),一台空气处理机(UK02)及一台水泵(UK03)。演播厅建筑面积468.5m²,夏季设计冷负荷为139.2kW,建筑平面冷指标为297.1W/m²。

  3.2 电教中心不设空调机房,空调冷冻水来自图书馆空调机房。

4. 空调设计参数

  室内设计温度为26~28°C。

5. 空调供水系统

  空调冷水供水温度7°C;
  空调回水温度12°C。

二、施工说明

1. 风管

(1) 设计图中所注风管的标高,对于圆形时,以中心线为准;对于方形或矩形时,以风管底为准。

(2) 风管材料采用镀锌薄钢板制作,厚度及加工方法,按《通风与空调工程施工及验收规范》(GBJ243—82)的规定确定。

(3) 当设计图中未标出测量孔位置时,安装单位应根据调试要求在适当的部位配置测量孔,测量孔的做法见国标T615。

(4) 穿越沉降缝或变形缝的风管两侧以及与通风机进、出口相连接处,应设置长度为200~300mm的人造革软接;软接的接口应牢固、严密,在软接处禁止变形。

(5) 风管上的可拆卸接口,不得设置在墙体或楼板内。

(6) 所有水平或垂直的风管,必须设置必要的支、吊或托架,其构造形式由安装单位在保证牢固、可靠的原则下根据现场情况选定,详见国标T616。

(7) 风管支、吊或托架应设置于保温层的外部,并在支、吊、托架与风管间镶以垫木,同时,应避免在法兰、测量孔、调节阀等零部件处设置支、吊、托架。

(8) 安装调节阀、蝶阀等调节配件时,必须注意将操作手柄配置在便于操作的部位。

(9) 安装防火阀和排烟阀时,应先对其外观质量和动作的灵活性与可靠性进行检查,确认合格后再行安装。

(10) 防火阀的安装位置必须与设计相符,气流方向务必与阀体上标志的箭头一致,严禁相反。

(11) 防火阀必须单独配置吊架。

(12) 敷设在非空调房间里的送、回风管,均以CTF复合硅酸盐材料进行保温,厚度为30mm,做法见国标T613和87R412。

(13) 散流器安装处,与风管底板开孔处制作可调流板。

2. 冷水系统

(1) 冷水系统采用闭式机械循环。

(2) 图中所注管道标高,均以管中心为准。

(3) 管材:采用碳素钢管,具体规定如下:

公称直径		外径×壁厚 /mm×mm	应用标准
mm	in		
10	3/8	17.0×2.25	
15	1/2	21.3×2.75	
20	3/4	26.8×2.75	GB 3082—82
25	1	33.5×3.25	
32	1¼	42.3×3.25	
40	1½	48.0×3.50	
50	2	57.0×3.50	
65	2½	73.0×3.50	
80	3	89.0×4.00	
100	4	108.0×4.00	
125	5	133.0×4.00	GB 8163—87
150	6	159.0×4.50	
200	8	219.0×6.00	
250	10	273.0×6.50	
300	12	325.0×7.50	
350	14	377.0×9.00	
400	16	426.0×9.00	SYB 10004—63
450	18	480.0×9.00	
500	20	530.0×9.00	

(4) 水管路系中的最低点处,应配置DN=25mm的泄水管,并配置相同直径的闸阀或蝶阀。在最高处应配置DN=15mm的立式自动排气阀。

(5) 管道支吊架的最大跨距,不应超过下表给出的数值。

公称直径/mm	最大跨距/m	公称直径/mm	最大跨距/m
15~25	2.0	250	8.0
32~50	3.0	300	8.5
65~80	4.0	350	9.0
100	4.5	400	9.5
125	5.0	450	10.0
150	6.0	500	11.0
200	7.0	600	12.0

(6) 管道活动支、吊、托架的具体形式和设置位置,由安装单位根据现场情况确定,做法参见国标88R420。

(7) 管道的支、吊、托架必须设置于保温层的外部,在穿过支、吊、托架处,应镶以垫木。

(8) 冷水供、回水管,集管、阀门等,均需CTF复合硅酸盐保温材料进行保温。保温层厚度:当DN<50mm时,δ=20mm; 50mm≤DN<100mm时,δ=30mm,DN>100mm时,δ=35mm。做法见国标87R412。

读图指导:

1. 了解空调设计的依据及相关的设计参数。

2. 了解空调设计的特殊要求。如本设计在冬季不考虑空调。

3. 了解风管材料及施工要求。如空调风管采用镀锌钢板制作等。

4. 了解冷水系统的要求。如冷水系统采用闭式机械循环,管材采用碳素钢管等。

5. 了解其他要求。如油漆和调试运行等。

(9) 冷水管道穿越墙身和楼板时,保温层不能间断;在墙体或楼板的两侧,应设置夹板,中间的空间,应以松散保温材料(岩棉、矿棉或玻璃棉)填充。

(10) 水泵连接的进、出水管上,必须设置减振接头,接头选型详见设计图纸。

(11) 每台水泵的进水管上,应安装闸阀或蝶阀,压力表及Y型过滤器;出水管上应安装止回阀、闸阀或蝶阀,压力表和带护套的角型水银温度计。

(12) 安装水泵基座下的减振器时,必须认真找平与校正,务必保证基座四角的静态下沉深度基本一致。

(13) 管道安装完后,应进行水压试验。试验压力按系统顶点工作压力加0.1MPa采用,但不得小于0.3MPa,在5min内压降≤20kPa为合格。

  注:水系统水压试验时,若系统低点的压力大于所能承受的压力时,应分层进行水压试验。

(14) 经试压合格后,应对系统进行反复冲洗,直至排出水中不夹带泥砂、铁屑等杂质,且水色不浑浊油时方为合格。在进行冲洗之前,应先除去过滤器的滤网,待冲洗工作结束后再行安装。管路系统冲洗时,水流不得经过所有设备。

3. 油漆

(1) 保温风管、冷水管道、设备等,在表面除锈后,刷防锈底漆两遍。

(2) 不保温的风管、金属支架、排水管等,在表面除锈后,刷防锈底漆和色漆各两遍。

三、调试和运行

空调制冷系统安装竣工并经试压、冲洗合格以后,应进行必要的清扫。

上述工作全部完成后,即可投入试运行,进行测定与调整,主要内容有:

(1) 单机试运转 水泵、通风机、空调机组、制冷机等设备,应逐台启动投入运转,考察检查其基础、转向、润滑、平衡、温升等的牢固性、正确性、灵活性、可靠性、合理性等。

(2) 系统的测定与调整

  a. 测定通风机的风量、风压。

  b. 按"动压(或流量)等比法"调整系统的风量分配,确保与设计值相一致。

  c. 风量调整好以后,应将所有风阀固定,并在调节手柄上以油漆刷上标记。

(3) 冷(热)态调试

  a. 考核并测定制冷机等设备的能力。

  b. 按不同的设计工况进行试运行,调整至符合设计参数。

  c. 测定与调室内的温度和湿度,使之符合设计规定数值。

(4) 自控系统的调整

  将各个自控环节逐个投入运行,按设计要求调整设定值,逐一检查,考核其动作的准确性与可靠性。必须调整至各项控制指标符合设计要求。

(5) 综合调试

  根据实际气象条件,让系统连续地运行不少于24h,并对系统进行全面检查、调整,考核其各项指标以全部达到设计要求为合格。

  以上调试过程,应做好书面记录。

其他各项施工要求,应严格遵守《通风与空调工程施工及验收规范》(GBJ243—82)的有关规定。

设计单位名称	××××电教信息大楼			
绘 图				
设 计		空调设计施工说明		
校 对				
审 核				
专业负责人		比 例	设计阶段	施工图
工程负责人		日 期	档案号	S1234-空施-2

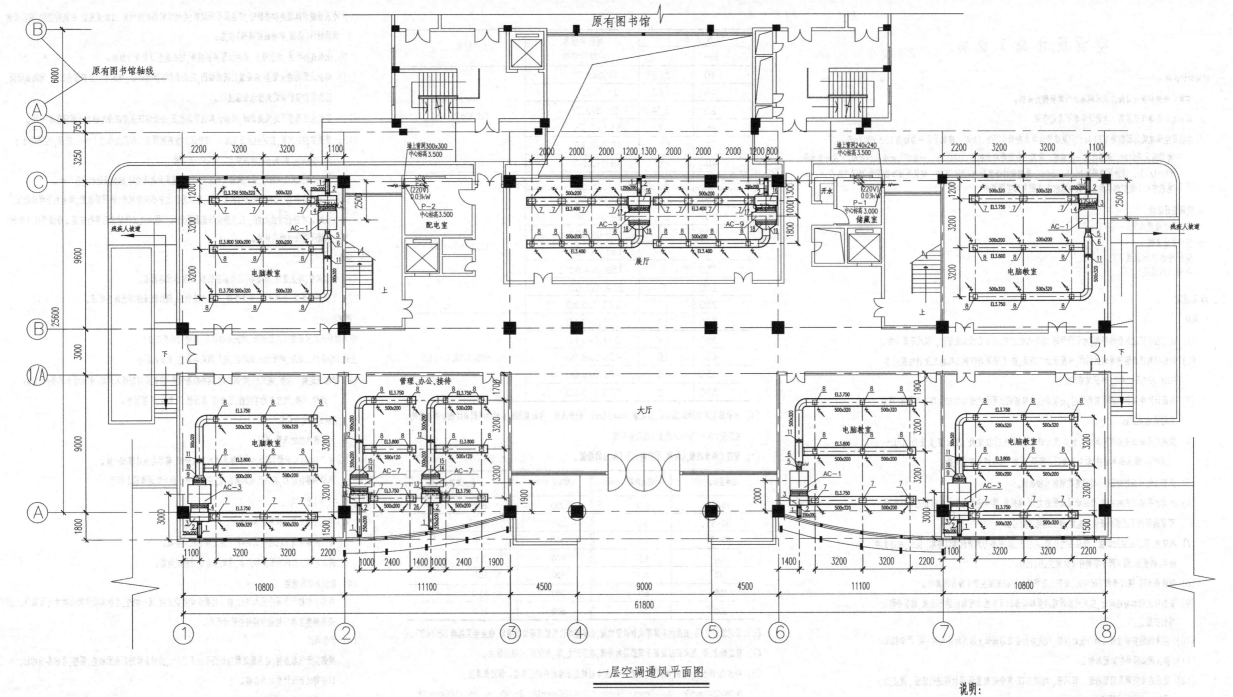

一层空调通风平面图

说明：
1. 本层所有新风管的底标高均为 EL3.000。
2. 所有回风箱的底标高均比其回风管低 100mm。

读图指导：

1. 读图顺序，一般按空气流向进行。即新风口→新风管道→空气处理设备→送风机→送风干管→送风支管→送风口→空调房间→回风口→回风机→回风管道（同时读排风管、排风口）→一、二次回风管→空气处理设备。

2. 看图时，结合空调设备材料表了解空气处理设备、通风管道的布置类型、送风干管、送风支管等规格尺寸、连接方式、送风口与回风口的位置和间距等。

3. 如结合空调设备材料表可知，AC-1 ～ AC-6 为吊装式空气处理机，AC-7 ～ AC-12 为风机盘管；7 为回风口；8 为散流器；1 ～ 6 代表的材料名称见空调设备材料表。

设计单位名称		××××电教信息大楼		
绘 图				
设 计		一层空调通风平面图		
校 对				
审 核				
专业负责人		比 例	设计阶段	施工图
工程负责人		日 期	档案号	S1234-空施-3

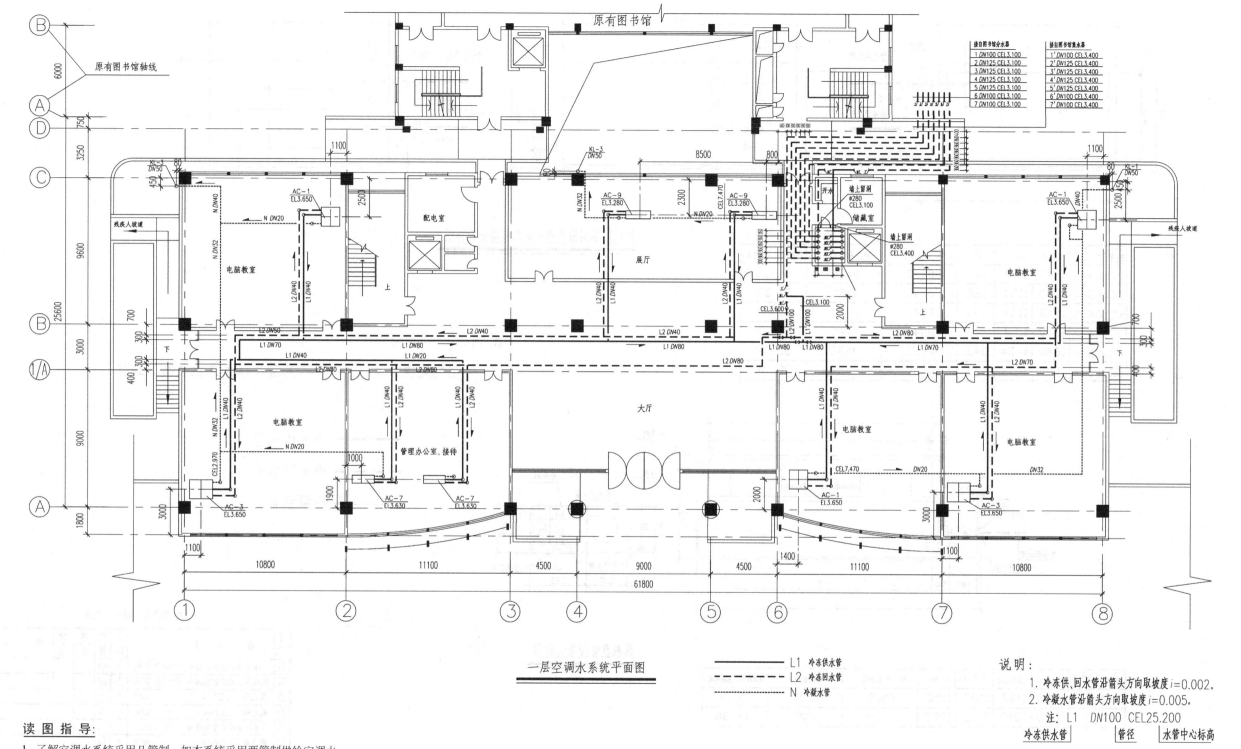

一层空调水系统平面图

图例：
——————— L1 冷冻供水管
- - - - - - - L2 冷冻回水管
——————— N 冷凝水管

接自图书馆分水器
1 DN100 CEL3.100
2 DN125 CEL3.100
3 DN125 CEL3.100
4 DN125 CEL3.100
5 DN125 CEL3.100
6 DN100 CEL3.100
7 DN100 CEL3.100

接自图书馆集水器
1′ DN100 CEL3.400
2′ DN125 CEL3.400
3′ DN125 CEL3.400
4′ DN125 CEL3.400
5′ DN125 CEL3.400
6′ DN100 CEL3.400
7′ DN100 CEL3.400

说明：
1. 冷冻供、回水管沿箭头方向取坡度 $i=0.002$。
2. 冷凝水管沿箭头方向取坡度 $i=0.005$。

注：L1 DN100 CEL25.200
    冷冻供水管   管径   水管中心标高

读图指导：

1. 了解空调水系统采用几管制。如本系统采用两管制供给空调水。
2. 了解冷冻供水管(L1)、冷冻回水管(L2)、冷凝水管(N)的位置、规格、定位尺寸及水流方向（注意图中箭头为管道的坡度方向）。
3. 读图顺序宜沿水的流向进行识图。如 L1 从图书馆分水器 1 沿管道分别送入各个房间内的空气处理机和风机盘管，冷水在空气处理机和风机盘管处理后，又从空气处理机和风机盘管出来（代号为L2）回到图书馆集水器 1′，最后回到制冷机房。供回水管 (L1、L2) 的管径分别为 DN100、DN80、DN70、DN50、DN40。空调器内产生的凝结水由冷凝水管（代号 N，管径分别为 DN32、DN20、DN40）排走。
4. 电梯间旁边有一空调管道井，需要注意留孔洞的位置、尺寸及数量。

设计单位名称		××××电教信息大楼			
绘 图					
设 计					
校 对		一层空调水系统平面图			
审 核					
专业负责人		比 例		设计阶段	施工图
工程负责人		日 期		档案号	S1234-空施-10

85

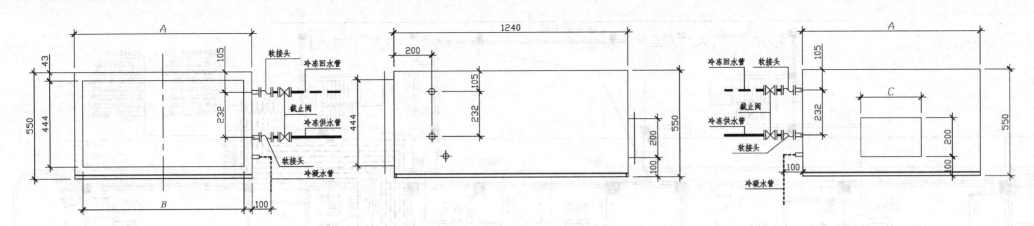

KCD系列吊装空气处理机接管大样图 1:10

型号\尺寸	A/mm	B/mm	C/mm	供、回水管径	冷凝水管径	管道附件（见材料表）
KCD03-6	1240	1154	320	DN40	DN20	31 33
KCD03-4	1240	1154	320	DN40	DN20	31 33
KCD04-6	1540	1154	840	DN40	DN20	31 33
KCD04-4	1540	1154	840	DN40	DN20	31 33
KCD05-6	1640	1454	840	DN50	DN32	32 34
KCD05-4	1640	1454	840	DN50	DN32	32 34

说 明:

空气处理机及风机盘管与风管均采用柔性软接头连接。

———————— 冷冻供水管

— — — — 冷冻回水管

- - - - - - 冷凝水管

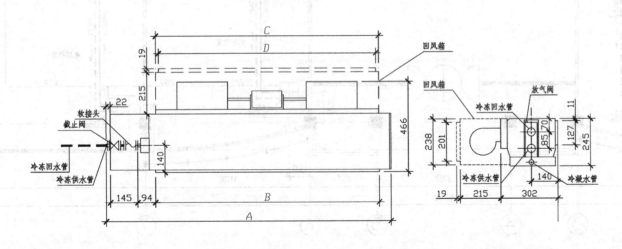

风机盘管接管大样图 1:10

型号\尺寸	A/mm	B/mm	C/mm	D/mm	供、回水管径	冷凝水管径	管道附件（见材料表）
FP16	1488	1187	1182	1152	DN20	DN20	35 36
FP20	1688	1387	1382	1352	DN20	DN20	35 36

空调设备、部件一览表

序号	名 称	规 格		单位	数量	重量 单	重量 总	备注
31	双球体合成橡胶软接头	K-ST型	DN40	个	68			
32	双球体合成橡胶软接头	K-ST型	DN50	个	68			
33	截止阀 J11X-10		DN40	个	4			
34	截止阀 J11X-10		DN50	个	4			
35	双球体合成橡胶软接头	K-ST型	DN20	个	54			
36	截止阀 J11X-10		DN20	个	54			

读图指导:

1. 本详图主要是空气处理机和风机盘管与管道设备的连接详图。
2. 读图时要注意各种设备的类型、规格尺寸、连接方式和施工要求。

设计单位名称		××××电教信息大楼	
绘 图		KCD系列吊装空气处理机接管大样图	
设 计		风机盘管接管大样图	
校 对			
审 核			
专业负责人		比 例 设计阶段 施工图	
工程负责人		日 期 档案号 S1234-空施-16	

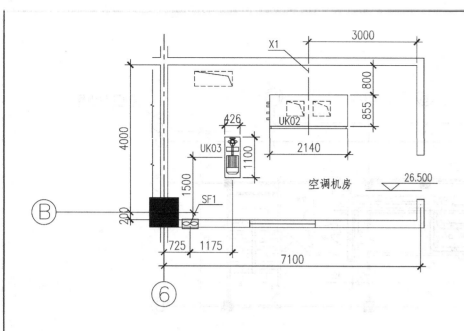

演播厅空调机房设备布置平面图　　1:50

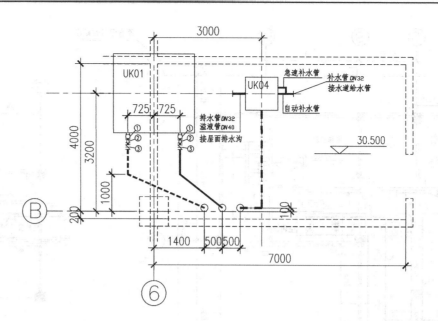

演播厅空调屋顶设备接管平面图　　1:50

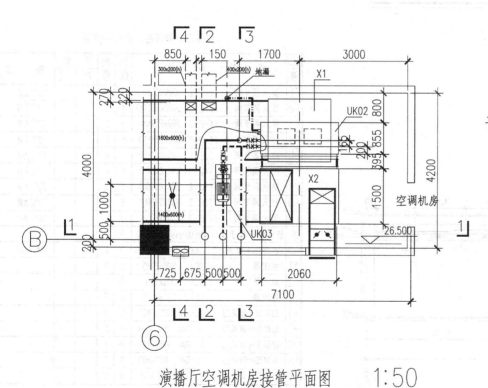

演播厅空调机房接管平面图　　1:50

说明：

1. 本设计中冷冻供、回水管、冷凝水管、膨胀管及冷凝水管均采用镀锌钢管。

　　管径分别为：　DN100　冷冻供、回水管

　　　　　　　　　DN32　冷凝水管

　　　　　　　　　DN25　膨胀管

2. 冷凝水坡向箭头方向，i=0.005。

3. 空气处理机（UK02）与风管采用帆布软接头连接。

4. 开机顺序：水泵—空气处理机—冷水机组；关机顺序相反。

5. 剖面图详见 SZ115S-空施-20。

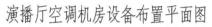

──────────　冷冻供水管

- - - - - - - -　冷冻回水管

- · - · - · - ·　膨胀管

- ·· - ·· - ··　冷凝水管

演播厅空调设备、部件一览表

序号	名 称	规 格	单位	数量	重量单	重量总	备 注
UK01	风冷冷水机组	LSF140Z	台	1			
UK02	立式空气处理机	G-18（6排管）	台	1			
UK03	水泵	ISO 60X40-200	台	1			
UK04	定压水箱	No.1	台	1			
SF1	百叶窗式排气扇	SF5177	台	1			
X1	静压箱	1700x1700x800(h)mm	个	1			
X2	静压箱	2160x1500x1150(h)mm	个	1			
①	减振器		个	2			机组自带
②	钢制偏心异径管	DN80xDN100 L=200mm	个	4			
③	蝶阀	D71J-10　DN100	个	6			

空施-18～-20读图指导：

1. 读图方法可参照空施-10的读图指导。

2. 注意演播厅单设一套空调系统，平面布置见空施-19，剖面图见空施-20。

设计单位名称		××××电教信息大楼
绘 图		
设 计		演播厅空调机房设备布置平面图
校 对		演播厅空调屋顶设备接管平面图
审 核		演播厅空调机房接管平面图
专业负责人		
工程负责人		

比 例		设计阶段	施工图	
日 期		档案号		S1234-空施-18

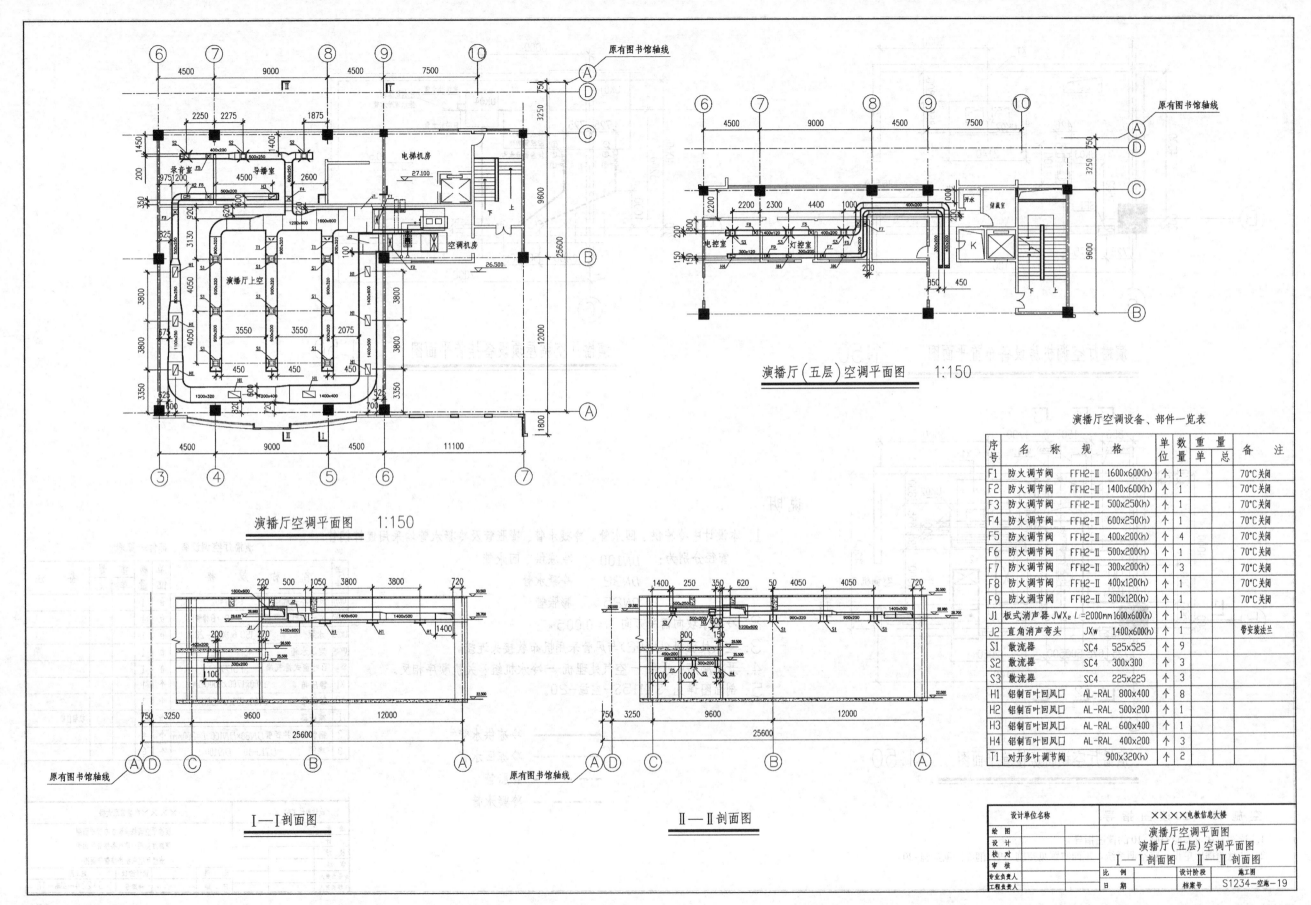

演播厅空调平面图　1:150

演播厅(五层)空调平面图　1:150

Ⅰ—Ⅰ剖面图

Ⅱ—Ⅱ剖面图

演播厅空调设备、部件一览表

序号	名　称	规　格	单位	数量	重量单	重量总	备　注
F1	防火调节阀	FFH2-Ⅱ 1600x600(h)	个	1			70℃关闭
F2	防火调节阀	FFH2-Ⅱ 1400x600(h)	个	1			70℃关闭
F3	防火调节阀	FFH2-Ⅱ 500x250(h)	个	1			70℃关闭
F4	防火调节阀	FFH2-Ⅱ 600x250(h)	个	1			70℃关闭
F5	防火调节阀	FFH2-Ⅱ 400x200(h)	个	4			70℃关闭
F6	防火调节阀	FFH2-Ⅱ 500x200(h)	个	1			70℃关闭
F7	防火调节阀	FFH2-Ⅱ 300x200(h)	个	3			70℃关闭
F8	防火调节阀	FFH2-Ⅱ 400x120(h)	个	1			70℃关闭
F9	防火调节阀	FFH2-Ⅱ 300x120(h)	个	1			70℃关闭
J1	板式消声器	JWX₂ L=2000mm 1600x600(h)	个	1			
J2	直角消声弯头	JXw 1400x600(h)	个	1			带安装法兰
S1	散流器	SC4 525x525	个	9			
S2	散流器	SC4 300x300	个	3			
S3	散流器	SC4 225x225	个	3			
H1	铝制百叶回风口	AL-RAL 800x400	个	8			
H2	铝制百叶回风口	AL-RAL 500x200	个	1			
H3	铝制百叶回风口	AL-RAL 600x400	个	1			
H4	铝制百叶回风口	AL-RAL 400x200	个	3			
T1	对开多叶调节阀	900x320(h)	个	2			

设计单位名称		××××电教信息大楼		
绘　图		演播厅空调平面图		
设　计		演播厅(五层)空调平面图		
校　对		Ⅰ—Ⅰ剖面图　Ⅱ—Ⅱ剖面图		
审　核				
专业负责人		比　例	设计阶段	施工图
工程负责人		日　期	档案号	S1234-空施-19

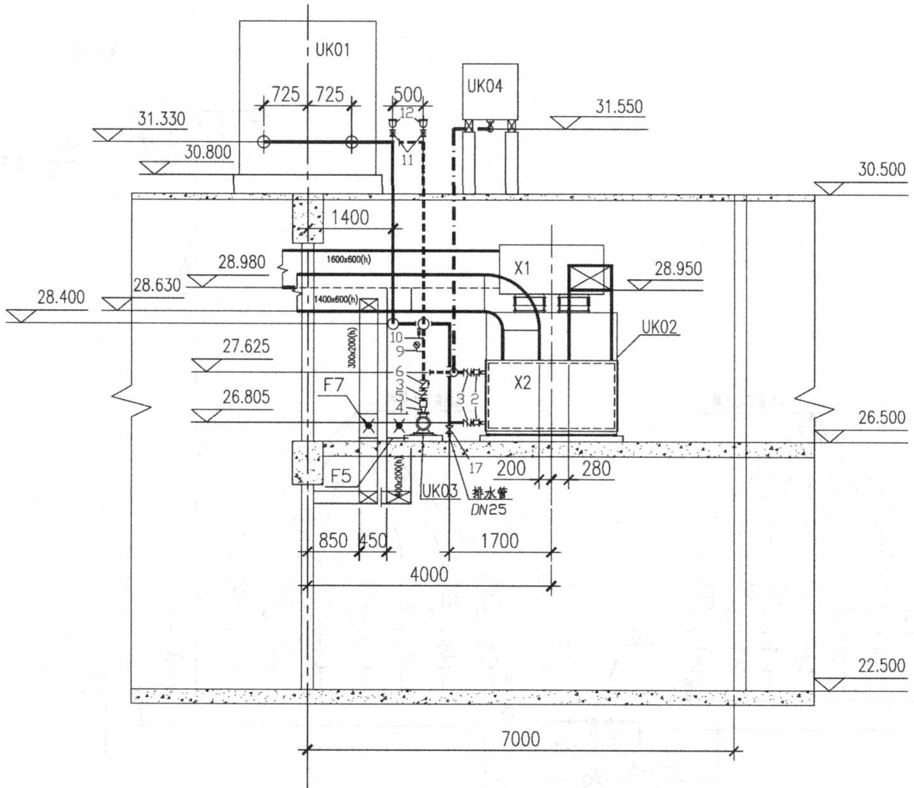

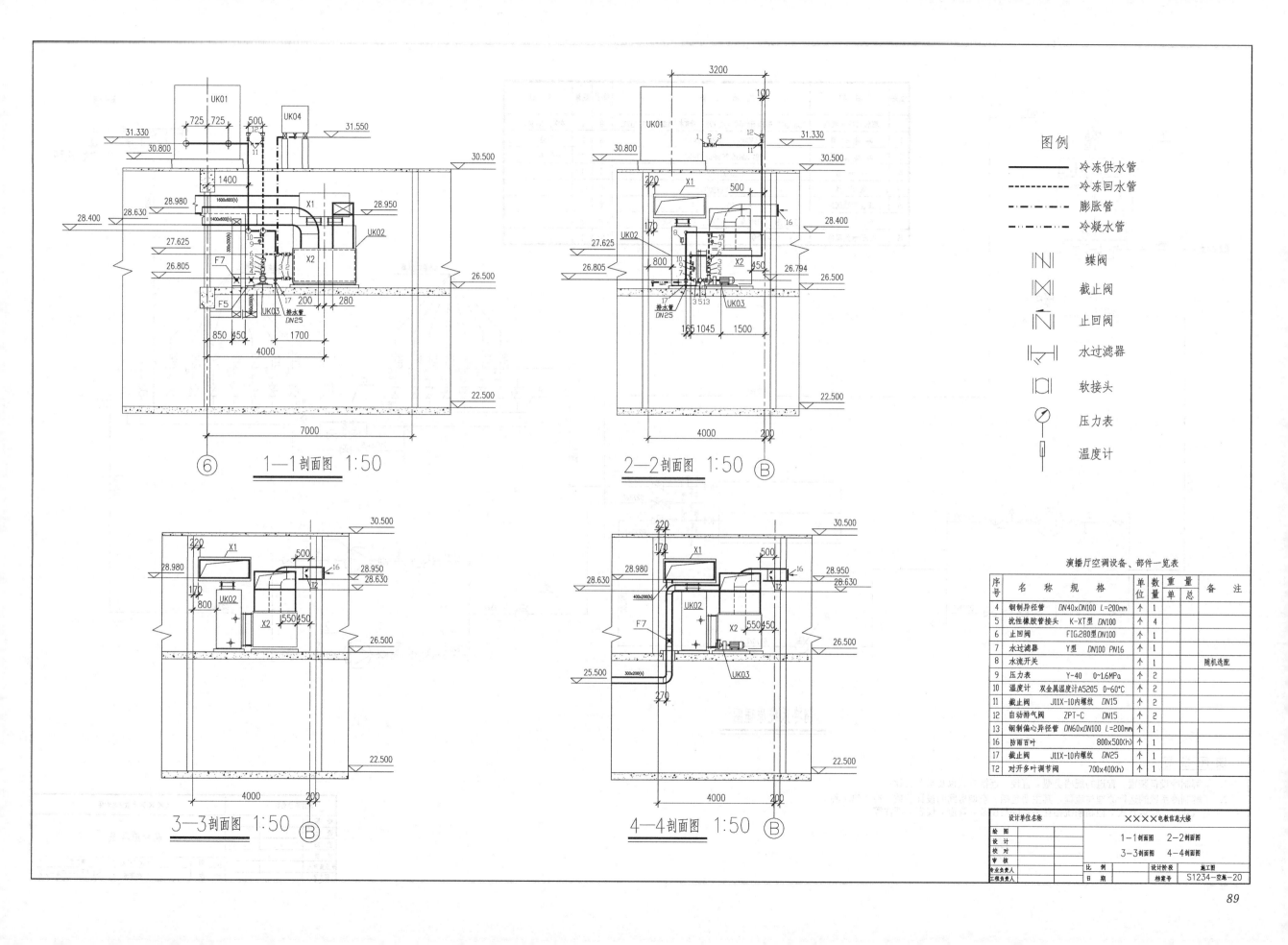

⑥ 1—1剖面图 1:50

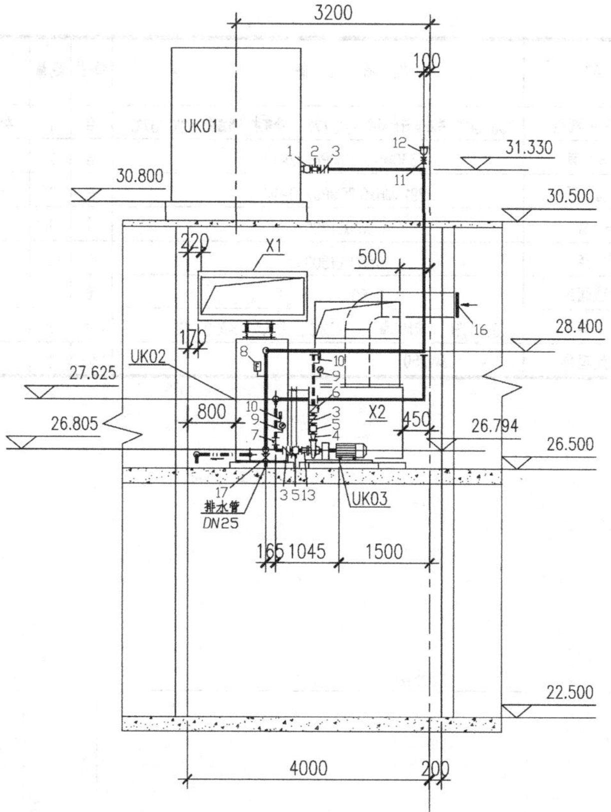

2—2剖面图 1:50 Ⓑ

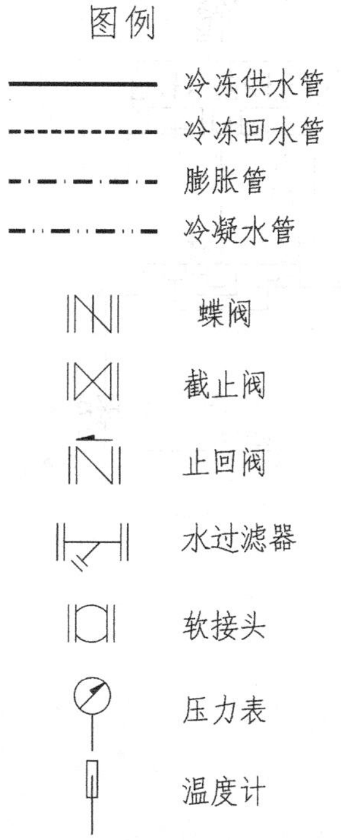

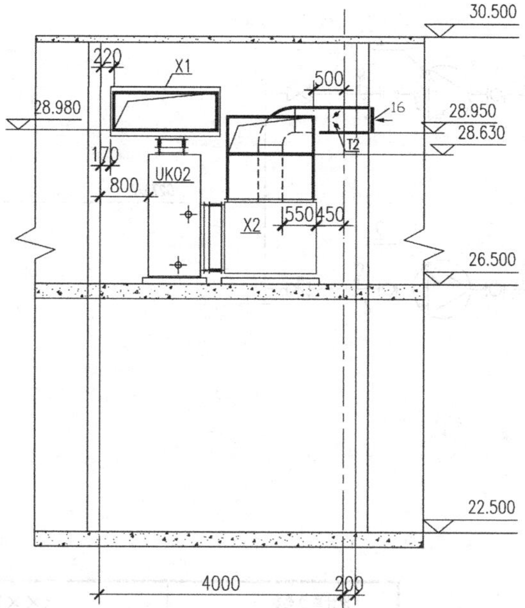

3—3剖面图 1:50 Ⓑ

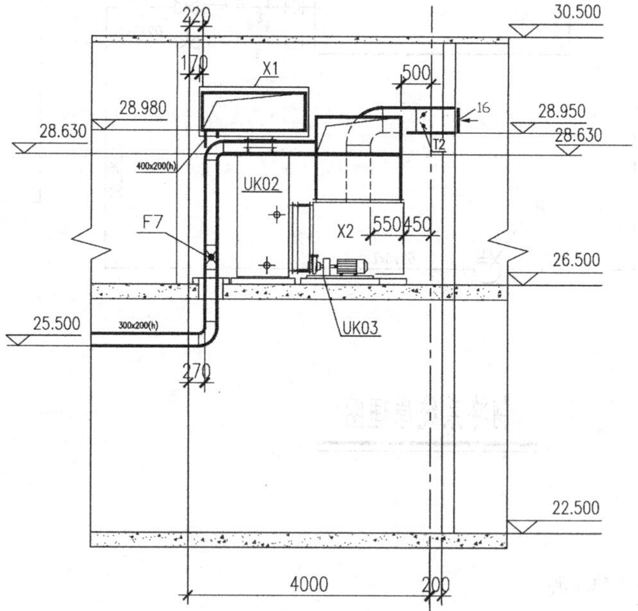

4—4剖面图 1:50 Ⓑ

演播厅空调设备、部件一览表

序号	名称规格	单位	数量	重量 单	重量 总	备注
4	钢制异径管 DN40xDN100 L=200mm	个	1			
5	扰性橡胶管接头 K-XT型 DN100	个	4			
6	止回阀 FIG.280型DN100	个	1			
7	水过滤器 Y型 DN100 PN16	个	1			
8	水流开关	个	1			随机选配
9	压力表 Y-40 0~1.6MPa	个	2			
10	温度计 双金属温度计A5205 0~60°C	个	2			
11	截止阀 J11X-10内螺纹 DN15	个	2			
12	自动排气阀 ZPT-C DN15	个	2			
13	钢制偏心异径管 DN60xDN100 L=200mm	个	1			
16	防雨百叶 800x500(h)	个	1			
17	截止阀 J11X-10内螺纹 DN25	个	1			
T2	对开多叶调节阀 700x400(h)	个	1			

设计单位名称			××××电教信息大楼			
绘图			1-1剖面图 2-2剖面图 3-3剖面图 4-4剖面图			
设计						
校对						
审核						
专业负责人			比例		设计阶段	施工图
工程负责人			日期		档案号	S1234-空施-20

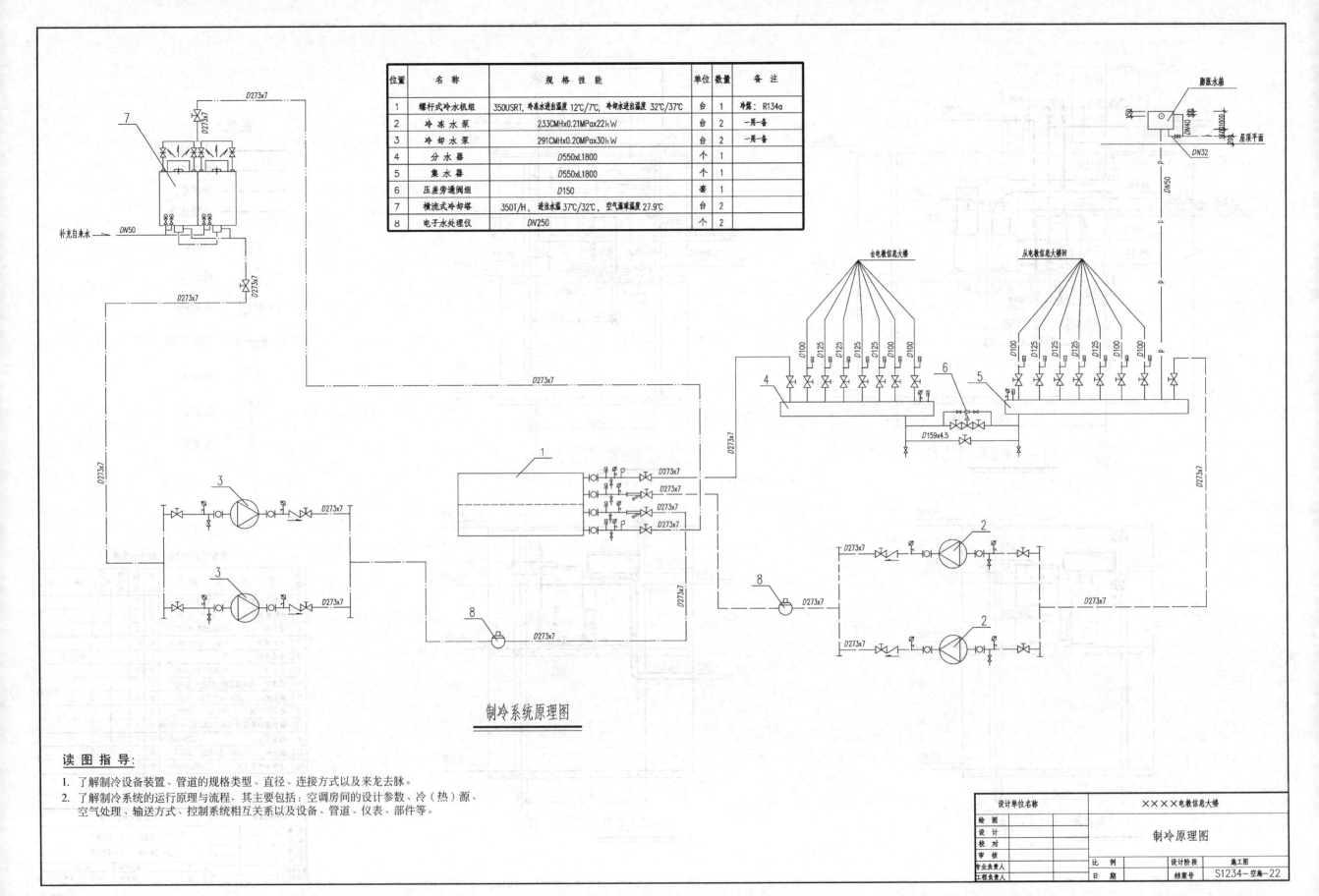

位置	名 称	规 格 性 能	单位	数量	备 注
1	螺杆式冷水机组	350USRT，冷冻水进出温度 12℃/7℃，冷却水进出温度 32℃/37℃	台	1	冷媒：R134a
2	冷冻水泵	233CMHx0.21MPax22kW	台	2	一用一备
3	冷却水泵	291CMHx0.20MPax30kW	台	2	一用一备
4	分水器	D550xL1800	个	1	
5	集水器	D550xL1800	个	1	
6	压差旁通阀组	D150	套	1	
7	横流式冷却塔	350T/H，进出水温 37℃/32℃，空气湿球温度 27.9℃	台	2	
8	电子水处理仪	DN250	个	2	

制冷系统原理图

读 图 指 导：

1. 了解制冷设备装置、管道的规格类型、直径、连接方式以及来龙去脉。
2. 了解制冷系统的运行原理与流程，其主要包括：空调房间的设计参数、冷（热）源、
   空气处理、输送方式、控制系统相互关系以及设备、管道、仪表、部件等。

设计单位名称		××××电教信息大楼		
绘 图		制冷原理图		
设 计				
校 对				
审 核				
专业负责人		比 例	设计阶段	施工图
工程负责人		日 期	档案号	S1234-空施-22

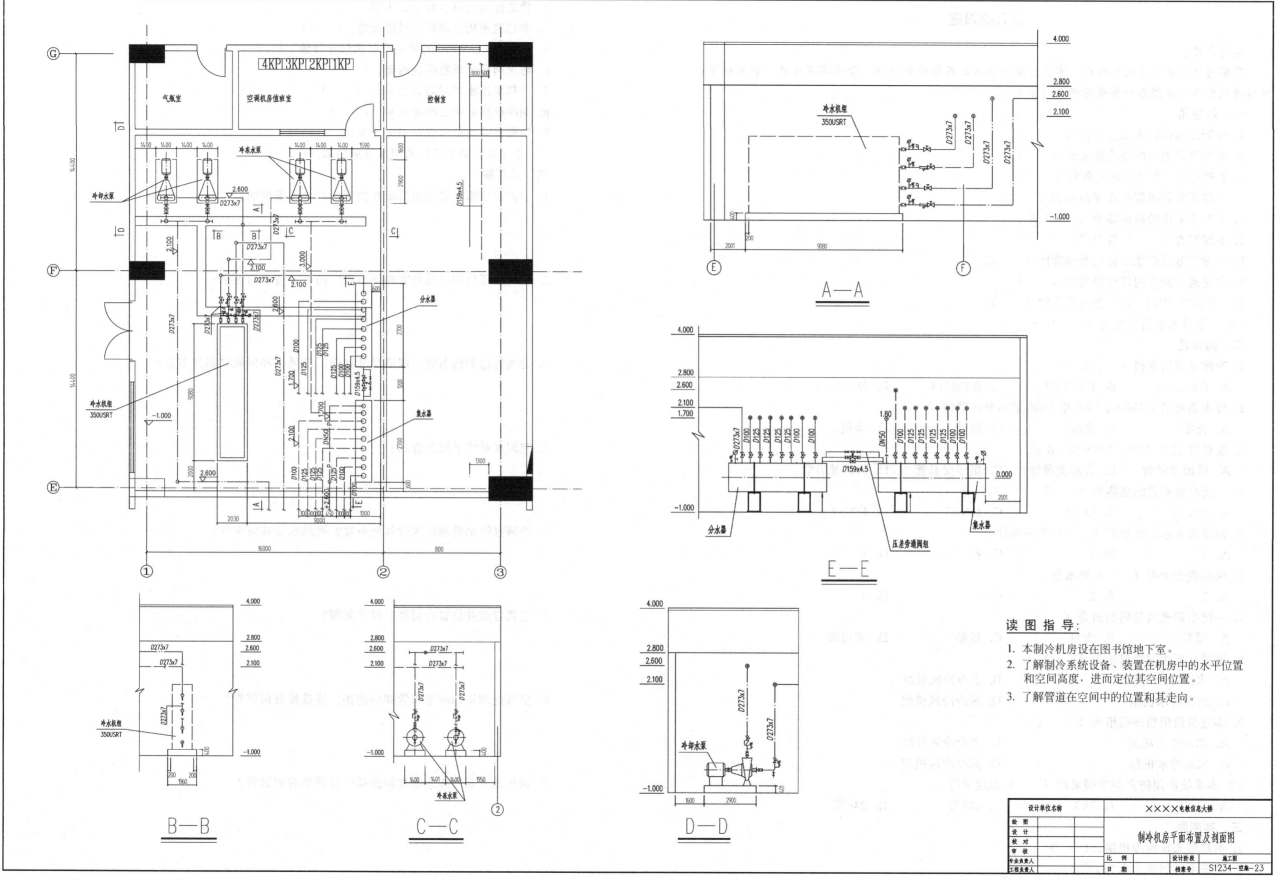

气瓶室

空调机房值班室

控制室

4KP 3KP 2KP 1KP

冷凝水泵

冷却水泵

D273x7

分水器

集水器

冷水机组
350USRT

冷水机组
350USRT

读 图 指 导:

1. 本制冷机房设在图书馆地下室。

2. 了解制冷系统设备、装置在机房中的水平位置和空间高度，进而定位其空间位置。

3. 了解管道在空间中的位置和其走向。

A—A

E—E

分水器

压差旁通阀组

集水器

B—B

C—C

D—D

冷凝水泵

冷却水泵

冷水机组
350USRT

设计单位名称	××××电教信息大楼
绘 图	
设 计	制冷机房平面布置及剖面图
校 对	
审 核	
专业负责人	设计阶段 施工图
工程负责人	比 例
	日 期 档案号 S1234-空施-23

综合练习题

学习小结：

了解通风空调施工图的组成，掌握通风空调施工图的设计原理、管道布置方法、制图标准，理解通风空调施工图各种符号所代表的含义。

一、填空题

1. 空调冷冻供回水水管管径为（　　　）。
2. 空调处理器中的冷冻水来自（　　　）。
3. 演播厅静压箱 X1 的规格为（　　　）。
4. 一层所有新风管的底标高均为（　　　）。
5. 本建筑采用的散流器为（　　　）形。
6. 本建筑有（　　　）管道件。
7. 本建筑方形膨胀水箱应看标准图（　　　）。
8. 本建筑空调室内设计温度为（　　　）。
9. "D100" 中的 "D" 表示风管的（　　　）。
10. 一层冷冻水管规格为（　　　）。

二、选择题

1. 冷冻水管的规格（　　　）。
   A. $D273 \times 5$ 　　 B. $D273 \times 7$ 　　 C. $D159 \times 4$ 　　 D. $D159 \times 3$
2. 分水器规格 $D550 \times L1800$ 中 1800 表示分水器的（　　　）。
   A. 长度 　　 B. 宽度 　　 C. 直径 　　 D. 体积
3. 变径管 $320 \times 200 - 500 \times 320$ 表示（　　　）。
   A. 圆形变径管 　 B. 方形变径管 　 C. 矩形变形管 　 D. 天圆地方管
4. 一层冷凝水管的规格为（　　　）。
   A. $DN25$ 　　 B. $DN40$ 　　 C. $DN50$ 　　 D. $DN32$
5. 制冷系流水系统中有（　　　）个温度计。
   A. 4 　　 B. 3 　　 C. 2 　　 D. 1
6. 风机盘管中有（　　　）根水管。
   A. 1 　　 B. 2 　　 C. 3 　　 D. 4
7. 一层空调通风管的截面为（　　　）。
   A. 圆形 　　 B. 方形 　　 C. 矩形 　　 D. 多边形
8. 演播厅所用制冷机组为（　　　）。
   A. 水冷冷水机组 　　　　　　 B. 水冷冷风机组
   C. 风冷冷水机组 　　　　　　 D. 风冷冷风机组
9. 本建筑所用制冷机组为（　　　）。
   A. 水冷冷水机组 　　　　　　 B. 水冷冷风机组
   C. 风冷冷水机组 　　　　　　 D. 风冷冷风机组
10. 本系统所用防火调节阀采用（　　　）温度关闭。
   A. 100℃ 　　 B. 70℃ 　　 C. 360℃ 　　 D. 240℃

三、判断题

1. 本建筑未设制冷机房。（　　　）
2. 冷冻水的回水水温为 7℃。（　　　）
3. 管道标高均以水管中心为准。（　　　）
4. 本建筑使用空调机是风机盘管。（　　　）
5. $DN40 \times DN100$ 的导径管是圆形导径管。（　　　）
6. 防火阀必须单独配置吊架。（　　　）
7. 冷却水出水管标高为 2.8m。（　　　）
8. 制冷机房有两台冷冻水泵。（　　　）
9. 膨胀水箱的补水管规格为 $DN40$。（　　　）
10. 本建筑空调水系统采用回管制供水。（　　　）

四、问答题

1. 空调设计施工说明包括哪些内容？结合图纸说明。

2. 空气处理机和风机盘管如何布置？两种设备如何区别？

3. 通风管道如何布置？规格尺寸如何？出风口和回风口如何布置？

4. 空调水系统采用几管制？

5. 冷冻水供水管和回水管如何布置？凝结水管如何布置？

6. 空调管道井位置在何处？尺寸如何？

7. 空气处理机和冷冻水管如何连接？连接处有何装置？

8. 风机盘管和冷冻水管如何连接？连接处有何装置？

9. 制冷系统中有哪些设备？各有何作用？其原理如何？

10. 制冷系统中冷冻水送运何处？起何作用？

11. 制冷机组、冷冻水泵、集水器、分水器各处在制冷机房的什么位置？

12. 冷冻水管在制冷机房内如何布置？从什么地方引出？引向何处？

第6章 建筑电气施工图读解

6.1 建筑电气施工图概述

6.1.1 建筑电气工程的概念

建筑电气工程是指某建筑的供电、用电工程，它通常包括外线工程、变配电工程、室内配线工程、动力与照明工程、防雷接地工程以及消防报警系统、安保系统、广播、电视、电话、楼宇自动化、综合布线系统等弱电工程。

6.1.2 建筑电气施工图的特点

建筑电气工程图不同于机械图、建筑图，其主要特点如下。

（1）建筑电气工程图大多是采用统一的图形符号并加注文字符号绘制出来的。图形符号和文字符号就是构成电气工程语言的"词汇"。因为构成建筑电气工程的设备、元件、线路很多，结构类型不统一，安装方式各异，只有借用统一的图形符号和文字符号来表达，才比较合适。

（2）电路中的电气设备、元件等，彼此之间都是通过导线将其连接起来，构成一个整体。导线可长可短，能够比较方便地跨越较远的空间距离。所以电气工程图不像机械工程图或建筑工程图那样比较集中、比较直观。

（3）电气设备和线路在平面图中并不按比例画出它们的形状和外形尺寸，通常采用图形符号来表示。

6.1.3 建筑电气图图形与文字符号

除了解建筑电气图的特点，识读建筑电气工程图的关键是掌握建筑电气图用图形与文字符号，下面简单介绍图形符号和文字符号。

（1）建筑电气图形符号

《电气简图用图形符号》国家标准代号为 GB 4728，采用了国际电工委员会（IEC）标准，在国际上具有通用性。常用电气图形符号见附录五。

在识读建筑电气图时，应了解图形符号的如下特点。

① 图形符号是按无电压、无外力作用时的原始状态绘制的。

② 图形符号可根据图面布置的需要缩小或放大，但各个符号之间及符号本身的比例应保持不变，同一张图纸上的图形符号的大小应一致，线条的粗细应一致。

③ 图形符号的方位不是强制的，在不改变符号含义的前提下，可根据图面布置的需要旋转或成镜像放置，但文字和指示方向不得倒置，旋转方位是 90°的倍数。

（2）建筑电气文字符号

电气文字符号在电气工程图中，标注在电气设备、装置和元器件上或其近旁，用以标明电气设备、装置和元器件的名称、功能、状态和特征。

6.2 图纸的组成和编排

建筑电气施工图一般由下列图纸组成。

6.2.1 图纸目录

图纸目录内容有序号、图纸名称、编号、张数等。

6.2.2　设计说明

设计说明（施工说明）主要阐述电气工程设计的依据、业主的要求和施工原则、建筑特点、电气安装标准、安装方法、工程等级、工艺要求等以及有关设计的补充说明。

6.2.3　图例

图例即图形符号，通常只列出本套图纸中涉及的一些图形符号。一般在设计说明中包含图例说明。

6.2.4　设备材料表

设备材料表列出了该项电气工程所需要的设备和材料的名称、型号、规格和数量，供设计概算和施工预算时参考。

6.2.5　电气系统图

电气系统图是表现电气工程的供电方式、电能输送、分配控制关系和设备运行情况的图纸，从电气系统图可以看出工程的概况。电气系统图有变配电系统图图6-1、动力系统图、照明系统图、弱电系统图等。电气系统图只表示电气回路中各元件的连接关系，不表示元件的具体情况、具体安装位置和具体接线方法。

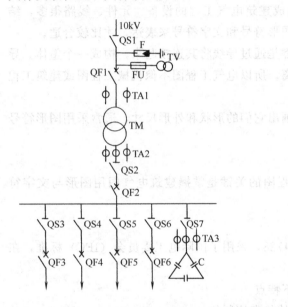

图 6-1　变配电系统图

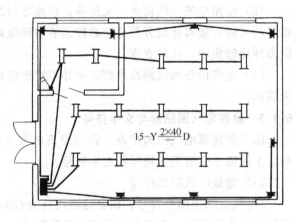

图 6-2　照明平面图

6.2.6　电气平面图

电气平面图是表示电气设备、装置与线路平面布置的图纸，是进行电气安装的主要依据。电气平面图以建筑总平面图为依据，在图上绘出电气设备、装置及线路的安装位置、敷设方法等。电气平面图采用了较大的缩小比例，不能表现电气设备的具体形状，只能反映电气设备的安装位置、安装方式和导线的走向及敷设方法等。常用的电气平面图有变配电所平面图、动力平面图、照明平面图（图6-2）、防雷平面图、接地平面图、弱电平面图等。

6.2.7　设备布置图

设备布置图是表现各种电气设备和装置的平面与空间的位置、安装方式及其相互关系的图纸，通常由平面图、立面图、剖面图及各种构件详图等组成。设备布置图是按三视图原理绘制的，如图6-3所示。

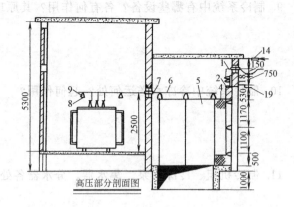

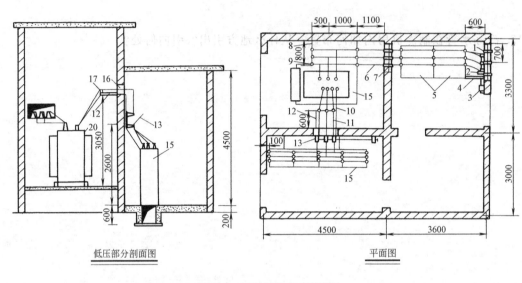

图 6-3　变电所设备布置图

1，7—穿墙套管；2—隔离开关；3—隔离开关操作机构；4—保护网；5—高压开关柜；6—高压母线；
8—高压母线支架；9—支持绝缘子；10—低压中性母线；11—低压母线；12—低压母线支架；
13—空气开关；14—架空引入线架及零件；15—低压配电屏；16—低压母线穿墙板；
17—电车绝缘子；18—阀型避雷器；19—避雷器支架；20—电力变压器

6.2.8　安装接线图

安装接线图又称安装配线图，是用来表示电气设备、电气元件和线路的安装位置、配线方式、接线方法、配线场所特征等。安装接线图是用来指导安装、接线和查线的图纸，如图6-4所示。

6.2.9　电气原理图

电气原理图是表现某一电气设备或系统的工作原理的图纸，它是按照各个部分的动作原理采用展开法来绘制的。通过分析原理图可以清楚地看清整个系统的动作顺序。电气原理图不能表明电气设备和器件的实际安装位置和具体的接线，但可以用来指导电气设备和器件的安装、接线、调试、使用与维修。如图6-5所示。

6.2.10　详图

详图是表现电气工程中设备的某一部分的具体安装要求和做法的图纸。我国有专门的安装设备标准图册。图6-6为负荷开关的操作手柄在墙上安装的角钢支架详图。

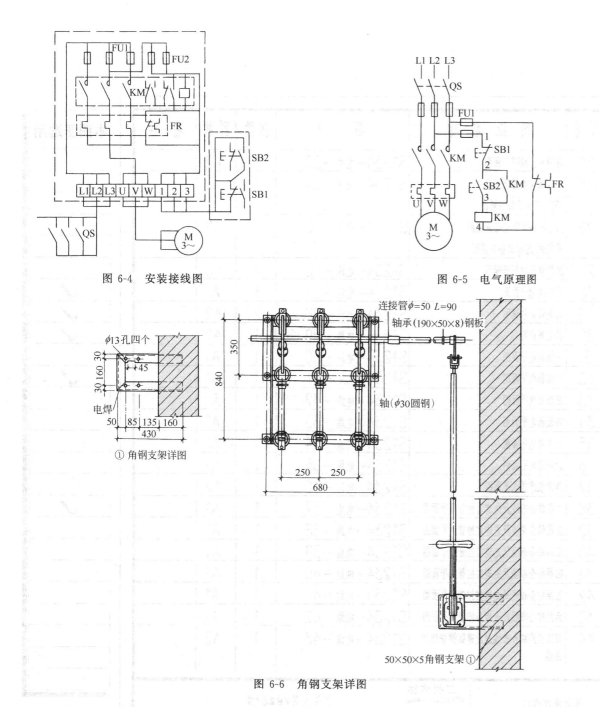

图 6-4　安装接线图　　　　　　图 6-5　电气原理图

① 角钢支架详图

图 6-6　角钢支架详图

6.3　读图方法和步骤

阅读建筑电气工程图，除应了解建筑电气工程图的特点外，图纸内容还应该按照一定顺序进行阅读，才能比较迅速全面地读懂图纸。

识读一套建筑电气工程图所包括的内容比较多，图纸往往有很多张。一般应按以下顺序依次阅读和必要的相互对照识读。

6.3.1　看标题栏及图纸目录

了解工程名称、项目内容、设计日期等。

6.3.2　看总设计说明

了解工程总体概况及设计依据，了解图纸中未能表达清楚的各有关事项。如供电电源的来源、电

压等级、线路敷设方式，设备安装高度及安装方式，补充使用的非国标图形符号，施工时应注意的事项等。有些分项局部问题是在各分项工程的图纸上说明的，看分项工程图纸时，也要先看设计说明。

6.3.3　看系统图

各分项工程的图纸中都包含有系统图，如变配电工程的供电系统图、电力工程的电力系统图、电气照明工程的照明系统图等。看系统图的目的是了解系统的基本组成，主要电气设备、元件等连接关系以及它们的规格、型号、参数等，以便掌握该系统的基本情况。

6.3.4　看电路图和接线图

了解各系统中用电设备的电气自动控制原理，用来指导设备的安装和控制系统的调试工作。因电路图多是采用功能布局法绘制的，看图时应依据功能关系从上至下或从左至右一个回路、一个回路地阅读。若能熟悉电路中各电器的性能和特点，对读懂图纸将有很大的帮助。在进行控制系统的配线和调校工作中，还可配合阅读接线图和端子图进行。

6.3.5　看平面布置图

平面布置图是建筑电气工程图纸中的重要图纸之一，如变配电所设备安装平面图（还应有剖面图）、电力平面图、照明平面图、防雷、接地平面图等，都是用来表示设备安装位置、线路敷设部位、敷设方法及所用导线型号、规格、数量、管径大小等，是安装施工、编制工程预算的主要依据图纸，必须熟读。对于施工经验还不太丰富的人员，可对照相关的安装大样图一起阅读。

6.3.6　看安装大样图（详图）

安装大样图是按照机械制图方法绘制的用来详细表示设备安装方法的图纸，也是用来指导施工和编制工程材料计划的重要图纸，特别是对于初学安装的人员尤其重要，甚至可以说是不可缺少的。安装大样图多是采用全国通用电气装置标准图集。

6.3.7　看设备材料表

设备材料表提供了该工程所使用的设备、材料的型号、规格和数量，是编制购置主要设备、材料计划的重要依据之一。

另外，在读图时还应注意，建筑电气工程施工往往与主体工程（土建工程）及其他安装工程（给排水管道、工艺管道、采暖通风管道、通信线路、消防系统及机械设备等安装工程）施工相互配合进行。例如，电气设备的布置与土建平面布置、立面布置有关；线路走向与建筑结构的梁、柱、门窗、楼板的位置、走向有关，还与管道的规格、用途、走向有关；安装方法与墙体结构有关；特别是一些暗敷线路、电气设备基础及各种电气预埋件更与土建工程密切相关。因此，阅读建筑电气工程图时应与有关的土建工程图、管道工程图等对应起来阅读。

总之，阅读图纸的顺序没有统一的规定，可以根据需要，自己灵活掌握，并有所侧重。有时一张图纸需反复阅读多遍。为更好地利用图纸指导施工，使之安装质量符合要求，阅读图纸时，还应配合阅读有关施工及检验规范、质量检验评定标准以及全国通用电气装置标注图集，以详细了解安装技术要求及具体安装方法等。因此，在读图时，应熟悉有关规程规范的要求，才能真正读懂图纸。

6.4　读图实例

本工程电气内容包括变配电、动力、照明、防雷接地、消防报警及综合布线系统。

参见图纸目录，按图纸内容分类有以下几方面。

设备材料表：电施-1

设计说明（包含图例）：电施-2

电气系统图：电施-3、-5～-9、-25、-29

电气平面图：电施-10～23、27、30～43

设备布置图：电施-4、24、25

电气原理图：电施-26

本书仅对图纸序号打"√"的图纸加以说明。

序号	图 纸 名 称	图 号	张数	图幅	备注	本图册选用
1	图纸目录	S1234-电施	2	A4		✔
2	电气设备材料一览表	S1234-电施-1	4	A4		✔
3	电气施工图设计通用说明	S1234-电施-2	1	A1		✔
4	低压配电系统图(3)	S1234-电施-3(3)	5	A2		✔
5	配电所平、剖面图	S1234-电施-4	1	A1		✔
6	电脑配电箱系统图	S1234-电施-5	1	A1		✔
7	风机盘管配电箱系统图	S1234-电施-6	1	A1		
8	照明系统图	S1234-电施-7	1	A1		✔
9	应急照明系统图	S1234-电施-8	1	A1		
10	屋顶机房动力、照明系统图	S1234-电施-9	1	A2		
11	一层动力平面图	S1234-电施-10	1	A1		
12	二层动力平面图	S1234-电施-11	1	A1		✔
13	三层动力平面图	S1234-电施-12	1	A1		
14	四层动力平面图	S1234-电施-13	1	A1		
15	五层动力平面图	S1234-电施-14	1	A1		
16	六层动力平面图	S1234-电施-15	1	A1		
17	屋顶机房动力平面图	S1234-电施-16	1	A2		
18	一层照明平面图	S1234-电施-17	1	A1		
19	二层照明平面图	S1234-电施-18	1	A1		✔
20	三层照明平面图	S1234-电施-19	1	A1		
21	四层照明平面图	S1234-电施-20	1	A1		
22	五层照明平面图	S1234-电施-21	1	A1		
23	六层照明平面图	S1234-电施-22	1	A1		

设计单位名称		工程名称 PROJECT NAME	××××电教信息大楼		

签 名 SIGNATURE				设计阶段 DESIGN STAGE	施工图
设计 DESIGN			图 纸 目 录	图号: DRAWING No.	
制图 DRAW				S1234-电施	⚠
校核 CHECK					
审核 APPR.		合同号 CONTRACT NO.	专业 电气	第 1 张 共 2 张 SHEET OF	比例 SCALE / 版次 REV.

序号	图 纸 名 称	图 号	张数	图幅	备注	本图册选用
24	屋顶机房照明平面图	S1234-电施-23	1	A2		
25	双电源切换原理图及箱内、箱面设备布置图	S1234-电施-24	1	A1		
26	大小演播厅配电箱系统图及箱内、箱面设备布置图	S1234-电施-25	1	A2		
27	风机盘管控制原理图	S1234-电施-26	1	A3		
28	防雷接地平面图	S1234-电施-27	1	A1		✔
29	弱电设计总说明	S1234-电施-28	2	A2		✔
30	弱电系统图	S1234-电施-29	1	A2		✔
31	一层弱电平面图	S1234-电施-30	1	A1		
32	二层弱电平面图	S1234-电施-31	1	A1		✔
33	三层弱电平面图	S1234-电施-32	1	A1		
34	四层弱电平面图	S1234-电施-33	1	A1		
35	五层弱电平面图	S1234-电施-34	1	A1		
36	六层弱电平面图	S1234-电施-35	1	A1		
37	屋顶机房弱电平面图	S1234-电施-36	1	A2		
38	二层综合布线及走道监控管线平面图	S1234-电施-37	1	A1		✔
39	底层综合布线及走道监控管线平面图	S1234-电施-38	1	A1		
40	三层综合布线及走道监控管线平面图	S1234-电施-39	1	A1		
41	四层综合布线及走道监控管线平面图	S1234-电施-40	1	A1		
42	五层综合布线及走道监控管线平面图	S1234-电施-41	1	A1		
43	六层综合布线及走道监控管线平面图	S1234-电施-42	1	A1		
44	屋顶机房综合布线及走道监控管线平面图	S1234-电施-43	1	A2		

设计单位名称		工程名称 PROJECT NAME	××××电教信息大楼		

签 名 SIGNATURE				设计阶段 DESIGN STAGE	施工图
设计 DESIGN			图 纸 目 录	图号: DRAWING No.	
制图 DRAW				S1234-电施	⚠
校核 CHECK					
审核 APPR.		合同号 CONTRACT NO.	专业 电气	第 2 张 共 2 张 SHEET OF	比例 SCALE / 版次 REV.

电气施工图设计通用说明

一、概述

1. 本说明适用于民用建筑和一般工业建筑的电力、照明、自动控制、防雷和接地部分的施工图设计。

2. 本说明系按一般施工图设计通用的要求制定,当具体工程设计要求与本通用说明不一致时,应以具体工程设计要求为准。

3. 本说明内容侧重于施工安装及设备订货方面的要求,有关工程施工的详细技术要求应遵循电气装置安装工程施工及验收规范的规定。

二、设备订货

1. 高压开关柜、电力变压器、柴油发电机组、低压配电柜等主要设备的订货,应注意施工图上的详细技术要求,倘若需要改动,应征求设计院意见,以免定货设备不符合设计要求造成损失。

2. 紧密插接式封闭母线槽订货时应由施工单位会同设备制造厂根据设备平面图和竖向系统图并结合所选产品的标准,作出各分段的长度及安装附件详图,以此作为施工依据之一。

3. 电缆桥架订货时,应由施工单位根据设计平面图并结合施工现场情况确定组件细目(直通、弯通、吊架、支撑及各种连接件、紧固件等)的规格和数量。

4. 除设计指明采用TN-C系统外,对于TN-C-S及TN-S系统,所选用的动力配电箱、照明配电箱,电度表箱内必须设置专用的保护线(PE)端子排(或接线板)订货时,应特别指明,以免遗漏。

三、设备安装高度

1. 凡图中未注明安装尺寸的灯具,应按平面图图面布置比例确定安装位置,并按现场的楼板或吊顶情况适当调整。

2. 除设计图中注明者外,设备安装高度(底边距地)一般为:

符号	名称	安装高度
▬	动力配电箱	h=1500mm
▬	照明配电箱	h=1500mm
⊠	电源切换箱	h=1500mm
⊠	事故照明配电箱	h=1500mm
⊠	电度表箱	h=1200mm
⊗	白炽灯	吸顶
▽	吸顶灯	吸顶
○	壁灯	h=1800mm
⊠	应急灯	吸顶
▭	诱导灯	h=300mm
▭	层号灯	h=2500mm
⊠	安全出口灯	h=2500mm
✿	花灯	吸顶
▭	单管荧光灯	吸顶
▭	双管荧光灯	吸顶
⊕	航空障碍灯	
✓	单联单控暗开关	h=1500mm
✓	双联单控暗开关	h=1500mm
✓	三联单控暗开关	h=1500mm
✓	双控暗开关	h=1500mm

符号	名称	安装高度
⌁	吊扇调速开关	h=1500mm
⌁	风机盘管控制开关	h=1500mm
⌁	门铃开关	h=1500mm
⌂	直流门铃	h=2500mm
⊟	双联二三极暗插座	h=300mm
⊟	双联二三极暗插座(电视机用)	h=300mm
⊟	带开关三极暗插座(空调用)	h=2000mm
⊟	带开关三极暗插座(洗衣机用)	h=1500mm
⊟	带开关三极暗插座(电冰箱用)	h=300mm
⊟	刮须插座	h=1500mm
⊟	带开关三极暗插座(排气扇用)	h=2200mm
⊙	触摸开关	h=1500mm
○	筒灯	吸顶
⊗	灯座	吸顶
⊓	防水插座	h=1400mm
▷	防爆荧光灯	吸顶
⌁	防爆照明开关	h=1400mm
▬	开水炉开关箱	h=1800mm

注:1. 当不同类别设备靠近安装时,可按美观与操作方便兼顾的观点适当调整高度。
   2. 住户电门铃一般安装在进门内侧上方或住户配电箱上方,顶距天花板0.3m。
   3. 装在门侧的开关,一般距门框0.15~0.2m。
   4. 落地安装的配电箱、控制箱应设高度为150mm的底座。

四、线路敷设

1. 设计中未注明敷设方式的穿管线路一般为埋墙或埋地、埋楼板暗敷,在有吊顶的场所,一般在吊顶内敷设。

2. 照明线路未注明管径者,可按下表选择(BV型导线)。

导线截面/mm² 根数 管理	1.5				2.5			
	2~3	4	5	6~7	8	2	3	4	5~6	7	8
阻燃塑料管(外径)	16	16	16	20	25	16	16	20	20	25	25
镀锌电线管(外径)	15	20	25	25	25	15	20	20	25	25	25
镀锌水煤气钢管(内径)	15	20	25	25	25	15	20	20	25	25	25

注:1. PVC塑料管应采用国标IEC 64标准的重型管或中型管,不得采用轻型管。
   2. 电线管应采用热浸镀锌钢管,壁厚应不小于1.6mm。
   3. 从便于备料及施工出发,直径为16mm的PVC管可用20mm代替,直径为15mm的电线管可用20mm取代。
   4. 用作控制及其他用途的BV导线穿管线路,也按本表选择管径。
   5. 电动机配电线路未注明规格者,可按下表选择(BV型导线)。

电动机容量/kW	7.5及以下	11	15	18.5	22	30
导线根数×截面/mm²	4×2.5	4×4	4×6	4×10	4×16	3×25+1×16
钢管公称直径/mm	15	20	20	25	32	40

注:导线根数包括专用保护线(PE线)。

3. 当采用BV型导线作为保护支线并与相线同穿于保护管内时,其截面如设计未作规定,可按下表选择:

相线截面S/mm²	S≤2.5	2.5<S≤16	16<S≤35	S>35
PE线截面/mm²	2.5	S	16	S/2

4. 穿管线路转弯处的弯曲半径应符合安装规范要求,并应在规定长度内装设分线盒或拉线盒,其具体位置由施工人员确定。

5. 进出建筑物的线路应保护穿管,其内埋位置见施工平面图。外端一般伸出建筑物散水250~300mm,埋深700mm,弯曲半径为钢管公称直径的10倍,钢管管径部分向内倾斜大于5%。施工完毕后两端管口应用防火堵料密封,从建筑物地下引出的线路保护应按防水型穿管套管制作和埋设。

6. 三相线路使用单芯电缆时,应将三根不同相别电缆组成紧贴的品字形排列,中性线敷设在中心,每隔1m用塑料绑带扎牢,电缆单根穿管时,不得使用金属管,以免产生涡流发热。

7. 电气竖井敷线完毕后,应用防火堵料将各层楼板和墙上的穿管预留孔洞封堵,以防火灾时火势通过竖井扩大。穿越不同防火分区的线路亦应同法处理。

8. 原则上应按设计平面图的线路敷设路径施工,但施工人员可按现场土建及其他专业的管道条件酌情调整线路走体敷设径。

五、电气装置的保护接地

1. 凡按规范规定应作保护接地的电气装置正常情况下不带电的外露金属部分,必须与保护线(PE线)或保护中性线(PEN线)可靠连接。

2. 当利用电缆桥架或穿线钢管作为保护线时,其首端(靠电源端)应与保护干线连接,中间接头应焊接或用导线跨接,末端应与下一段的保护接地干线相连。

3. 单相三孔插座和三相插座必须敷设专用导线作为保护线,保护线宜选用黄绿相间或专用颜色导线,不得与中性线及相线同色。

4. 从照明配电箱、电度表箱等设备引出的分支线路,其保护线必须逐一分开连接到专用的带多个接线端子的端子排或接线排上,严禁把多根保护线拧在一起接到配电箱外壳接地端子上。

5. 进入建筑物的水管、冷水机房引出的空调干管与水管,应在就近预留的接地钢板或接地接线盒上作总等电位连接。

六、防雷和接地装置

1. 一般沿建筑物屋面四周或女儿墙敷设避雷带,利用钢筋混凝土柱或剪力墙内主筋作引下线,利用基础、地梁、底板内的钢筋作接地装置,三者互相连接组成可靠的防雷和接地系统。

2. 屋面避雷带一般为明敷,材质采用φ10或φ12镀锌圆钢,避雷带支架一般为同型钢材,高度应为100mm,支架间距直线段为1m,转角处为0.5m,当建筑物立面要求较高时,可采用25mm×3mm钢排直接敷设为女儿墙或屋面四周,每隔0.5~1.0m固定一次。

3. 当屋面宽度较大又需要加设中间避雷带时应加设,并与不同高度屋面避雷带之间的相互连接,宜利用屋面内的主筋及柱内、剪力墙内主筋作为暗敷避雷带及连接线。

3. 当采用BV型导线作为保护支线并与相线同穿于保护管内时,其截面如设计未作规定,可按下表选择:

1. 为防雷电侧击高层建筑物引起事故,应将高度为30m及以上的外墙上的栏杆、门、窗等较大的金属物用导体(可用截面不小于6mm²的铜线),连接到从建筑物圈梁主筋引出的预留钢筋上,圈梁应连成水平闭合环路并与引出各处引下线主筋连接,连接方式对于单根钢筋应采用焊接,在多根钢筋时可利用土建施工中的多点绑扎自然形成可靠连接。

5. 凸出屋面的金属物体如各种管道和装置、电视天线支杆等,均应用和避雷带相同的导体或φ10镀锌圆钢与避雷带焊接或螺栓紧固连接。

6. 用作引下线的钢筋混凝土柱或剪力墙主筋,可将2根主筋全长焊接连通,也可利用土建施工中的多根钢筋绑扎连通,其顶端应通过焊接或螺栓紧固方式与避雷带连通,底端应通过焊接或多根钢筋绑扎以作为接地装置的基础主筋连通。

7. 作为接地装置的各个桩基和基础,应利用地梁或底板内的主筋将其连成闭合接地环路,当地梁或底板较长时,应采用40mm×4mm镀锌扁钢沿建筑物外周将各个基础连成闭合环路,扁钢埋深应不小于1m。

8. 高层建筑物各层圈梁的钢筋除利用土建施工中的绑扎连通成闭合环路之外,还应通过绑扎与各层楼板、梁、柱等结构钢筋互相连通,以获得等电位保护效果。

9. 作为电气设备保护接地用的预埋接地钢板,或总等接地线用的接地接线盒,均应用φ10钢筋和柱主筋焊接,主筋下端应和基础接地环路焊接连通,预埋钢板或接地接线盒安装高度一般离地0.3m。

10. 除特别要求外,由建筑物桩基、承台、地梁、底板等钢筋混凝土结构组成的接地装置,应作为保护接地、防雷接地、共用电视天线及通讯设备接地共用,接地电阻值要求见具体工程设计规定,一般而言,对于高层建筑及大型建筑,当正确实施前述各项连接后,其接地电阻值通常要小于1Ω。

11. 防雷和接地装置施工时,电气专业人员应密切配合土建专业,接配土次序做好桩基、承台、地梁、底板等基础接地装置组件之间,以及引下线、圈梁、避雷带等防雷装置,各处的连接点施工,及时留出所需外引钢筋或预埋钢板,并做好各项检查和电阻测试工作。

12. 凡有浴盆或浴缸的卫生间以及游泳池均应作局部等电位接地。

七、常用的电气装置标准图集及施工参考图集

电力变压器室布置,变配电所常用设备构件安装,电气竖井设备安装,电缆敷设,建筑物、构筑物防雷设施安装,利用建筑物金属体作防雷及接地装置安装,接地装置安装,按国家颁布的最新设计、施工规范图集执行。

八、工程设计的具体要求请见施工图中的说明或注

读图指导:

1. 首先说明本施工图设计是依据民用建筑和一般工业建筑设计规范,并按照相关的技术要求遵照电气装置安装工程施工及验收规范。
2. 给出本施工图所用图例。
3. 对各项内容的一般通用方法做了统一说明。包括图纸中不能明确说明的设备安装高度、线路敷设方式及要求、防雷接地装置的技术要求等。
4. 阅读其他电施图时,应对照该说明来看。

设计单位名称	××××电教信息大楼
绘图	
设计	电气施工图设计通用说明
校对	
审核	
专业负责人	比例 / 设计阶段 施工图
工程负责人	日期 / 档案号 S1234-电施-2

97

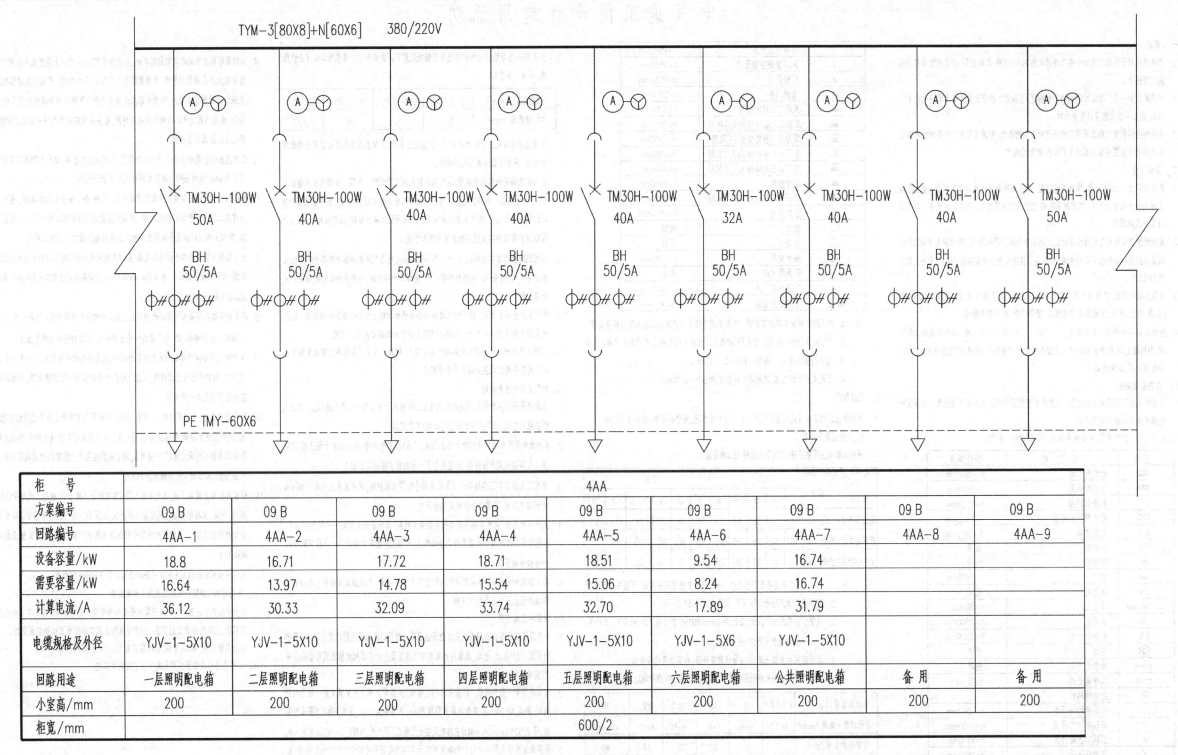

TYM-3[80X8]+N[60X6]　　380/220V

	TM30H-100W 50A	TM30H-100W 40A	TM30H-100W 40A	TM30H-100W 40A	TM30H-100W 40A	TM30H-100W 32A	TM30H-100W 40A	TM30H-100W 40A	TM30H-100W 50A
	BH 50/5A	BH 50/5A	BH 50/5A	BH 50/5A	BH 50/5A	BH 50/5A	BH 50/5A	BH 50/5A	BH 50/5A

PE TMY-60X6

柜　号	4AA								
方案编号	09 B	09 B	09 B	09 B	09 B	09 B	09 B	09 B	09 B
回路编号	4AA-1	4AA-2	4AA-3	4AA-4	4AA-5	4AA-6	4AA-7	4AA-8	4AA-9
设备容量/kW	18.8	16.71	17.72	18.71	18.51	9.54	16.74		
需要容量/kW	16.64	13.97	14.78	15.54	15.06	8.24	16.74		
计算电流/A	36.12	30.33	32.09	33.74	32.70	17.89	31.79		
电缆规格及外径	YJV-1-5X10	YJV-1-5X10	YJV-1-5X10	YJV-1-5X10	YJV-1-5X10	YJV-1-5X6	YJV-1-5X10		
回路用途	一层照明配电箱	二层照明配电箱	三层照明配电箱	四层照明配电箱	五层照明配电箱	六层照明配电箱	公共照明配电箱	备用	备用
小室高/mm	200	200	200	200	200	200	200	200	200
柜宽/mm	600/2								

低压配电系统图(3)

读图指导:
1. 结合电施-4读图。
2. 本建筑低压配电系统图共有图纸5张,此图是第3张。
3. 由电施-4得知,该低压配电系统共有低压配电屏5个,即1~5AA屏。该页是4AA屏,用于照明配电。其余为各动力配电屏,在此不做解释。
4. 本页照明低压配电屏结合电施-7读图,共引出9路。其中6路为1~6层楼层照明配电,1路为公共照明配电,2路备用。

设计单位名称		×××电教信息大楼		
绘图			**低压配电系统图(3)**	
设计				
校对				
审核				
专业负责人		比例	设计阶段	施工图
工程负责人		日期	档案号	S1234-电施-3(3)

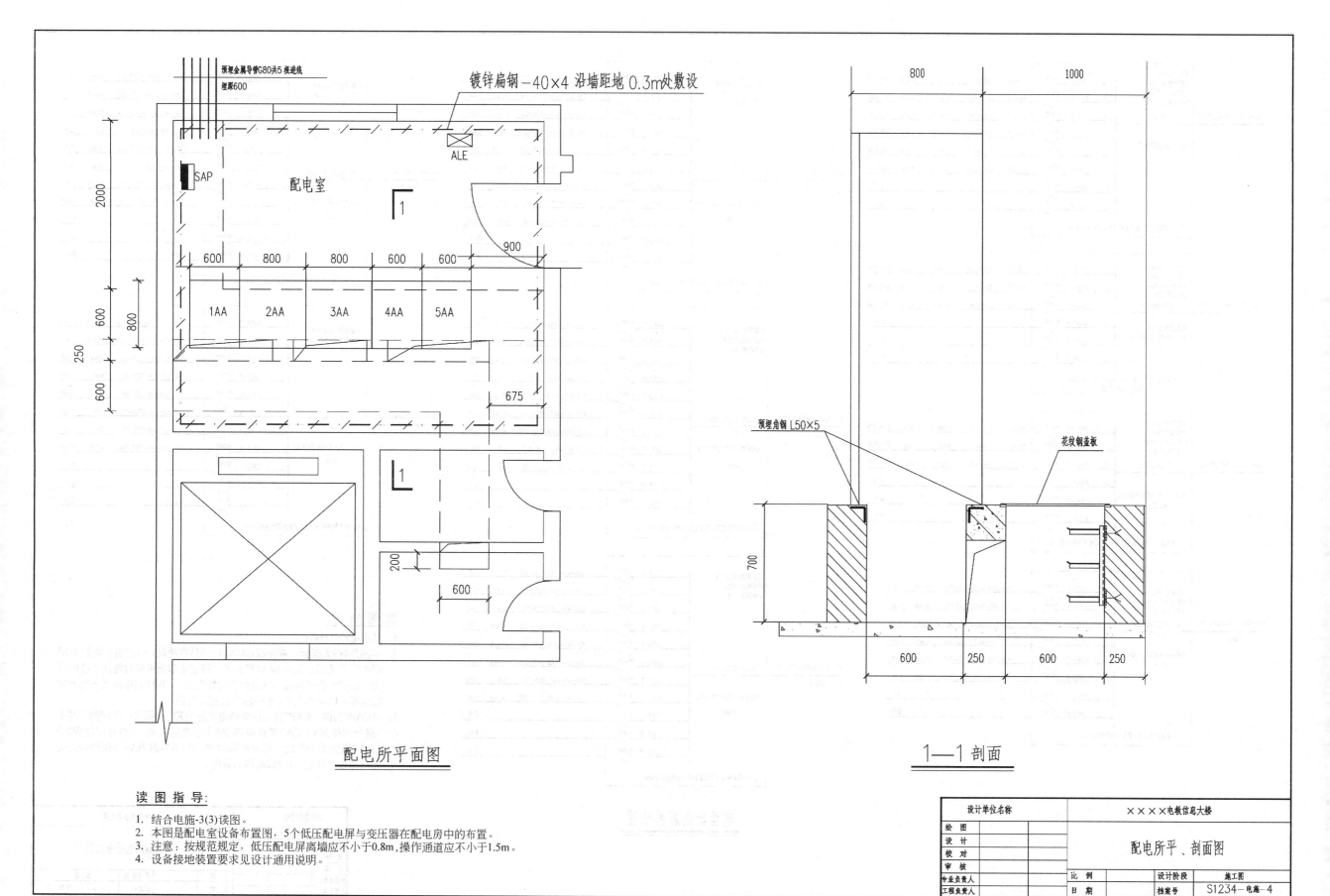

镀锌扁钢-40×4 沿墙距地 0.3m 处敷设

预埋金属导管G80共5根进线
埋深600

ALE

SAP

配电室

1

2000

250

600

800

600

600

900

600 800 800 600 600

1AA 2AA 3AA 4AA 5AA

675

1

200

600

配电所平面图

800 1000

预埋角钢 L50×5

花纹钢盖板

700

600 250 600 250

1—1剖面

读图指导：

1. 结合电施-3(3)读图。
2. 本图是配电室设备布置图，5个低压配电屏与变压器在配电房中的布置。
3. 注意：按规范规定，低压配电屏离墙应不小于0.8m，操作通道应不小于1.5m。
4. 设备接地装置要求见设计通用说明。

设计单位名称		××××电教信息大楼
绘 图		
设 计		配电所平、剖面图
校 对		
审 核		
专业负责人		比 例　　设计阶段　　施工图
工程负责人		日 期　　档案号　　S1234-电施-4

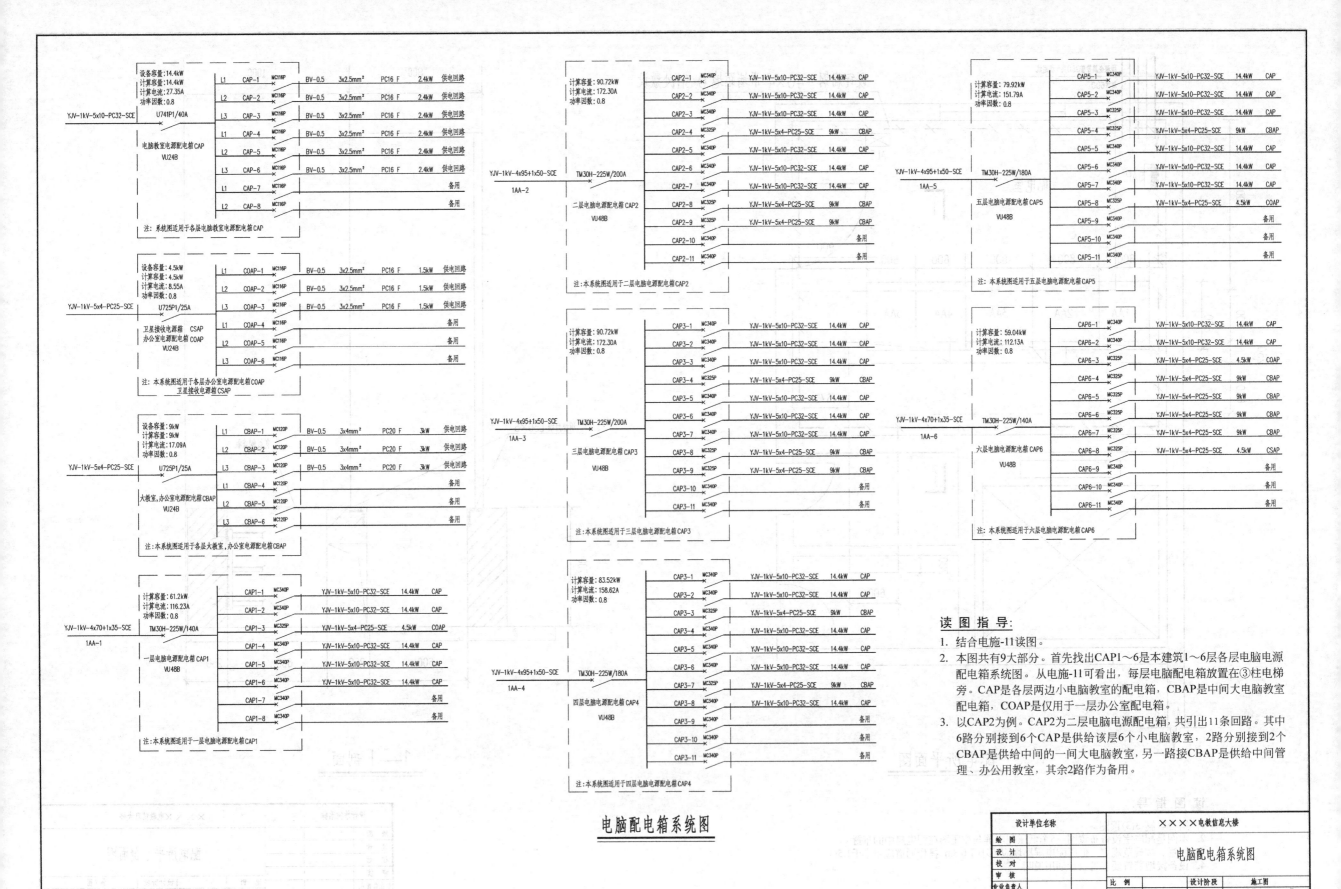

电脑配电箱系统图

读图指导:

1. 结合电施-11读图。
2. 本图共有9大部分。首先找出CAP1~6是本建筑1~6层各层电脑电源配电箱系统图。从电施-11可看出,每层电脑配电箱放置在③柱电梯旁。CAP是各层两边小电脑教室的配电箱,CBAP是中间大电脑教室配电箱,COAP是仅用于一层办公室配电箱。
3. 以CAP2为例。CAP2为二层电脑电源配电箱,共引出11条回路。其中6路分别接到6个CAP是供给该层6个小电脑教室,2路分别接到2个CBAP是供给中间的一间大电脑教室,另一路接CBAP是供给中间管理、办公用教室,其余2路作为备用。

设计单位名称		××××电教信息大楼		
绘 图				
设 计		电脑配电箱系统图		
校 对				
审 核				
专业负责人		比 例	设计阶段	施工
工程负责人		日 期	档案号	S1234-电施-5

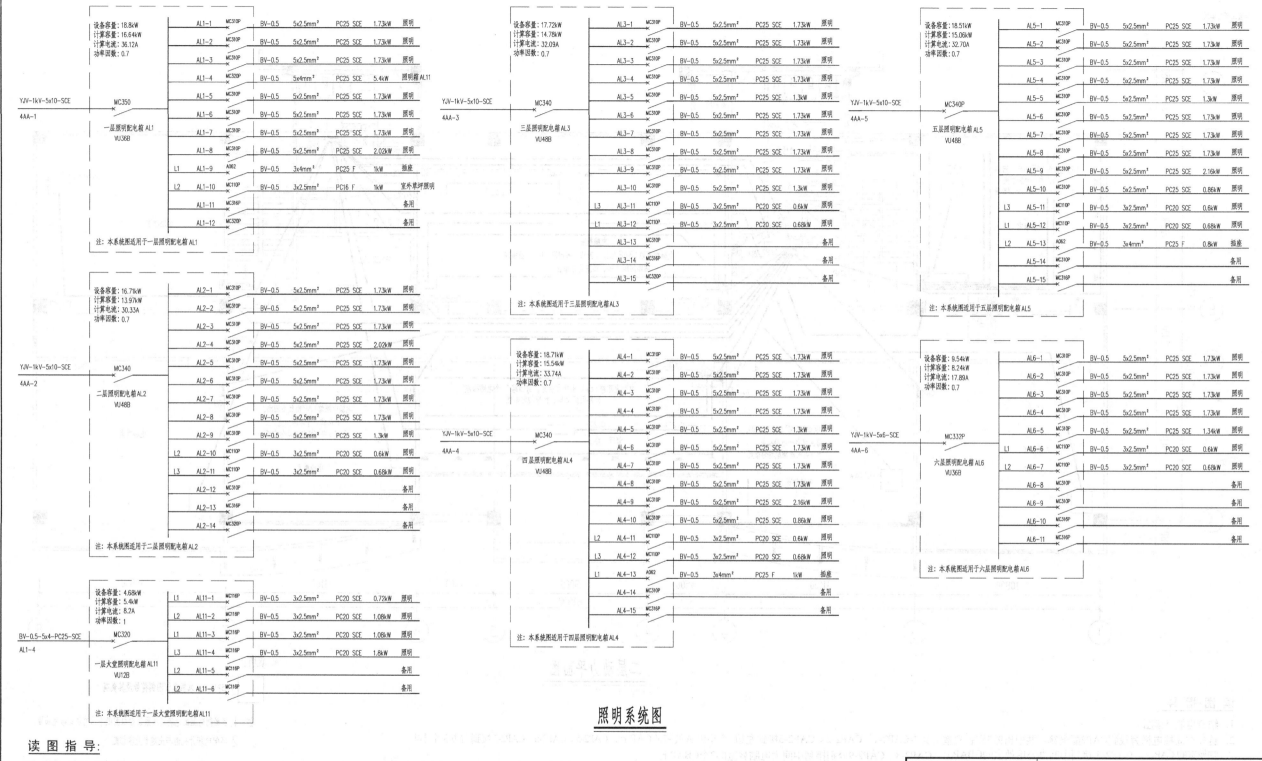

照明系统图

读图指导：

1. 结合电施-18读图。
2. 本图共有7部分，参照电施-3(3)共引出9路，除2路备用外，本图中4AA-1～-6分别为6层楼各层照明配电，另外一部分为一层大厅公共照明配电。
3. 从电施-18可看出，每层照明配电箱放置在③柱电梯旁。AL2即本图中的4AA-2，放置在③柱电梯旁。AL11是一层大堂照明配电。
4. 以AL2为例。AL2为二层照明配电箱，共引出14条回路。其中AL2-1～-3、AL2-5～-7分别接到左右各3个小电脑教室；AL2-4是供给中间管理、办公用教室照明；AL2-8、AL2-9分别接到中间的大电脑教室；AL2-10、AL2-11分别供左右两侧卫生间等照明；其余3路作为备用。

设计单位名称		××××电教信息大楼		
绘 图				
设 计		照明系统图		
校 对				
审 核				
专业负责人		比 例	设计阶段	施工图
工程负责人		日 期	档案号	S1234-电施-7

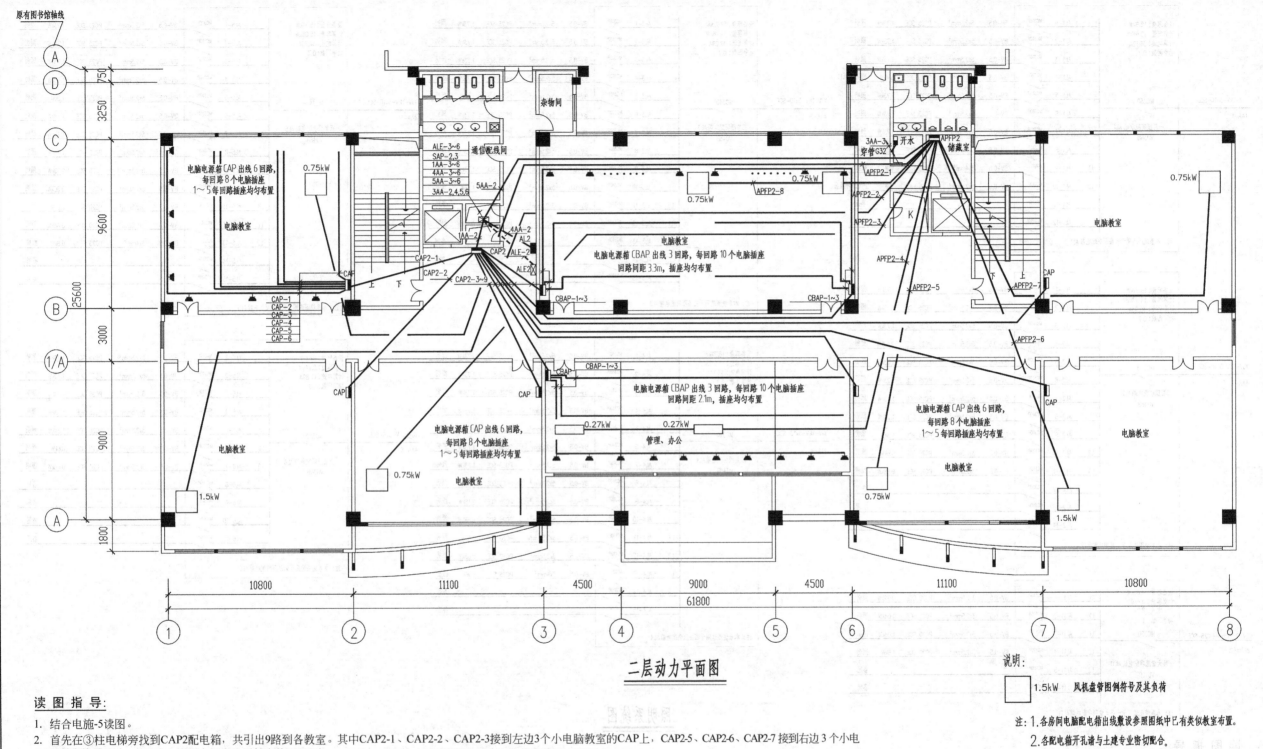

二层动力平面图

读图指导：

1. 结合电施-5读图。

2. 首先在③柱电梯旁找到CAP2配电箱，共引出9路到各教室。其中CAP2-1、CAP2-2、CAP2-3接到左边3个小电脑教室的CAP上，CAP2-5、CAP2-6、CAP2-7接到右边3个小电脑教室的CAP上，CAP2-4接到中间办公用教室的CBAP上，CAP2-8、CAP2-9分别接到中间大电脑教室的2个CBAP上。

3. 由电施-5图得知，从CAP2引到小电脑教室的6路配线电缆为 "YJV-1kV-5×10-PC32-SCE 14.4kW"，即聚氯乙烯护套铜芯电缆，耐压1kV，共5根导线，截面积为10mm²，配线方式为管径32的塑料管，沿天花板敷设，每路计算容量为14.4kW。其余依次类推。

4. 以左上角小电脑教室为例，CAP引出6条回路，每回路设8个电源插座，均匀布置，每回路配线电缆参见电施-5。其余依次类推。

5. 本图中出现的APFP配电箱是供电风机盘管，其系统图见电施-6，在此不做解释。

说明：

| 1.5kW | 风机盘管图例符号及其负荷 |

注：1. 各房间电脑配电箱出线敷设参照图纸中已有类似教室布置。
2. 各配电箱开孔谱与土建专业密切配合。

设计单位名称		××××电教信息大楼		
绘 图				
设 计		二层动力平面图		
校 对				
审 核				
专业负责人		比 例	设计阶段	施工图
工程负责人		日 期	档案号	S1234—电施-11

102

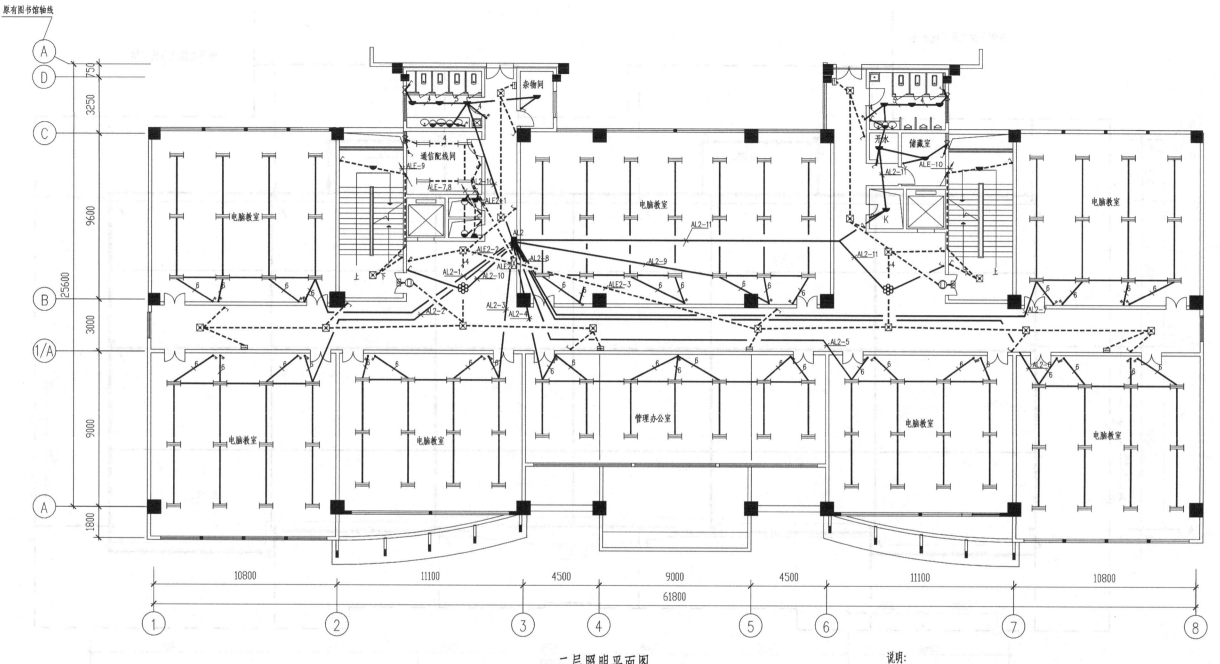

二层照明平面图

读图指导:

1. 结合电施-7读图。

2. 首先在③柱电梯旁找到AL2配电箱,共引出11路到各教室。其中AL2-1、AL2-2、AL2-3供左边3个小电脑教室照明;AL2-5、AL2-6、AL2-7供右边3个小电脑教室照明;AL2-4是供给中间管理、办公用教室照明;AL2-8、AL2-9分别接到中间的一间大电脑教室;AL2-8供左边12组灯具;AL2-9供右边9组灯具;AL2-10、AL2-11分别供左右两侧卫生间等照明。

3. 由电施-7图得知,从AL2引到小电脑教室的6路配线电缆为"BV-0.5 5×2.5mm² PC25 SCE 1.73kW",即塑料铜芯电线,耐压0.5kV,共5根导线,截面积为2.5mm²,配线方式为管径25的塑料管,沿天花板敷设,每路计算容量为1.73kW。其余依次类推。

4. 以左上角小电脑教室为例,AL2-1引出的是三相电源,每组灯具由3盏日光灯组成并分别由三相控制,房间共设4个三联开关,每个控制三组灯具,每一联开关控制该组灯具中同相灯管的开闭。

5. 本图中出现的走廊虚线照明供电属应急照明,其系统图见电施-8,在此不做解释。

说明:

1. 实线表示除特殊标注外为三相线路,注意各组灯具不同灯管的换相以避免频闪效应,虚线表示正常兼事故照明线路,除特殊标注外为单相。

2. 各房间三联开关每一联开关控制几组灯具中同相灯管的开闭。

3. 照明灯具安装需与暖通、弱电专业密切配合。

设计单位名称	××××电教信息大楼		
绘 图			
设 计		二层照明平面图	
校 对			
审 核			
专业负责人	比 例	设计阶段	施工图
工程负责人	日 期	档案号	S1234-电施-18

103

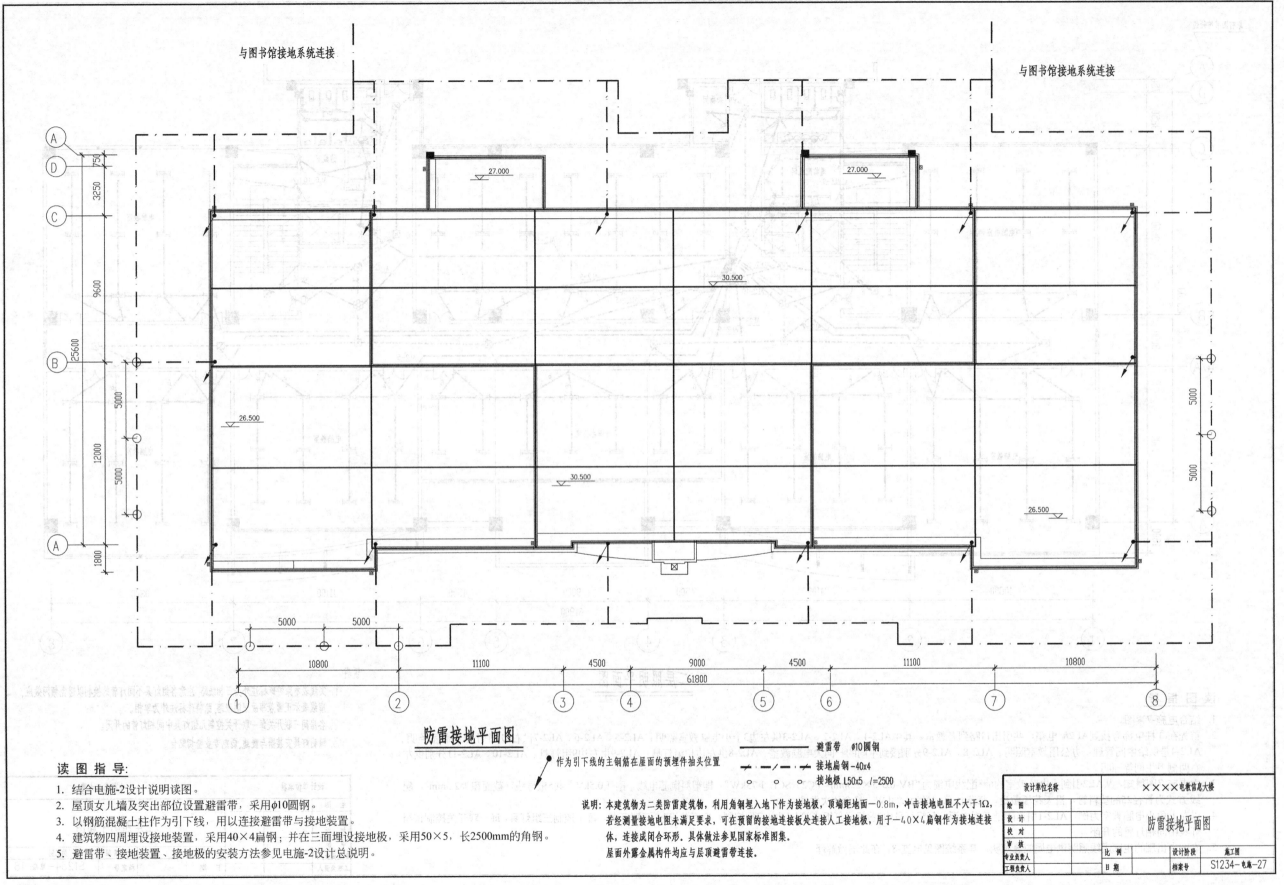

与图书馆接地系统连接

与图书馆接地系统连接

防雷接地平面图

作为引下线的主钢筋在屋面的预埋件抽头位置

避雷带 φ10圆钢

接地扁钢－40×4

接地极 L50×5 l=2500

读图指导:

1. 结合电施-2设计说明读图。
2. 屋顶女儿墙及突出部位设置避雷带,采用φ10圆钢。
3. 以钢筋混凝土柱作为引下线,用以连接避雷带与接地装置。
4. 建筑物四周埋设接地装置,采用40×4扁钢;并在三面埋设接地极,采用50×5,长2500mm的角钢。
5. 避雷带、接地装置、接地极的安装方法参见电施-2设计总说明。

说明:本建筑物为二类防雷建筑物,利用角钢埋入地下作为接地极,顶端距地面-0.8m,冲击接地电阻不大于1Ω,若经测量接地电阻未满足要求,可在预留的接地连接板处连接人工接地极,用于-40×4扁钢作为接地连接体,连接成闭合环形。具体做法参见国家标准图集。
屋面外露金属构件均应与层顶避雷带连接。

设计单位名称				
××××电教信息大楼				
绘 图				
设 计			防雷接地平面图	
校 对				
审 核				
专业负责人		比 例	设计阶段	施工图
工程负责人		日 期	档案号	S1234-电施-27

弱 电 设 计 总 说 明

一、本设计包括以下内容

1. 火灾自动报警及消防联动系统。

2. 电话系统。

二、弱电专业应按照下列设计规范及图册施工

1. 通信工程施工安装图册（水力电力出版社）。

2. 建筑设计防火规范（GB 50016—2014）。

3. 火灾自动报警系统设计规范（GB 50116—2013）。

4. 火灾自动报警系统施工及验收规范（GB 50166—2007）。

5. 工业企业通信接地设计规范（GBJ 79—1985）。

三、火灾自动报警及消防联动系统

1. 消火栓系统

消火栓箱内设消火栓启动按钮，与手动报警按钮均可直接启动消防泵。

消防泵及消防控制室参见原图书馆消防控制室设计。

2. 自动喷水灭火系统

火灾时，电教信息中心水流指示器动作，图书馆消防控制中心内发出声光报警，显示着火区域，图书馆水泵房湿式报警阀动作，同时压力开关动作，通过输入模块将电信号送至消防中心，发出声光报警，并起动喷淋泵。

电教信息中心水流指示器前装信号闸阀，其信号送至图书馆消防中心，以便监控其启、闭状态。

3. 消防广播系统

二层及二层以上的塔楼发生火灾时，先接通着火层极其相邻两层的火警广播，同时接通疏散楼梯间的所有火警广播，关闭背景音乐。

首层发生火灾时，先接通本层、二层及底层（设备层）火警广播。

4. 中央空调系统

火灾时关闭着火层所有的新风机组及风机盘管的电源，并显示新风机组及风机盘管的电源状态。

四、综合布线系统

本设计原则上是参照新地网络IBDN结构化布线系统进行的，设计着重于信息点及管线布置，并配合土建设计铺通管路，以便专业厂商施工安装IBDN，鉴于此，本设计没有考虑有线电视系统管线布置设计。系统设备选型、成套及安装均由学院自定。

五、接地系统

工程设计采用联合接地，由强电专业统一考虑，接地电阻不大于1Ω。

六、线路敷设

消防控制中心内所有线路均在活动地板下敷设，各层竖井及吊顶内采用钢管及PVC管明敷。

七、施工时请密切与建筑、电气、暖通、水道专业配合，做好预理工作。

八、图例符号表。

图 例 符 号 表

符号	设 备 名 称	安装方式及高度	型 号	数 量
□	感温探测器	D		
S	感烟探测器	D	SD6600	150
Y	手动报警按钮	H=1.5m	SD6011	15
⌂	壁式扬声器	H=2.0m	SD8013	30
⊟	火警电话分机	H=1.5m	SD9110	2
⌒	警铃	H=2.0m	SD7019	14
◎	火警电话插孔	H=1.5m	SD9013	15
⋈	信号蝶阀			
FV	水流指示器			
⊗	消火栓启泵按钮	消火栓箱内设	SD6011	15
●	消防栓			
⋈	湿式自动报警阀			
SD6010	总线隔离模块	模块端子箱内	SD6010	3
SD6012	输入模块	模块端子箱内	SD6012	13
SD6013	输入模块	模块端子箱内	SD6013	21
SD6014	单切换模块	模块端子箱内	SD6014	9
⊠	模块端子箱	H=1.4m		7
	消防控制联动总线			
— — —	火警广播线			按需
— · — · —	火警电话线			按需
⋌⋌⋌	电缆托盘			
⊕	电话插座	（原理图）		
⊕	分线盒	H=1.6m		
⊠	电话分线箱	H=1.6m		
— — — —	电话线			
▱	中央空调散流器			按需
⊠	中央空调新风口			
⊏⊐	中央空调回风口			

安装方式说明：

D 吸顶式安装；M 挂墙式明装；R 嵌入式安装

读图指导：

1. 首先说明本弱电施工图的设计内容及设计依据，遵照相关设计规范施工及验收。

2. 给出本弱电施工图所用图例。

3. 对火灾报警及设备联动系统之间的控制关系做了统一说明。

4. 阅读相关电施图时，应对照该说明来看。

设计单位名称		××××电教信息大楼		
绘 图			弱电设计总说明	
设 计				
校 对				
审 核				
专业负责人		比 例	设计阶段	施工图
工程负责人		日 期	档案号	S1234-电施-28

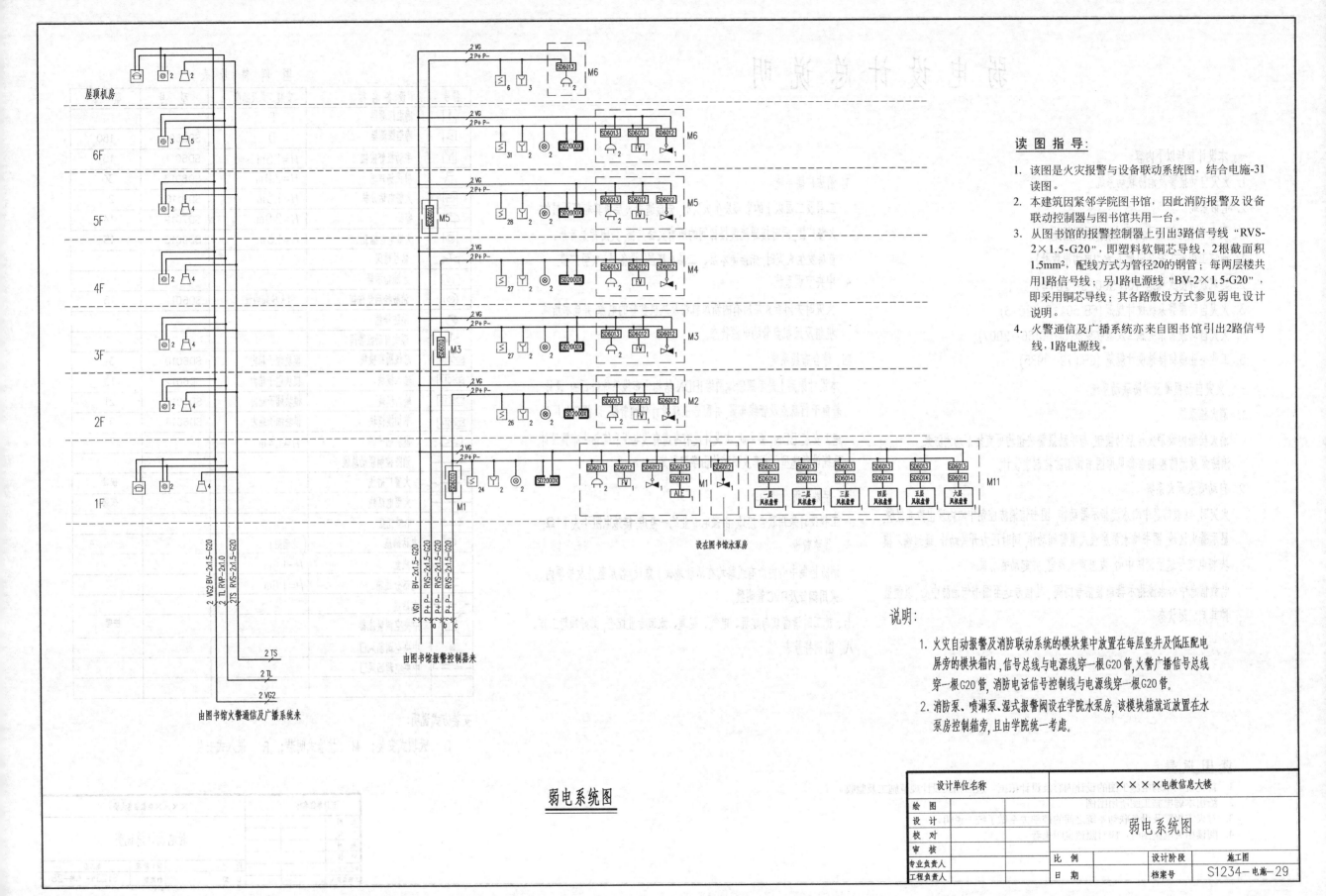

读图指导:

1. 该图是火灾报警与设备联动系统图,结合电施-31读图。

2. 本建筑因紧邻学院图书馆,因此消防报警及设备联动控制器与图书馆共用一台。

3. 从图书馆的报警控制器上引出3路信号线"RVS-2×1.5-G20",即塑料软铜芯导线,2根截面积1.5mm²,配线方式为管径20的钢管;每两层楼共用1路信号线;另1路电源线"BV-2×1.5-G20",即采用铜芯导线;其各路敷设方式参见弱电设计说明。

4. 火警通信及广播系统亦来自图书馆引出2路信号线,1路电源线。

说明:

1. 火灾自动报警及消防联动系统的模块集中放置在每层竖井及低压配电屏旁的模块箱内,信号总线与电源线穿一根G20管,火警广播信号总线穿一根G20管,消防电话信号控制线与电源线穿一根G20管。

2. 消防泵、喷淋泵、湿式报警阀设在学院水泵房,该模块箱就近放置在水泵房控制箱旁,且由学院统一考虑。

弱电系统图

设计单位名称	××××电教信息大楼		
绘 图		弱电系统图	
设 计			
校 对			
审 核			
专业负责人	比 例	设计阶段	施工图
工程负责人	日 期	档案号	S1234-电施-29

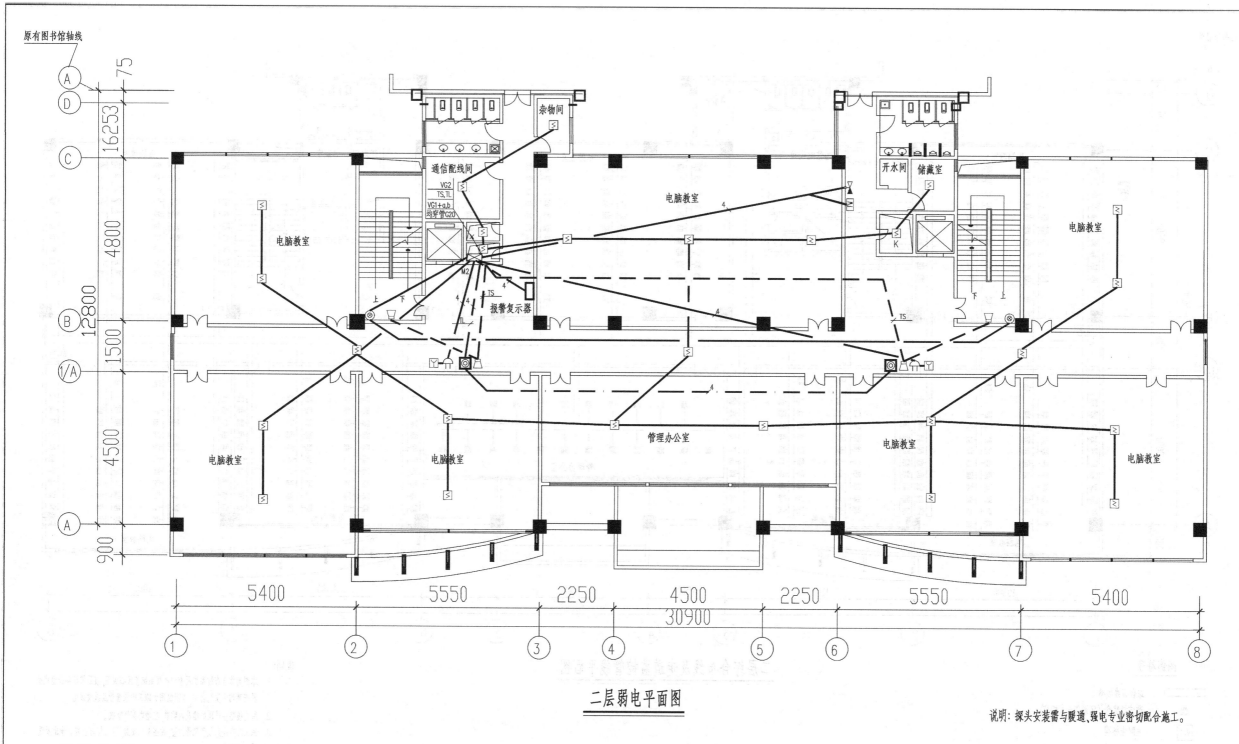

原有图书馆轴线

杂物间

通信配线间
VG2
TS,TL
VG1+a,b
均穿管G20

电脑教室

电脑教室

开水间　储藏室

电脑教室

M2

报警复示器

电脑教室

电脑教室

管理办公室

电脑教室

电脑教室

二层弱电平面图

说明：探头安装需与暖通、强电专业密切配合施工。

读图指导：

1. 结合电施-29读图。
2. 首先二层与一层共用1条回路，其引出线在左边电梯旁。
3. 二层共安装27个温感探头，2个烟感探头，2个手动报警按钮，其布置位置由图中图形符号所示。每个元件为并联关系，不需接电源线。
4. 联动系统的模块集中放置在竖井旁的模块箱M2中，每个模块需与电源线相连，控制的警铃等设备布置由图中图形符号所示。
5. 探头等各设备的安装应符合设计说明中的相关设计、施工规范。

设计单位名称	××××电教信息大楼		
绘 图			
设 计			二层弱电平面图
校 对			
审 核			
专业负责人		比 例	设计阶段	施工图
工程负责人		日 期	档案号	S1234-电施-31

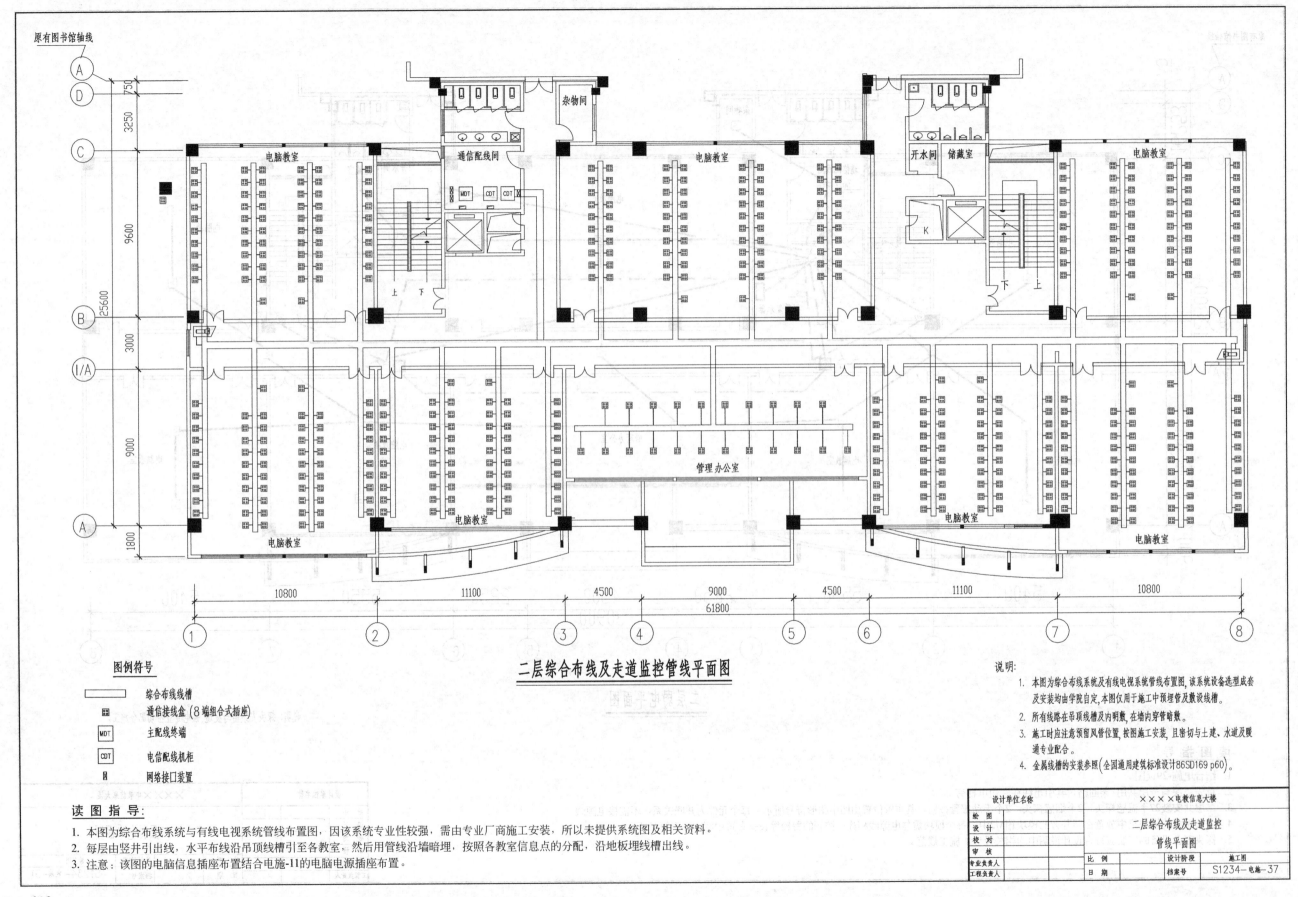

二层综合布线及走道监控管线平面图

图例符号：

▭	综合布线线槽
▥	通信接线盒（8端组合式插座）
MDT	主配线终端
CDT	电信配线机柜
⊠	网络接口装置

说明：

1. 本图为综合布线系统及有线电视系统管线布置图，该系统设备选型成套及安装均由学院自定，本图仅用于施工中预埋管及敷设线槽。
2. 所有线路在吊顶线槽及内明敷，在墙内穿管暗敷。
3. 施工时应注意预留风管位置，按图施工安装，且密切与土建、水道及暖通专业配合。
4. 金属线槽的安装参照（全国通用建筑标准设计86SD169 p60）。

读图指导：

1. 本图为综合布线系统与有线电视系统管线布置图，因该系统专业性较强，需由专业厂商施工安装，所以未提供系统图及相关资料。
2. 每层由竖井引出线，水平布线沿吊顶线槽引至各教室，然后用管线沿墙暗埋，按照各教室信息点的分配，沿地板埋线槽出线。
3. 注意：该图的电脑信息插座布置结合电施-11的电脑电源插座布置。

设计单位名称		××××电教信息大楼	
绘图		二层综合布线及走道监控	
设计		管线平面图	
校对			
审核			
专业负责人		比例	设计阶段 施工图
工程负责人		日期	档案号 S1234-电施-37

108

综合练习题

学习小结：

了解建筑动力配电、照明配电、变配电室、防雷与接地的设计方法与读图方法，常用图例符号。

一、填空题

1. 电施-2 图幅为（　　　）。
2. 4AA-1 回路用途是（　　　）。
3. 4AA-4 回路采用电缆型号规格为（　　　）。
4. 4AA 柜宽为（　　　）。
5. 本建筑有（　　　）处引下线。
6. 配电箱 CAP6 的总开关额定电流为（　　　）。
7. 本建筑一层有（　　　）个照明配电箱。
8. 配电所电缆沟中电缆支架为（　　　）层。
9. 本建筑供电采用（　　　）进线。
10. 配电所接地镀锌扁钢的规格为（　　　）。
11. 本建筑有火警电话分机（　　　）台。
12. 本建筑火灾自动报警系统信号总线和电源总线穿一根（　　　）管。

二、选择题

1. 4AA 柜的零线母线排的规格为（　　　）。
   A. 60×6　　　　B. 80×8　　　　C. 100×10　　　　D. 40×4
2. 4AA-7 回路设备容量为（　　　）。
   A. 8.24　　　　B. 15.06　　　　C. 16.74　　　　D. 18.8
3. 低压柜的基础预埋角钢尺寸为（　　　）。
   A. L50×5　　　B. L40×4　　　C. L60×5　　　D. L30×3
4. 照明配电箱 AL3 有（　　　）备用回路。
   A. 4　　　　　B. 1　　　　　C. 2　　　　　D. 3
5. 照明配电箱 AL2—9 回路接有（　　　）盏荧光灯。
   A. 7　　　　　B. 9　　　　　C. 8　　　　　D. 6
6. 屋顶避雷带采用（　　　）。
   A. ϕ8 圆钢　　B. -40×4 扁钢　　C. ϕ10 圆钢　　D. -20×3 扁钢
7. 本建筑装有（　　　）组接地极。
   A. 2　　　　　B. 3　　　　　C. 4　　　　　D. 1
8. 电缆 YJV-1KV-4×95+1×50 是（　　　）芯电缆。
   A. 5　　　　　B. 4　　　　　C. 3　　　　　D. 2
9. 电缆 YJV-1KV-5×10 截面积为（　　　）。
   A. 5mm²　　　B. 50mm²　　　C. 15mm²　　　D. 10mm²
10. BV 的含义是（　　　）。
   A. 塑料绝缘线　B. 橡胶绝缘线　C. 铜芯塑料绝缘线　D. 铝芯塑料绝缘线
11. 本建筑火灾自动报警系统用了（　　　）回路信号线。
   A. 4　　　　　B. 3　　　　　C. 2　　　　　D. 1
12. 本建筑火灾自动报警系统用了（　　　）个感烟探测器。

A. 150　　　　　B. 140　　　　　C. 170　　　　　D. 168

三、判断题

1. 本建筑采用低压进线，所以没有变压器。（　　　）
2. 4AA 柜为 9 回路，其中 2 回路作备用。（　　　）
3. 4AA-1 回路开关的额定电流为 100A。（　　　）
4. 本建筑每层有一个电脑电流总配电箱。（　　　）
5. 本建筑每层只有一个照明配电箱。（　　　）
6. PE 线表示保护接地线。（　　　）
7. N 线表示工作接地线，也即零线。（　　　）
8. 本建筑照明线采用穿钢管暗敷。（　　　）
9. 本建筑有一个强电井和一个弱电井。（　　　）
10. 本建筑接地极采用 L50×5 的角钢，长度为 2500mm。（　　　）
11. 本建筑未单独设消防中心，其火灾自动报警系统由图书馆引入。（　　　）

四、问答题

1. 从图纸目录上，试将本工程电气图纸归纳图纸类别。

2. 查找相关民用建筑和一般工业建筑设计规范，找出该信息大楼电气总说明中相应的施工规范。

3. 查找国家标准电气图例手册，找出本施工图所用图例。

4. 电施-3（3）图中共分有 6 条回路，请说明每条回路的用途。每条回路是单相还是三相？并用文字说明所用电缆的规格、根数、外径等。

5. 低压配电设备对接地装置的要求是什么？

6. 结合电施-11，该信息大楼电脑配电箱通常安装在楼层的什么部位？

7. 电施-11 图中各配电箱的安装高度是多少？

8. 该信息大楼一共有几个照明配电箱？分别针对什么地方的照明？

9. 结合电施-18，楼层照明配电箱通常安装在楼层的什么部位？

10. 结合电施-18，以左上角小电脑教室为例，二层照明平面图中的 CAP 引出 6 条回路，每回路设 8 个电源插座，均匀布置，请问每条回路引出几根线？

11. 该信息大楼采用的是何种避雷方式？是避雷带还是避雷针？引用了几处主钢筋作为引下线？

12. 避雷带通常采用什么材料。

13. 查找相关民用建筑消防设计规范，找出该信息大楼弱电说明中相应的施工规范。该设计说明涉及几个建筑弱电系统？

14. 该信息大楼的消防报警系统共用了多少个感温探测器、感烟探测器？

15. 查找相关规范，论述温感探测器的安装要求。

16. 该信息大楼共有多少个网络信息点？每个信息点采用什么样的通信接线盒？

17. 综合布线通常采用什么线缆？

第7章　室内装饰施工图读解

7.1　室内装饰施工图概述

7.1.1　室内装饰构造的作用

室内装饰构造的作用一方面保护主体结构，使主体结构在室内外各种环境因素作用下具有一定的耐久性；另一方面是为了满足人们的使用要求和精神要求，进一步实现建筑的使用和审美功能。装饰室内部分构造见图 7-1。

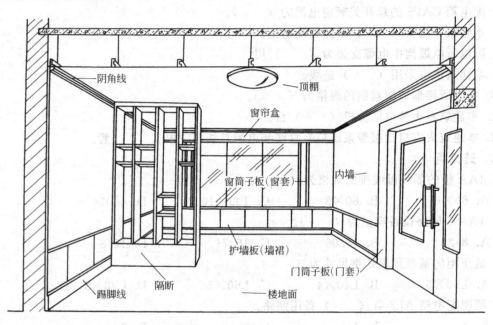

图 7-1　室内装饰构造概念

7.1.2　室内装饰施工图的特点

室内装饰施工图总的来讲仍属于建筑工程施工图，因此其画法、要求及规定应与建筑工程施工图相同。但由于两者表达的内容侧重点不同，因此在表现方法、图面要求及一些表达方面也不完全相同。另外由于室内装饰设计国家目前尚无统一绘图标准与规则，因此表现在装饰设计的图样中也很多、手法各异。与建筑工程施工图差别较大。下面仅就装饰工程图中特殊之处简要说明如下。

（1）省略原有建筑结构材料及构造

由于室内装饰与装修是在已建房屋中进行二次设计，即只在房屋表面进行装修，因此在装饰设计、施工中只要不更改原有建筑结构，画图时便可省略原建筑结构的材质及构造而不予表现。

（2）装饰工程平、立面布置施工图中可加配景

在装饰工程施工图中有时为了增强对装饰效果的艺术感受或感染力，在平、立面布置图中允许加画配景，如花草、树及人物等，这种图只适用于小型室内装修。

（3）装饰工程施工图中尺寸的灵活性

在建筑施工图中尺寸必须完整、准确，满足不同工种施工时对尺寸的要求；然而在装饰工程

施工图中，特别是其基本图样中，可只标注影响施工的控制尺寸；对有些不影响工程施工的细部尺寸，图中也可不必细标，允许施工操作人员在施工中按图的比例量取或依据实情现场确定。

（4）装饰工程图施工中图示内容的不确定性

装饰设计中对家具、家电及摆设等物品在施工图中只提供大致构想，具体实施可由用户根据爱好自行确定。

（5）装饰工程施工图中常附以效果图与直观图

效果图是进行装饰工程设计的基础和依据，施工图是设计效果的再现。为保证准确再现装饰设计的效果，在装饰工程施工图中多附上效果图或直观图，帮助施工人员理解设计意图并更好地进行工程施工。特别是在家具、摆设及一些固定设施等设计时，多配以透视图或轴测图。

7.2 图纸的组成和编排

建筑装饰施工图分基本图样和详图两部分。基本图样包括装饰平面图、装饰立面图、装饰剖面图；详图包括装饰构配件详图和装饰节点详图。室内装饰施工图一般应包括以下一些内容。

7.2.1 图纸目录

图纸目录内容有序号、图纸名称、编号、张数等。

7.2.2 平面布置图

装饰设计中平面布置图（也称平面图），主要用来说明房间内各种家具、家电、陈设及各种绿化、水体等物体的大小、形状和相互关系，同时它还能体现出装修后房间可否满足使用要求及其建筑功能的优劣。另外平面图也是集建筑艺术、建筑技术与建筑经济于一体的具体表现，是整个室内装饰设计的关键。

7.2.3 吊顶平面图

吊顶设计是装饰工程设计的主要内容，设计时要用镜像投影法绘制吊顶平面图（或称天花平面图），可简称顶面图。顶面图主要用来表现天花板中藻井、花饰、浮雕及阴角线的处理形式；另外顶面图中还要表明顶棚上各种灯具的布置状况及类型、顶棚上消防装置和通风装置布置状况及装饰形式。

7.2.4 地面（坪）装饰平面图

地面（坪）装饰平面图就是地表面的水平投影图，它只用来表现地面装修的花饰及做法。所以当地面装修所用的材料单一，并无分格或装饰划分时，可不必绘制地面（坪）装饰平面图，而直接在平面布置图中表现。

7.2.5 立面布置图、装修立面图等

立面布置图，是表现室内墙面装饰及布置的图样，它除了确定墙面装修外，可画出墙面上可移动的装饰品，以及地面上陈设家具等设施，供观赏、检查室内设计艺术效果。可作为小型室内装修施工的依据，但不能作为大、中型正规装饰工程施工的依据。

室内装饰的装修立面图是施工操作人员对装饰设计进行施工的依据，同建筑施工图一样不允许有阴影和配景。它的形成实质是某一方向墙面的正面投影。主要表现某一设定方向的墙面上与其相关的装饰、装修内容，而其他可移动的装饰物品，则可省去不予表现。

7.2.6 剖面图：整体剖面图、局部剖面图等

装饰剖面图和建筑剖面图一样，是将房间主要构造部位剖开，用粗实线画出剖切部位，用细实线画出剖切部分。既可以看到立面也可看到封闭的吊顶上部空间；更可以了解地面、墙体、吊顶等细部构造，是实现平面设计、立面设计的具体措施，成为室内装饰施工构造实体的依据。剖面图分为整体剖面图和局部剖面图，整体剖面图是将房间整体剖开，反映了整个房间的装修构造，局部剖面图是将平、立面中局部位置剖开，以便了解其内部构造。

7.2.7 构造详图

装饰详图与建筑详图一样，是以较大比例绘制的能表明在平面图、立面图中无法表达的部位的详细图样。

室内装饰详图涉及的内容非常广泛，数量很大，它既包括装修设计剖面详图，也包括装饰设计面层大样图。它是装饰平面图、立面图的深入和补充，也是指导装修施工的依据。常见装饰剖面详图有以下几种。

（1）地面构造装修详图

不同地面（坪）图示方法不尽相同。一般若地面（坪）做有花饰或图案时应绘出地面（坪）花饰平面图。对地面（坪）的构造则应用断面图表明，地面具体做法多用分层注解方式表明。

（2）墙面构造装修详图

一般进行软包装或硬包装的墙面需绘制装修详图，墙面装修详图通常包括墙体装修立面图和墙体断面图。

（3）隔断装修详图

隔断是室内设计时分割空间的有效手段，隔断的形式、风格及材料与做法种类繁多。隔断通常可以用隔断整体效果的立面图、结构材料及做法的剖面图和节点立体图来表示。

（4）吊顶装修详图

室内吊顶也是装修设计主要的内容，其形式也很多。一般吊顶装修详图应包括吊顶平面搁栅布置图和吊装、固定方式节点图等。

（5）门、窗装饰构造详图

在装饰设计中门、窗一般要进行重新装修或改建。因此门、窗构造详图是必不可少的图示内容。其表现方法包括：表示门、窗整体的立面图和表示具体材料、构造的节点断面图。

（6）其他详图

在装饰工程设计中有许多建筑配件需要装饰处理，如门、窗及楼梯扶手、栏板、栏杆等，这些部位如做重点装饰时，在平、立面上是很难表达清楚的，因此将需要进一步表达的部位另画大样图。这就是建筑配件装饰大样图。

在装饰部件大样图中，除了对建筑配件进行装饰处理外，还有一些装饰部件。如墙面、顶棚的装饰浮雕、通风口的通风算子、栏杆的图案构件及彩画装饰等，设计人员常用1:1的比例画出它的实际尺寸图样，并在图中画出局部断面形式，以利于施工。这类大样图主要用于高级装修中要求具有一定风格特点的装修工程中。目前，装饰材料市场上，已有多种大量的木制的、金属的、石膏的、玻璃钢的装饰部件，只要选用得当，就可以直接应用在装饰工程设计中，在常规的装饰工程中就不必再画出这类大样图了。

7.2.8 专业配合装饰设计图

① 结构专业：根据装饰设计对原建筑结构加固、局部改造等施工图。

② 水、暖、通风及空调专业：对装饰设计的布置、系统施工图等。

③ 电气专业：对装饰设计的布置、系统施工图等。强电有照明及水、暖、通风及空调、消防控制系统施工图；弱电有电话、广播、电视、办公自动化、安全控制系统施工图。

④ 园林专业：屋顶花园、室内环境绿化、水体设计等施工图。

建筑装饰工程图纸的编排顺序原则是：表现性图纸在前，技术性图纸在后；装饰施工图在前，室内配套设备施工图在后；基本图在前，详图在后；先施工的在前，后施工的在后。

7.3 读图方法和步骤

阅读室内装饰施工图，除应了解室内装饰工程图的特点外，还应按照一定的顺序、步骤以及

相互对照进行识图，才能比较迅速全面地读懂图纸，以实现读图的意义和目的。

7.3.1 先看图纸目录

了解工程名称、项目内容、设计日期、主要需图纸表达的图纸项目。

7.3.2 看平面布置图

了解平面布置图中的尺寸主要是房间的净尺寸及家具、家电与设施之间定位尺寸，部分固定设施的大小尺寸，了解房间内各种家具、家电、陈设及各种绿化、水体等物体的大小、形状和相互关系，原建筑结构，以及装修的剖面位置和投影方向。

7.3.3 看吊顶平面图

了解天花板表面局部起伏变化状况，天花板上各种灯具的布置状况及类型，天花板中藻井、花饰、浮雕和阴角线的处理形式，天花表面所使用的装饰材料的名称及色彩，另外还有顶棚上消防装置和通风装置布置状况与装饰形式。

7.3.4 看地面（坪）平面图

了解地面装饰的图案、花饰等做法，所用材料及色彩。

7.3.5 看室内装饰立面图

了解投影方向指定的墙面上外装修的划分及材料、色彩，工艺要求，墙面上设置的壁灯形式及位置与数量，与墙体相结合的壁龛、壁炉及与其相关的柜橱或博古架等装修内容，墙面上门、窗的形式，材料及相关的窗帘盒、窗帘等织物的设计形式，装修所需的竖向尺寸及横向尺寸。墙面局部剖切的位置及放大的详图索引。

7.3.6 看装饰剖面图

了解剖面图所剖之处暴露出装饰构件的内部结构所用材料、色彩、规格以及施工方法等方面的要求。

7.3.7 看装饰详图

了解详图尺寸，详图中对装修部位的材料、色彩、种类规格及施工工艺。

7.4 读图实例

本工程系深圳市信托花园×栋复式住宅，框架—剪力墙结构，建筑面积约380m²，该工程装饰风格简洁、明快，富于现代气息。本书仅挑选部分打"√"的图纸，加以读图指导。

序号	图 纸 名 称	图 号	规格	附 注	本图册选用
1	图纸目录	S5678-饰施-1	A3		✔
2	信托花园首层平面布置图	S5678-饰施-2	A3		✔
3	信托花园首层天花平面布置图	S5678-饰施-3	A3		✔
4	主客厅立面	S5678-饰施-4	A3		✔
5	餐厅立面	S5678-饰施-5	A3		✔
6	餐厅立面	S5678-饰施-6	A3		
7	一层走廊立面 客厅艺术造型剖面、大样	S5678-饰施-7	A3		✔
8	壁龛立面、剖面详图	S5678-饰施-8	A3		
9	二层平面布置图	S5678-饰施-9	A3		
10	二层天花平面布置图	S5678-饰施-10	A3		
11	二层起居室立面图	S5678-饰施-11	A3		
12	主卧室立面图	S5678-饰施-12	A3		
13	主卧室洗手间立面图	S5678-饰施-13	A3		
14	二层洗手间立面图	S5678-饰施-14	A3		
15	女儿墙立面图	S5678-饰施-15	A3		

设计单位名称与徽标

	签 名 SIGNATURE		设计项目 PROJECT	信托花园×栋复式房
设计 DESIGN		图 纸 目 录	设计阶段 DESIGN STAGE	施工图
制图 DRAW			图号：DRAWING No.	
校核 CHECK			S5678-饰施-1	
审核 APPR.		合同号 CONTRACT NO.	专业 装饰 / 第 1 张 共 1 张 SHEET OF / 比例 SCALE / 层次 REV.	

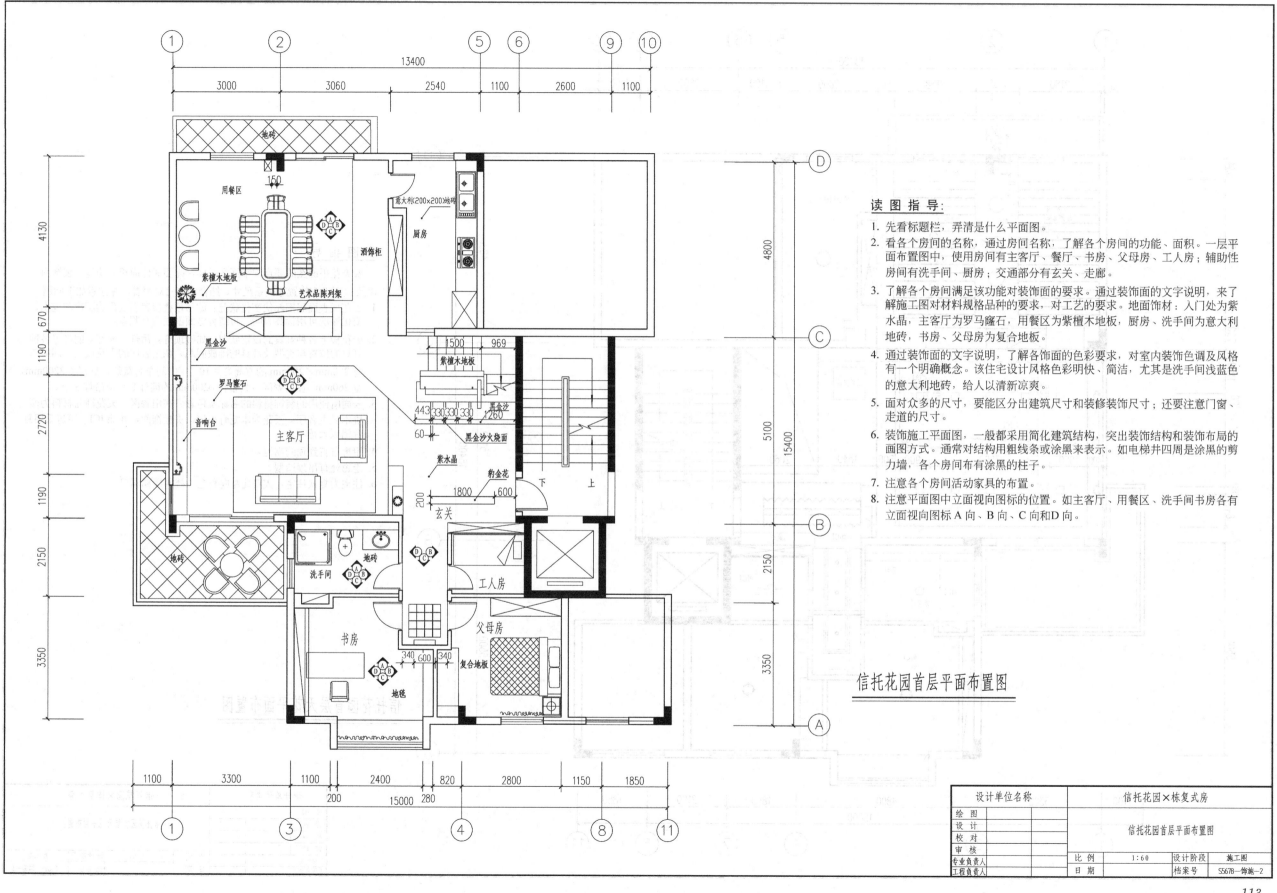

读 图 指 导：

1. 先看标题栏，弄清是什么平面图。

2. 看各个房间的名称，通过房间名称，了解各个房间的功能、面积。一层平面布置图中，使用房间有主客厅、餐厅、书房、父母房、工人房；辅助性房间有洗手间、厨房；交通部分有玄关、走廊。

3. 了解各个房间满足该功能对装饰面的要求。通过装饰面的文字说明，来了解施工图对材料规格品种的要求，对工艺的要求。地面饰材：入门处为紫水晶，主客厅为罗马隆石，用餐区为紫檀木地板，厨房、洗手间为意大利地砖，书房、父母房为复合地板。

4. 通过装饰面的文字说明，了解各饰面的色彩要求，对室内装饰色调及风格有一个明确概念。该住宅设计风格色彩明快、简洁，尤其是洗手间浅蓝色的意大利地砖，给人以清新凉爽。

5. 面对众多的尺寸，要能区分出建筑尺寸和装修装饰尺寸；还要注意门窗、走道的尺寸。

6. 装饰施工平面图，一般都采用简化建筑结构，突出装饰结构和装饰布局的画图方式。通常对结构用粗线条或涂黑来表示。如电梯井四周是涂黑的剪力墙，各个房间布有涂黑的柱子。

7. 注意各个房间活动家具的布置。

8. 注意平面图中立面视向图标的位置。如主客厅、用餐区、洗手间书房各有立面视向图标A向、B向、C向和D向。

信托花园首层平面布置图

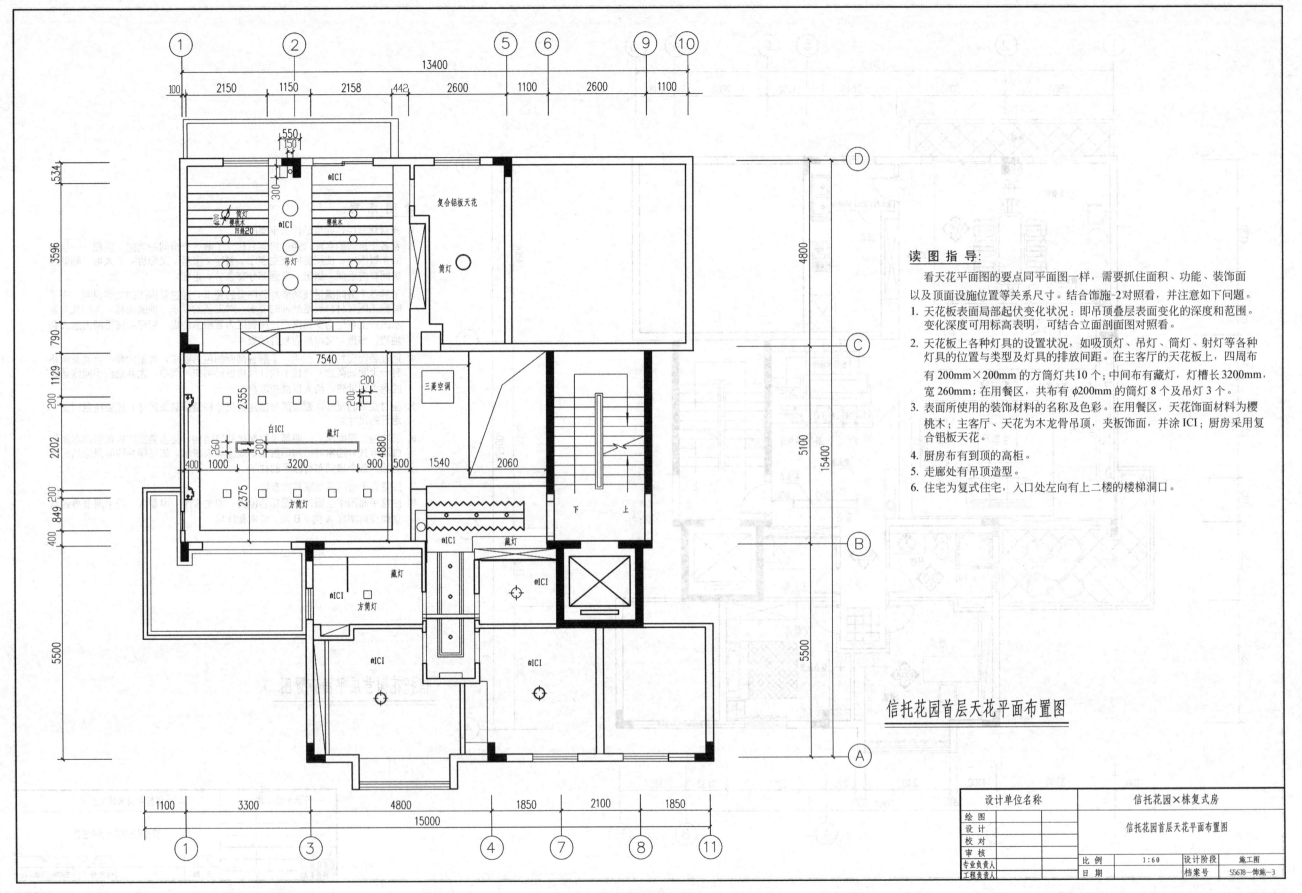

读图指导：

看天花平面图的要点同平面图一样，需要抓住面积、功能、装饰面以及顶面设施位置等关系尺寸。结合饰施-2对照看，并注意如下问题。

1. 天花板表面局部起伏变化状况：即吊顶叠层表面变化的深度和范围。变化深度可用标高表明，可结合立面剖面图对照看。

2. 天花板上各种灯具的设置状况，如吸顶灯、吊灯、筒灯、射灯等各种灯具的位置与类型及灯具的排放间距。在主客厅的天花板上，四周布有 200mm×200mm 的方筒灯共10个；中间布有藏灯，灯槽长3200mm，宽260mm；在用餐区，共布有 φ200mm 的筒灯 8 个及吊灯 3 个。

3. 表面所使用的装饰材料的名称及色彩。在用餐区，天花饰面材料为樱桃木；主客厅、天花为木龙骨吊顶，夹板饰面，并涂ICI；厨房采用复合铝板天花。

4. 厨房布有到顶的高柜。

5. 走廊处有吊顶造型。

6. 住宅为复式住宅，入口处左向有上二楼的楼梯洞口。

信托花园首层天花平面布置图

设计单位名称		信托花园×栋复式房			
绘图					
设计		信托花园首层天花平面布置图			
校对					
审核					
专业负责人		比例	1:60	设计阶段	施工图
工程负责人		日期		档案号	S5678—饰施—3

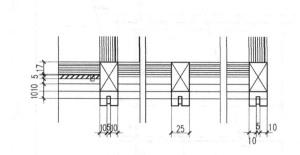

① 玄关柜剖面

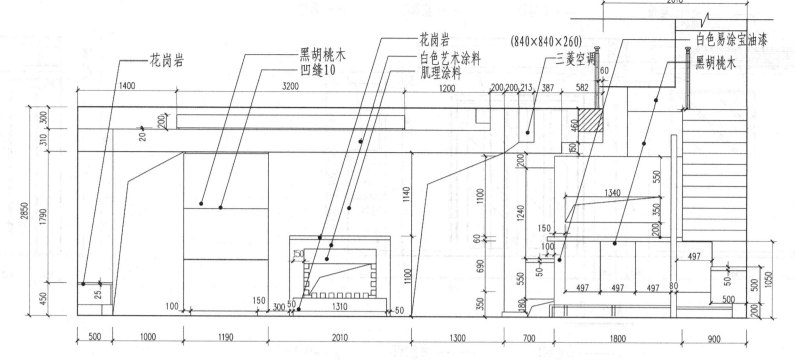

花岗岩　黑胡桃木　凹缝10　花岗岩　白色艺术涂料　肌理涂料　(840×840×260)　三菱空调　白色易涂宝油漆　黑胡桃木

A 立 面

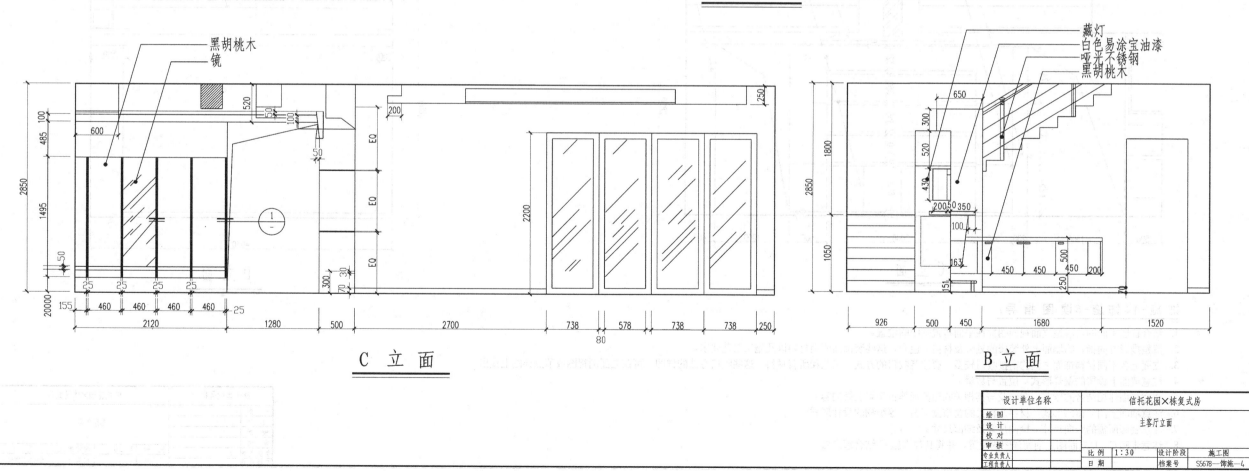

黑胡桃木　镜

C 立 面

藏灯　白色易涂宝油漆　哑光不锈钢　黑胡桃木

B 立面

设计单位名称		信托花园×栋复式房			
绘图		主客厅立面			
设计					
校对					
审核					
专业负责人		比例	1:30	设计阶段	施工图
工程负责人		日期		档案号	S567B—饰施—4

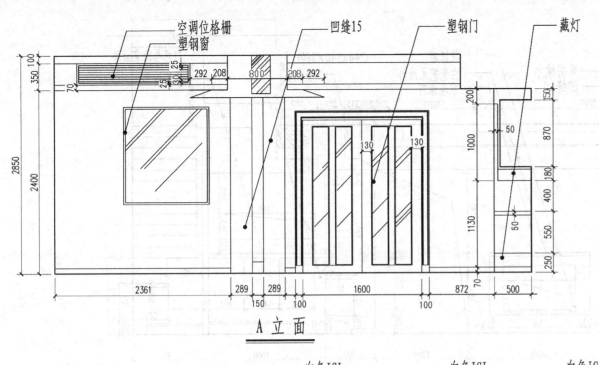

空调位格栅
塑钢窗
凹缝15
塑钢门
藏灯

A 立面

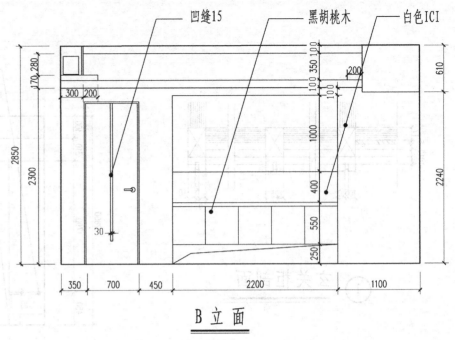

凹缝15
黑胡桃木
白色ICI

B 立面

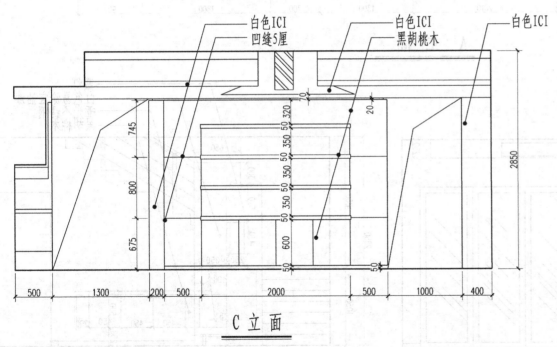

白色ICI
凹缝5厘
白色ICI
黑胡桃木
白色ICI

C 立面

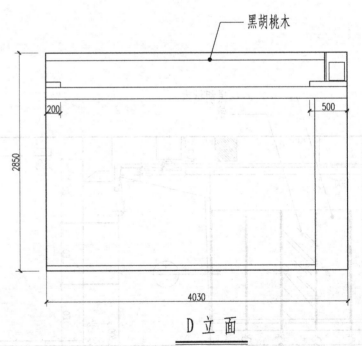

黑胡桃木

D 立面

饰施-4、饰施-5读图指导:

1. 结合首层平面图,清楚立面视向图标在平面布置图中的位置。
2. 清楚投影方向指定的墙面上外装修的划分及材料、色彩,这些装饰面所用材料以及施工工艺要求。
3. 立面上各不同材料饰面之间的衔接收口较多,要注意收口的方式、工艺和所有材料。这些收口方法的详图,可在立面剖视图或节点详图上找出。
4. 注意墙面上设置的壁灯形式、位置与数量。
5. 注意与墙体相结合的壁龛、壁炉及与其相关的柜橱或博古架等装修内容。
6. 注意墙面上门、窗的形式,材料及相关的窗帘盒、窗帘等织物的设计形式。
7. 注意装修所需的竖向尺寸、横向尺寸及细部尺寸。
8. 注意走廊C-D立面图上剖面详图的位置,并将其与饰施-7结合起来看。

设计单位名称		信托花园×栋复式房	
绘 图			
设 计		餐厅立面	
校 对			
审 核			
专业负责		比 例 1:30	设计阶段 施工图
工程负责		日 期	档案号 SS678-饰施-5

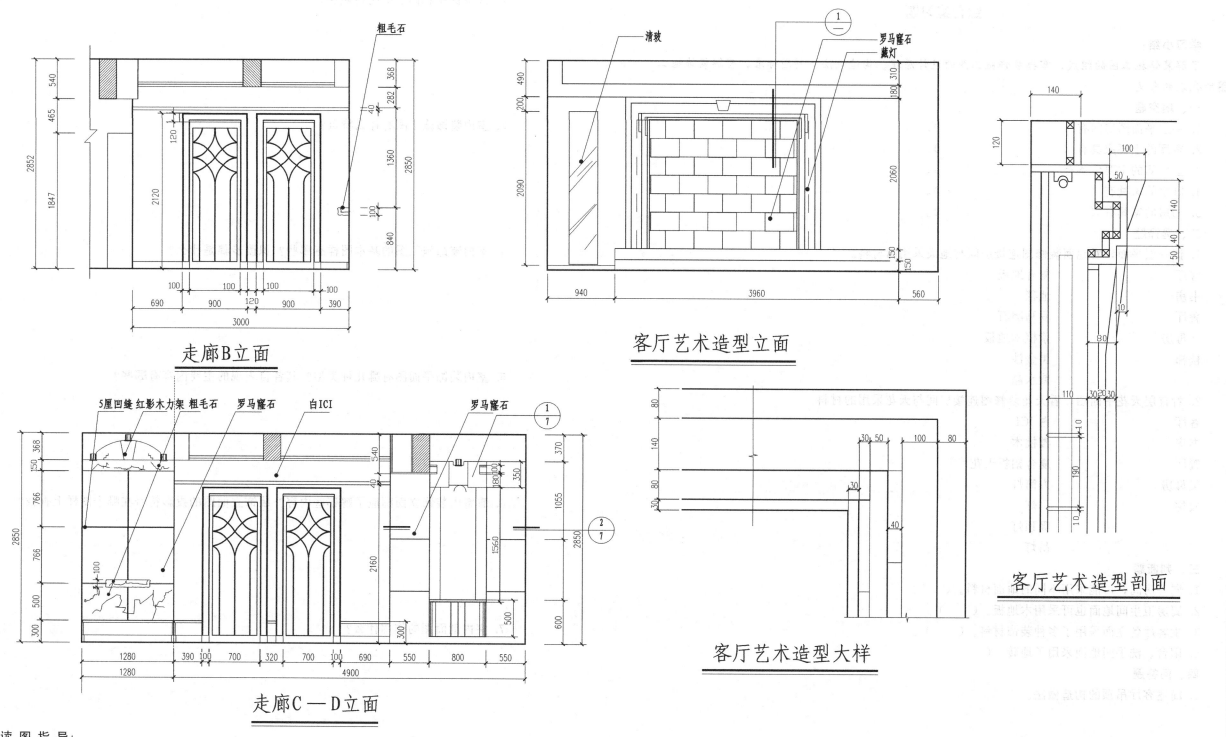

走廊B立面

客厅艺术造型立面

客厅艺术造型剖面

走廊C—D立面

客厅艺术造型大样

读图指导:

1. 看剖面图和大样图,首先要弄清楚该图从何处剖切而来。分清是从平面图上,还是从立面图上剖切的。剖切面的编号或字母,应与剖面图符号或节点图符号一致,所以看图时可根据这一点来找到剖切位置。

2. 注意剖切的方向和视图投影方向。所以看剖面图、节点图,应对照结合平面图与立面图一起进行。

3. 注意剖面图或节点图中所采用的材料及色彩。

4. 注意剖面图或节点图中各种材料结合方式,以及工艺要求。

5. 注意剖面图中横向尺寸、竖向尺寸及细部尺寸。

6. 注意大样图中的详图尺寸。

7. 了解剖面图所剖之处暴露出装饰构件的内部结构所用材料、色彩、规格以及施工方法等方面的要求。

8. 注意详图中对装修部位的材料、色彩、种类规格及施工工艺的要求。

9. 剖面图、详图细部较多也较复杂,应认真、细致,并结合所剖饰施-2、饰施-4,对照看。

设计单位名称		信托花园×栋复式房	
绘 图		一层走廊立面 客厅艺术造型剖面、大样	
设 计			
校 对			
审 核			
专业负责		比 例 1:30	设计阶段 施工图
工程负责		日 期	档索号 SS67B—饰施—7

综合练习题

学习小结：

　　了解装饰施工图的组成，掌握装饰施工图的设计原理、构造做法、制图标准，理解装饰施工图所代表的含义。

一、填空题

1. 一层平面图房间有（　　　　　　　　　　　）。
2. 客厅的主要家具有（　　　　　　　　　　　）。
3. 卫生间的主要设备有（　　　　　　　　　　）。
4. 卧室的家具有（　　　　　　　　　　　　　）。
5. 书房的家具有（　　　　　　　　　　　　　）。

二、选择题

1. 读一层平面，看地面装修图连接房间与地面采用的材料。

客厅　　　　　　　　　复合地板
书房　　　　　　　　　地毯
餐厅　　　　　　　　　罗马磨石
父母房　　　　　　　　紫檀木地板
楼梯　　　　　　　　　黑金沙
　　　　　　　　　　　紫水晶

2. 看首层天花平面图，看天花装修图连接房间与天花采用的材料。

客厅　　　　　　　　　白ICI
书房　　　　　　　　　樱桃木
餐厅　　　　　　　　　复合铝板天花
父母房　　　　　　　　方筒灯
楼梯　　　　　　　　　吊灯
　　　　　　　　　　　吸顶灯
　　　　　　　　　　　吊灯

三、判断题

1. 同一房间，可能采用不同的地面材料。（　　　）
2. 厨房卫生间地面也可采用木地板。（　　　）
3. 主客厅各立面采用了多种装饰材料。（　　　）
4. 阳台、洗手间地面采用了地砖。（　　　）

四、问答题

1. 简述客厅吊顶的构造做法。

2. A立面中花岗岩的构造做法。

3. 室内装饰施工图有什么特点？

4. 室内装饰施工图的基本图样有哪些？识读步骤是什么？

5. 室内装饰平面图有哪几种类型？其各自表现的主要内容有哪些？

6. 看室内装饰立面图应了解哪些内容？装饰立面图的投影符号在哪个图样上查找？

7. 室内剖面图的作用什么？

8. 室内装饰详图有哪几种？看装饰详图、装饰大样图应了解哪些内容？

9. 看吊顶平面图应了解哪些内容？

10. 看地面（坪）平面图应了解哪些内容？

第 8 章　建筑工程施工图的审核与 BIM 技术应用

施工图是进行建筑施工的依据，对建设项目建成后的质量及效果，负有相应的技术与法律责任。即便是在建筑物竣工投入使用后，施工图也是对该建筑进行维护、修缮、更新、改建、扩建的基础资料。特别是一旦发生质量事故，施工图则是判断技术与法律责任的主要依据。

建筑工程施工图是设计人员的思维成果，是理论的构思。这种构思形成的建筑物，是否完善，是否切合实际（环境的实际、施工条件的实际、施工水平的实际等），是否能够在一定的施工条件下实现，这些都要通过施工人员领会设计意图及审核图纸中发现问题、提出问题，由设计部门和建设单位、施工部门统一意见对施工图做出修改、补充，这样才能建成完美的建筑产品。

对图纸的审核，首先要领会设计意图才能按图施工，此外，从审核图纸的过程中，发现问题，提出问题，建议设计部门进行修改，达到能实现施工，保证质量和节约资金降低造价的目的。作为施工人员如果对设计图纸不理解，发现不了图纸上的问题，就会在施工生产中出现问题。因此看懂图纸，并领会设计意图和审核图纸是工程管理人员搞好施工的基本前提。

要做好审图工作，必须具备一定的技术理论水平，以及房屋构造和设计规范的基本知识。因此本章重点是在前面学会看建筑工程施工图的基础上，介绍如何审核图纸，从而提高看图水平，指导施工生产和管理。

8.1　建筑工程施工图中各类专业间的关系

一套完整的建筑工程施工图包括建筑设计施工图、结构设计施工图以及水、电、风等设计安装施工图。这些不同的图纸都是由不同专业的设计人员设计的。而各类专业图纸的设计都是依据建筑设计为基础的。因为每一座建筑的设计先由建筑师进行构思，从建筑物的使用功能、环境要求、历史意义、社会价值等方面确定该建筑的造型、外观艺术、平面的布局和结构形式。当然，作为一个建筑师也必须具备一定的结构常识和其他专业的知识，才能与结构工程师和其他专业的工程师相配合。另外，作为结构工程师在结构设计上应尽量满足建筑师构思的需要以及与其他专业设计的配合，达到建筑功能的充分发挥。比如建筑布置上需要大空间的构造，则结构设计时就不宜在空间中设置柱子，而要设法采用符合大空间要求的结构形式，如采用预应力混凝土结构、钢结构、网架结构等。再有如水、电、风的设计也都是为满足建筑功能需要配合建筑设计而布置的。

所以作为一个施工人员应该了解各专业设计中的主次配合关系，即以建筑施工图为"基准"。在审图时发现了矛盾和问题，就要按"基准"来统一，所以各类专业设计的施工图都要以建筑施工图这个"基准"为依据，以它为基础进行审图。

8.2　建筑施工图的审核

8.2.1　审核建筑总平面图

建筑总平面图是与城市规划有关的图纸，也是房屋总体定位的依据。尤其是群体建筑施工时，建筑总平面图更具有重要性。

对于建筑总平面图的审核，施工人员还应掌握大量的现场资料。如建筑区域的目前环境，将来可能发展的情形，建筑功能和建成后会产生的影响等。建筑总平面图一般应审核的内容如下。

① 对总图上布置的建筑物之间的间距，是否符合国家建筑规划设计的规范规定，前后房屋之间的距离，应为向阳面前房高度的 1.10～1.50 倍。

② 房屋横向（即非向阳的一边）之间，在总图上布置的相间距离，是否符合交通、防火和为设置管道需开挖的沟槽的宽度所需的距离。通常房屋横向的间距至少应有 3m。

③ 根据总平面图结合施工现场查核总图布置是否合理，有无不可克服的障碍，能否保证施工的实施。必要时可会同设计和规划部门重新修改总平面布置图。

④ 在建筑总平面图上如果包括绘制了水、电等外线图，则还应了解总平面图上所绘的水、电引入线路与现场环境的实际供应水、电线路是否一致。通过审核应取得一致。

⑤ 如总平面图上绘有排水系统的，则应结合工程现场查核图纸与实际是否有出入，能否与城市排水干管相联接等。

⑥ 查看设计确定的房屋室内建筑标高零点，即 ±0.000 处的相应绝对标高值是多少，以及作为引进标高的城市（或区域）的水准基点在何处。核对它与当地的自然地面是否相适应，与相近的城市主要道路的路面标高是否相适应。所谓能否相适应是指房屋建成后长期使用中会不会因首层 ±0.000 地坪太低或过高造成不当。必要时就要请城市规划部门前来重新核实。

⑦ 绘有新建房的管线的总图，可以查看审核这些管道线路走向、距离，是否能更合理些，可以从节约材料、能耗、降低造价的角度提出一些合理化建议，这也是审图的一个方面。

8.2.2 审核建筑平面图

建筑平面布置是依据房屋的使用要求、工艺流程等，经过多方案比较而确定的。因此审核图纸必须先了解建设单位的使用目的和设计人员的设计意图，并应掌握一定的建筑设计规范和房屋构造的要求，所以一般主要从以下几个方面来进行审图。

① 首先应了解建筑平面图的尺寸应符合设计规定的建筑统一模数。建筑模数国家规定以 M_0＝100mm 作为基本模数，以基本模数为标准还分为扩大模数和分模数，基本模数用符号 M_0 表示，扩大模数以 3 的倍数增长，有 $3M_0$、$6M_0$、$15M_0$、$30M_0$、$60M_0$ 等。相应尺寸为 300mm、600mm、1500mm 和 3000mm 等。分模数有 $1/10M_0$、$1/5M_0$、$1/2M_0$，相应尺寸为 10mm、20mm 和 50mm 等。

② 识读图纸时要查看平面图上的尺寸注写是否齐全，分尺寸的总和与总尺寸是否相符。若发现缺少尺寸，但又无法从计算求得，就要作为问题提出来。再如尺寸间互相矛盾，又无法得到统一，这些都是审图时应看出的问题。

③ 审核建筑平面内的布置是否合理，使用上是否方便。比如门窗开设是否符合通风、采光要求，在南方还要考虑房间之间空气能否对流，在夏季能否达到通风凉快。门窗的开关会不会"打架"；公共房屋的大间只开一个门能不能满足人员的流动；公用盥洗室是否便于找到，且又比较雅观，走廊宽度是否适宜，太宽浪费地方，太窄不便通行。

④ 查看较长建筑、公共建筑的楼梯数量和宽度是否符合人流疏散的要求和防火规定的安全要求（如图 8-1 所示）。某地推荐优秀设计的宾馆评定，由于该设计只有一座楼梯，虽然造型很美，但因不符合公共建筑防火安全应有双梯的要求，因而没有评上优秀。

⑤ 对平面图中的卫生间、开水间、浴室、厨房的地面标高要查看一下比其他房间低多少厘

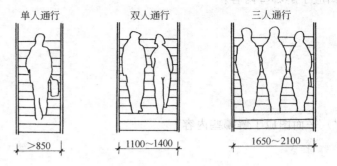

图 8-1 楼梯的宽度

米，以便施工时在构造上可以采取措施，再有坡向及坡度大小，如果图上没有标明，其他图上又没有依据可找，这也要在审图时作为问题提出。

⑥ 在识读屋顶平面图时，尤其是平屋顶屋面，应查看屋面坡度的大小，沿沟坡度的大小；查看落水管的根数是否能满足地区最大雨量的需要。因为有的设计图纸不一定是本地区设计部门设计的，对雨量气象不一定了解。如某屋顶由于挑檐高度较小，落水管数量不够，下暴雨时雨水从檐沟边上翻漫出来的情形。所以虽是屋顶平面图，有时看来图面很简单，但审核内容却不少。

有女儿墙的屋顶，砖砌女儿墙往往与下面的混凝土圈梁在多年使用中产生温差收缩差异而发生裂缝，使建筑很难看并渗水。如在审图中建议在圈梁上每 3m 有一构造柱，将砖砌女儿墙隔开，顶上再用压顶连接成整体，最后使用的结果，就比通常砖砌女儿墙好，没有明显裂缝。这是通过审图建议取得的效果。

⑦ 除了上述几点之外，在识读平面图时还要查看有哪些说明、标志及相配合的详图。结合查看可以审核它们之间有无矛盾，可以防止施工返工或修补的出现。

详细耐心的审图是很必要的，可以给施工带来不少方便，也可以增加工程的效益。

8.2.3 审核建筑立面图

建筑立面图往往反映出设计人员在建筑风格上的艺术构思。这种风格可以反映时代、反映历史、反映民族及地方特色。可以从以下几个方面来审核建筑立面图。

① 从图上了解立面上的标高和竖向尺寸，并审核两者之间有无矛盾。室外地坪的标高是否与建筑总平面图上的标高相一致。相同构造的标高是否一致等。

② 对立面上采用的装饰做法是否合适，也可以提出一些建议。如有些材料或工艺不适合当地的外界条件，如容易污染，或在当地环境中会被腐蚀，或材质上还不过关等。

③ 查看立面图上附带的构件如雨水落管、消防铁梯、雨篷等，是否有详图或采用什么标准图，如果不明确应作为问题记下来。

④ 更深一步的看，还可以对设计的立面风格、形式提出自己的看法和建议，如立面外形与所在地的环境是否配合，是否符合该地方的风格。

建筑风格和艺术的审核，需要有一定的专业水平和艺术观点，但并不是不可以提出意见和建议的。

8.2.4 审查建筑剖面图

① 通过识读图纸，了解剖面图在平面图上的剖切位置，根据看图经验及想像审核剖切得是否准确。再看剖面图上的标高与竖向尺寸是否符合，与立面图上所注的尺寸、标高有无矛盾。

② 查看剖面图本身如屋顶坡度是否标注，平屋顶结构的坡度是采用结构找坡还是构造找坡

（即用轻质材料垫坡），坡度是否足够等。再如构造找坡的做法是否有说明，均应查看清楚。并可对屋面保温的做法、防水的做法提出建议。比如在多雨地区屋面保温采用水泥珍珠岩就不太适应，因水分不易蒸发干，做了防水层往往会引起水汽内浸，引起室内顶板发潮等。有些防水材料不过关质量难以保证，这些都可以作为审图的问题和建议提出。

③ 楼梯间的剖面图也是必须审核的图纸。在许多住宅中碰到因设计考虑不完善，楼梯平台转弯处，往往净空高度较小，使用很不方便，人从该处上下有碰撞头部之危险，尤其在搬家时更困难。从设计规定上一般要求净高应大于或等于 2m，如图 8-2 所示。

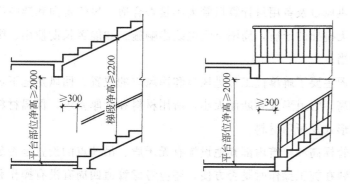

图 8-2 梯段及平台部位净高要求

8.2.5 审核施工详图（大样图）

① 对一些节点或局部处的构造详图也必须仔细查看。构造详图有在成套施工图中的，也有采用标准图集上的。

凡属于施工图中的详图，必须结合该详图所在建筑施工中的那张图纸一起审阅。如外墙节点的大样图，就要看是平面或剖面图上哪个部位。了解该大样图来源后，就可再看详图上的标高、尺寸、构造细部是否有问题或能否实现施工。

凡是选用标准图集的，先要看得是否合适，即该标准图与施工图是否配合。有些标准图在与施工图结合使用时，连接上可能要做些修改，这都是审阅图纸时可以提出来的。

② 审核详图时，尤其对标准图要看图上选配的零件、配件目前是否已经淘汰，或已经不再生产，不能不加调查就照图下达施工，否则会因没有货源再重新修改而耽误施工进度。

8.3 结构施工图的审核

8.3.1 审核基础施工图

基础施工图主要是两部分：一是基础平面图，另一是构造大样图。

① 在审核基础平面图时，应与建筑平面图的平面布置、轴线位置进行核对。并与结构平面图核对。相应的上部结构，有没有相应的基础。此外，也要对平面尺寸、分尺寸、总尺寸等进行核对。以便在施工放线时应用无误。

② 对于基础大样图，主要应与基础平面图"对号"。如大样图上基础宽度和平面图上是否一致，基础对轴线是偏心的还是中心的。

基础的埋置深度是否符合地质勘探资料的情况，发现矛盾应及时提出。还有，也可以对埋置过深又没有必要的基础设计，提出合理化建议，以便降低造价，节省工时。

③ 如果在原有建筑物边上进行新建筑的施工，那么审核基础施工图时，还应考虑老建筑的基础埋深，必要时应对新建筑基础深度做适当修改。达到处理好新老建筑相邻基础之间受力关系，防止以后出现问题。

④ 在审图时还应考虑基础中有无管道通过，以及图上的标志是否明确，所示构造是否合理。

⑤ 查看基础所用材料是否说明清楚，尤其是材料要求和强度等级，同时要考虑不同品种时施工是否方便或应采取什么措施。比如某工程遇到过一个基础混凝土强度等级为 C15，而上部柱子及地梁用 C20。看图时如果不认真，不注意，施工时不采取措施，就可能造成质量事故。

8.3.2 审核主体结构图

主体结构施工图是随结构类型不同而不同，因此审核的内容也不相同。

① 对于砖砌体为主的混合结构房屋，审核主要是掌握砌体的尺寸、材料要求、受力情况。比如砖墙外部的附墙柱，在审图时应了解它与墙是否共同受力，还是为了建筑上装饰线条需要的，这在施工时可以不同对待。

除了砌体之外，对楼面结构的楼板是采用预制空心板还是现浇板也应了解，空心板采用什么型号和设计的荷载是否配合。图上如果疏忽而又不查核，在施工过程中将会出大问题。目前广东沿海地区多使用现浇板，审核现浇板时，应查看厚度是否满足构造要求。

在审核结构大样图，如住宅的阳台，在住宅中属于重要结构部分。审图时要查看平衡阳台外倾的内部压重结构是否足够？比如是悬臂挑梁则伸入墙的长度应比挑出的长度长些，梁的根部的高度应足够，以保证阳台的刚度。曾有一住宅的阳台，人走上去有颤动感，经查核挑梁的强度够了而刚度不够。用户居住在里面会缺乏安全感。

② 对于钢筋混凝土框架结构类型的房屋，主要应掌握柱网的布置、主次梁的分布、轴线位置；梁的编号和断面尺寸，楼板厚度，钢筋配置和材料强度等级。

审核结构平面和建筑平面相应位置处的尺寸、标高、构造有无矛盾。一般楼层的结构标高和建筑标高是不一样的。结构标高要加上楼地面构造厚度才是建筑标高。

在阅读结构构件时，应更加仔细一些。如图上的钢筋根数，规格，长度和锚固要求。有的图上锚固长度往往未注写，看图时应与规范、标准图集结合起来看。有的图钢筋间距太小，根据施工经验，可以发现局部由于钢筋来回穿插，造成配筋过密无法施工；有的违反了施工规范的要求，审图时也应该作为问题提出来。

总之，对结构施工图的学习和审核应持慎重态度。因为建筑的安全使用，耐久年限都与结构牢固密切相关。不论是材料种类、强度等级、使用数量、还是构造要求都应阅后记牢。学习审核结构施工图，需要在理论知识上、经验积累上、总结教训上都加以提高。这样才能在阅读图纸时领会得快，发现问题切合实际，从而保证房屋建筑设计和施工质量的完善。

8.4 给排水施工图的审核

8.4.1 给水系统图纸的审核

① 从设计总图中阅读了解供水系统水源的引入点在何处。阅读水管的走向、管径大小，水表和阀门井的位置以及埋深。审核总入口管径与总设计用水量是否配合，以及当地平均水压力与选用的管径是否合适。由于水质的洁净程度要考虑水垢沉积减小管径流量的发生，所以进水总管应在总用水量基础上适当加大一些管径。还要查看管子与其他管道或建筑物有无影响和妨碍施工，是否需要改道等，在阅读图纸时可以事先提出。

② 在阅读单位工程内的施工图时，主要是阅读给水系统轴测图，从而了解立管和水平管的走向、管径大小、接头、弯头、阀门开关的数量，还可了解水平管的标高位置，所用卫生器具的位置、数量。在审核中主要应查看管道设置是否合理，水表设计放置的位置是否便于查看。要进行局部检修（分层或分户）时，阀门是否可控制。配置的卫生器具是否经济合理，质量是否可靠。

南方地区民用住宅的屋顶上都设有水箱，为调节水压不足时供给上面几层住户的用水，进出水箱的水管往往暴露在外，有的设计往往忽略了管道的保温，造成冬季冻裂浸水。所以审图时也要注意设计上是否考虑了保温。

③ 对于大型公共建筑、高层建筑、工业建筑的给水施工图，还应查阅有无单独的消防用水系统，并且不能混在一般用水管道中。它应有单独的阀门井、单独管道、单用阀门，否则必须向设计提出。同时图上设计的阀门井位置，是否便于开启，便于检修，周围有无障碍，以保证消防时紧急使用。

8.4.2 排水系统施工图的审核

① 主要是了解建筑物排出水管的位置及与外线或化粪池的联系和单位工程中排水系统轴测图。从而知道排水管的管径、标高、长度以及弯头、地漏等零部件数量。再有由于排水管压力很小，要知道坡度的大小。

② 了解所用管道的材料和排水系统相配合的卫生器具。审图中可以对所用材料的利弊提出问题或建议以供设计或使用单位参考。

③ 根据使用情况可审核管径大小是否合适。如一些公用厕所由于目前使用条件及人员的多杂，其污水总立管的管径不能按通常几个坑位来计算，有时设计 $\phi100$ 的直径往往需要加大到 $\phi150$，使用上才比较方便，不易被堵塞。

再有可审查有些用水的房间，是否有地漏装置，假如没有则可以建议设置。

④ 对排水的室外部分进行审阅。主要是管道坡度是否注写，坡度是否足够。有无检查用的窨井、窨井的埋深是否足够。还应注意窨井的位置，是否会污染环境及影响易受污染的地下物（如自来水管、煤气管、电缆等）。

8.5 采暖、通风与空调工程施工图的审核

8.5.1 采暖施工图

采暖施工图可以分为外线图和房屋内部线路图两部分。

① 外线图主要是从热源供暖到房屋入口处的全部图纸。在该部分施工图上主要了解供热热源在外线图上的位置。其次是供热线路的走向，管道沟的大小、埋深，保温材料及其做法。

对外线图主要审核管径大小，管沟大小是否合理，如管沟的大小是否方便检修，沟内管子间距离是否便于保温操作，使用的保温材料性能包括施工性能是否良好，施工中是否容易造成损耗过大。可以根据施工经验提出保温热耗少的材料替换不易操作损耗多的材料的建议。

② 建筑物内的采暖施工，主要了解暖气的入口及立管、水平管的位置走向。各类管径的大小、长宽，散热器的型号和数量。还有弯头、接头、管堵、阀门等零件数量。

审核主要是看系统图是否合理，管道的线路应使热损失最小。较长的房屋室内是否有膨胀管装置，穿墙处有无套管，管子固定处应采用可移动支座。有些管子（如通过楼梯间的）因不住人

应有保温措施减少热损失。这些都是审图时可以提出的建议。

本教材实例选用深圳地区，未考虑采暖。

8.5.2 通风空调施工图

通风施工图分为建筑物外部和建筑物内部走向图。空调施工图是更高一级的通风，它不仅要保证送入室内的空气的温度和洁净度，同时要保证一定的相对湿度和风速。

外部图阅图时主要掌握了解空调机房的位置，所供空调的建筑物多少。供风管道的走向、架空高度、支架形式、风管大小和保温要求。

审核内容为从供风量及备用量计算风管大小是否合适。风管走向和架空高度与现场建筑物或外界存在的物件有无碰撞的矛盾，周围有无电线影响施工和能否长期使用、维修。所选用的保温材料和做法是否恰当。

室内通风管道图主要了解单位工程进风口和回风口的位置。回风是地下走还是地上走。还应了解风道的架空标高，管道形式和断面大小，所用材料和壁厚要求，保温材料的要求和做法，管道的吊挂点和吊挂形式及所用材料。

主要审核通风管标高和建筑内部其他设施有无矛盾、吊挂点的设置是否足够，所用材料能否耐久。所用保温材料在施工操作时是否方便，还应考虑管道四周有没有操作和维修的余地。通过审核提出修改意见和完善设计的建议，可以使工程做得更合理。

8.6 电气施工图的审核

电气施工图通常以用电量和电压高低的不同来区分。工业用电电压为380V，民用用电电压为220V。

因此审核电气施工图也按此分别进行。这里仅介绍一般的阅读和审核图纸的要点。

8.6.1 民用电气施工图的审核

首先看总图，了解电源入口；并看设计说明了解总的配电量。这时应根据设计时与后来建设单位可能变更的用电量之差别来核实进电总量是否足够，避免施工中再变更，造成很多麻烦。通常从发展的角度出发，设计的总配电量应比实际的用电量大一个等级。比如目前民用住宅中家用电器的增加，如果原设计总量没有考虑余地，线路就要进行改造，这将是一种浪费。这是审核电气图纸首先要考虑的。

再有是电流大小和输导线的截面是否匹配，一般也是导线截面增加一个等级。

以上两点审核的要点掌握后，其他主要是从图纸上了解线路的走向，线路的敷设是明线还是暗线，暗线使用的材料是否符合规范要求。对于一座建筑上的电路应先了解总配电盘设计放置在何处，位置是否合理，使用时是否方便。每户的电表设在什么位置，使用观看是否方便合理。一些用电器具（灯、插座……）在房屋室内设计安放的位置有什么不合理，施工或以后使用不方便的地方，如一大门门灯开关，设置在外墙上，这就不合理，因为易被雨水浸湿而漏电，而装在雨篷下的门侧墙上，并采用防雨拉线开关，这样就合理了，也符合安全用电。

另外，也可以从审图中提出合理化建议，如缩短线路长度、节约原材料等，使设计达到更完善的地步。

8.6.2 工业电气施工图的审核

相对地说，工业电气施工图比民用电气施工图要复杂一些。因此审图时要仔细以避免差错。

在看图时要将动力用电和照明用电在系统图上分开审核。重点应审核动力用电的施工图。

首先应了解所用设备的总用电量，同时也应了解实际的设备与设计的设备用电量是否由于客观变化而发生变化。在核实总用电量后再从施工经验和实践中查看所用导线截面积是否足够和留有余地。

其次应了解配变电所的位置，以及由总配电盘至分配电盘的线路。作为一个工厂往往设有厂用变电所，大车间则有变电室，小车间则有变电柜。审图时都把系统由小到大扩展，分系统审阅图纸可以减少工作量。由分系统到大系统，再由变电所到总图，这样也便于核准总用电量。

对于系统内的电气线路，则要看其敷设方式，如架空还是埋地敷设等。线路是否可以以最小距离到达设备使用地点。暗管交错敷设是否重叠，地面厚度是否符合要求。某些具体的问题还要与土建施工图核对。

8.7　装饰施工图的审核

装饰工程施工图主要有平面图、天花图、立面图、剖面图、结点大样图、家具图、水工、电工图等，有些还配以效果图等。

装饰工程图的审核内容主要是看装饰结构与饰面，包括内、外墙、天棚、地面的造型与饰面；以及美化配置、灯光配置、家具配置，并由此产生了室内装饰的整体效果，围绕平面布置、天花吊顶、构造详图等做法是否合理；所用材料质量的好坏，是否经济、美观，是否符合环保要求等提出建议和改进措施。

有些工程还包括水电安装、空调安装及某些结构改动，其审核应参考相应专业的建筑工程施工图。

8.8　不同专业施工图之间的校对

通过施工形成一座完整的房屋建筑，为了使设计的意图能在施工中实现，各类专业施工图必须做到互相配合。这种配合既包括设计也包括施工。因此除了各种专业施工图要进行自审之外，各专业施工图之间还应进行互相校对审核。否则很容易在施工中出现这样那样的问题和矛盾。事先在图上解决矛盾有利于加快施工进度，减少损耗，保证质量。

8.8.1　建筑施工图与结构施工图的校核

由于建筑设计和结构设计的规范不同，构造要求不同，虽同属土建设计，但有时也会发生矛盾，一般常见的矛盾和需要校对的内容如下。

①　校对建筑施工图的总说明和结构施工图的总说明，有无不统一的地方。总说明的要求和具体每张施工图上的说明要点，有没有不一致的地方。

②　校对建筑尺寸与结构尺寸在轴线、开间、进深这些基本尺寸上是否一致。

③　校对建筑施工图的标高与结构施工图标高之差值，是否与建筑构造层厚度一致。如信息楼结施-7 楼层建筑标高为 ±0.000m，结构标高为 −0.040m，其差值为 4cm。从详图上或剖面图引线上所标出的楼面构造做法，假如为 20mm 厚细石混凝土找平层，20mm 厚 1：2.5 水泥砂浆面层，总厚为 40mm。那么差值 4cm＝40mm 构造厚度相同，这称为一致，否则为不一致，不一致就是矛盾，就要提请设计解决，这就是校对的作用。

但进一步深入，会发现某些不配合现象，如降低结构标高，而造成发生结构构造或其他设施

与结构发生矛盾。所以审图必须全面考虑并设想修正的几个方案。

④　审核和校对建筑详图和相配合的结构详图，查对它们的尺寸、装饰造型细部及与其他构件的配合。

8.8.2　土建施工图与其他专业施工图的校对

（1）土建图与电气施工图之间的校核

一般民用建筑采用明线安装的线路，仅在穿墙、穿楼板等处解决留洞问题，其他矛盾不甚明显。而当工程采用暗线并埋设管线时，它与土建施工的矛盾就会较多发生。比如在楼板内因为下层照明要预埋电线管，审图时就应考虑管径的大小和走向所处的位置。在现浇混凝土楼板内如果管子太粗，底下有钢筋垫起，使管子不能盖没，管子不粗但有交错的双层管，也会使楼板厚度内的混凝土难以覆盖。这就需要电气设计与结构设计会同处理，统一解决矛盾。在管子的走向上有时对楼板结构会产生影响。

如果浇灌的混凝土能够盖住，但正好在混凝土受压区，中间放一根薄壁管对结构受力又很不利，最后提出意见修改了电气线路图，使问题得到解决。还有一种是管子沿板的支座走，这些对现浇的混凝土板也是不利的。

在砖砌混合结构中，砖墙或柱断面较小的地方，也不宜在其上穿留暗管道。在总配电箱的安设处，箱子上面部分要看结构上有无梁、过梁、圈梁等构造。管线上下穿通对结构有无影响、需要土建采取什么措施等。

从建筑上来看有些电气配件或装置，会不会影响建筑的外观美，要不要做些装饰处理等。

以上介绍都属于土建施工图与电气施工图应进行互相校核的地方。

（2）土建图与给排水施工图之间的校核

它们之间的校核，主要是标高、上下层使用的房间是否相同，管道走向有无影响，外观上做些什么处理等。

如给排水的出、入口的标高是否与土建结构适应，有无相碍的地方；基础的留洞，影响不影响结构；管子过墙碰不碰地梁，这都是给排水出、入口要遇到的问题。

上下层的房间有不同的使用，尤其是住宅商店遇到的比较多，上面为住宅的厨房或厕所，下面的位置正好是商店中间部位，这就要在管道的走向上做处理，建筑上应做吊顶天棚进行装饰。审图中处理结合得好的，施工中及完工后都很完美。处理不好或审图校核疏忽，就会留下缺陷。如一栋房屋，在验收时发现一根给水管道由于上下房间不同，在无用水的下层房间边墙正中间一根水管立在那里，损害了房间的完美。后来只能重新改道修正。如果校核时仔细些，就不会使后来出现修改重做的麻烦。

有些建筑，给排水管集中于一个竖向管道中通过。校核时要考虑土建图上留出的通道尺寸是否足够。如今后人员进入维修，有无操作余地，管道的内部排列是否合理等。通过校核不仅对施工方便，对今后使用也有利。

总之通过校核，可以避免最常见的通病（即管子过墙、过板在土建施工完后捶墙凿洞），达到提高施工水平做到文明施工。

8.8.3　土建图与采暖施工图的互相校核

当供暖管道从锅炉房出来后，与土建工程就有关联。一般要互相校核的是：

①　管道与土建暖气沟配合的校对。如管道的标高与暖气沟的埋深有无矛盾。再有暖气沟进

入建筑物时，入口处位置对房屋结构的预留口是否一致，对结构有无影响，施工时会不会产生矛盾等。

② 校核供暖管道在房屋建筑内部的位置与建筑上的构造有无矛盾。如水平管的标高在门窗处通过，会不会使门窗开启发生碰撞。

③ 散热器放置的位置，建筑上是否留槽，留的凹槽与所用型号、数量是否配合。

其他的如管道过墙、穿板的预留孔洞等校核与给、排水相仿。

8.8.4 土建图与空调通风施工图的互相校核

空调通风工程所用的管道比较粗大，在与土建施工图进行校核时，主要看过墙、过楼板时预留洞是否在土建图上有所标志。以及结构图上有无措施保证开洞后的结构安全。

其次是通风管道的标高与相关建筑的标高能否配合，比如通风管道在建筑吊顶内通过，则管道的底面标高应高于吊顶龙骨的上标高，能使吊顶施工顺利进行。有的建筑图上对通风管通过的局部地方未做处理，施工后有外露于空间的现象。审阅校核时应考虑该部位是否影响建筑外观美，可否建议建筑上采取一些隐蔽式装饰处理的办法进行解决。

在施工中也遇到过通风管向室内送风的风口，由于标高无法改变，送风口正好碰在结构的大梁侧面，梁上要开洞则必须加强处理。这个例子说明标高位置的协调很重要，同时也告诉人们在校对时凡发现风管通过重要结构时，一定要核查结构上有没有加强措施。否则就应该作为问题在会审时提出来。

归结起来，作为土建施工人员应能看懂电、水、风的施工图。作为安装施工人员也要能看明白土建施工图的构造。只有这样才能在互相校核中发现问题，统一矛盾。

8.9 图纸审核到会审的程序

施工图从设计单位完成后，由建设单位送到审图机关审图后，送到施工单位。施工单位在取得图纸后就要组织阅图和审核。其步骤大致是先由各专业施工部门进行阅图自审；在自审的基础上由主持工程的负责人组织土建和安装专业进行交流审图和进行校核，把能统一的矛盾双方统一，不能由施工自身解决的，汇集起来等待设计交底；第三步，会同建设单位，约请设计单位进行交底会审，把问题在施工图上统一，做成会审纪要。设计部门在必要时再补充修改施工图。这样施工单位就可以按照施工图、会审纪要和修改补充图来指导施工生产。

其三个不同步骤的内容如下。

8.9.1 各专业工种的施工图自审

自审人员一般由施工员、预算员、施工测量放线人员、木工和钢筋翻样人员等自行先阅读图纸。先是看懂图纸内容，对不理解的地方，有矛盾的地方，以及认为是问题的地方记在学图记录本上，作为工种间交流及在设计交底时提问用。

8.9.2 工种间的审图后进行交流

目的是把分散的问题可以进行集中。在施工单位内自行统一的问题先进行统一矛盾解决问题。留下必须由设计部门解决的问题由主持人集中记录，并根据专业不同、图纸编者按号的先后不同编成问题汇总。

8.9.3 图纸会审

会审时，先由该工程设计主持人进行设计交底。说明设计意图，应在施工中注意的重要事

项。设计交底完毕后，再由施工部门把汇总的问题提出来，请设计部门答复解决。解答问题时可以分专业进行，各专业单项问题解决后，再集中起来解决各专业施工图校对中发现的问题。这些问题必须要建设单位（甲方）、施工单位（乙方）和设计单位（丙方）三方协商取得统一意见，形成决定定成文字称为"图纸会审纪要"的文件。

一般图纸会审的内容包括以下内容。

① 是否无证设计或越级设计，图纸是否经设计单位正式签署。

② 地质勘探资料是否齐全。

③ 设计图纸与说明是否齐全，有无分期供图的时间表。

④ 设计时采用的抗震烈度是否符合当地规定的要求。

⑤ 总平面图与施工图的几何尺寸、平面位置、标高是否一致。

⑥ 防火、消防是否满足。

⑦ 施工图中所列各种标准图册，施工单位是否具备。

⑧ 材料来源有无保证，能否代换；图中所要求的条件能否满足；新材料、新技术、新工艺的应用有无问题。

⑨ 地基处理的方法是否合理，建筑与结构构造是否存在不能施工，不便施工的技术问题，或容易导致质量、安全、工期、工程费用增加等方面的问题。

⑩ 施工安全、环境卫生有无保证。

在"图纸会审纪要"形成之后，审图工作基本告一段落。即便在施工中再发现问题也是少量的了，有的也可以根据会审时定的原则，在施工中进行解决。不过审图工作不等于结束，而是在施工生产过程中应不断进行的工作，这样才能保证施工质量和施工进度的正常进行。

作为一名工程管理人员，应该具备解决施工图纸上出现的一般问题，不能一看到问题就找设计部门，这也是工程管理人员施工经验的多少及施工技术能力水平的反映。作为工程管理人员达到具备解决这些问题的能力和水平。

8.10 BIM 建模与应用

8.10.1 BIM 建模

BIM（Building Information Modeling）——建筑信息模型，为工程设计领域带来了第二次革命，从二维图纸到三维设计和建造的革命。同时，对于整个建筑行业来说，BIM 也是一次真正的信息革命。图 8-3 为 BIM 相关软件建模示意图。

所谓 BIM，是指通过数字信息仿真模拟建筑物所具有的真实信息，在这里，信息的内涵不仅仅是几何形状描述的视觉信息，还包含大量的非几何信息，如材料的耐火等级、材料的传热系数、构件的造价、采购信息等。实际上，BIM 就是通过数字化技术，在计算机中建立一座虚拟建筑，一个建筑信息模型就是提供了一个单一的、完整一致的、逻辑的建筑信息库。

8.10.2 BIM 信息互用—施工图深化设计

工程建设项目是一个复杂的、综合的经营活动，参与者涉及众多专业和部门，工程建设项目的生命周期包括了建筑物从勘测、设计、施工到使用、管理、维护等阶段，时间跨度长达几十年甚至上百年。利用 BIM 模型可从根本上解决项目规划、设计、施工以及维护管理等各阶段应用系统之间的信息断层，深化施工图设计，对项目建设过程中进行优化设计、合理制订计划、精确掌握施工进程，合理使用施工资源以及科学地进行场地布置，以缩短工期、降低成本、提高工程质量。

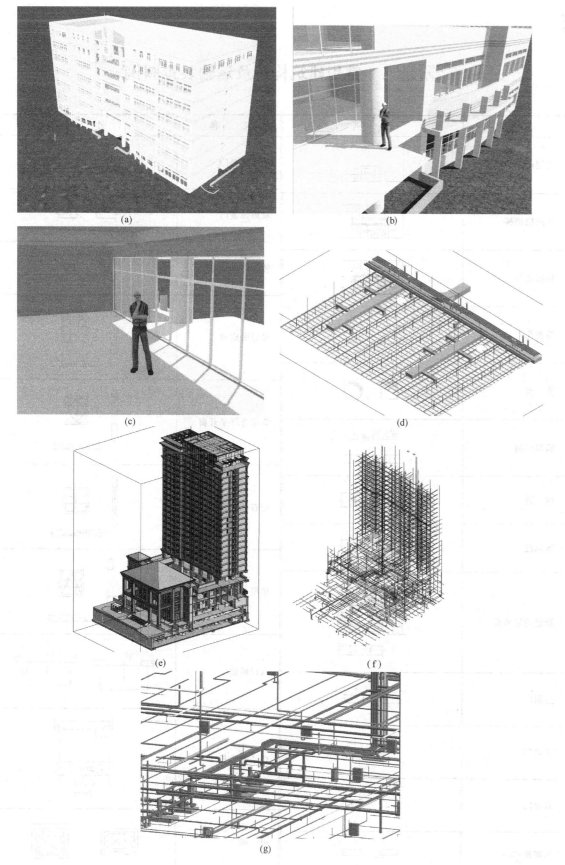

图 8-3　BIM 建模示意图

8.10.3　国内 BIM 应用基本情况

（1）国家住建部的指导意见

2014 年，国家住建部在研究制定的推进 BIM 技术在建筑领域应用的指导意见中指出，要充分认识 BIM 技术在建筑领域应用的重要意义，要以我国工程建设法律法规、工程建设标准为依据，坚持科技进步和管理创新相结合，通过 BIM 技术的普及应用和深化提高，提高工程项目全生命期内工程质量安全与各方工作效率，提升建筑行业创新能力，加快转变发展方式和管理模式，确保工程建设安全、优质、经济、环保。

（2）地方城市 BIM 应用状况的概述

2014 年 2 月，北京市规划委员会和北京质量技术监督局正式颁布了《民用建筑信息模型设计标准》，这是我国第一部正式颁布的 BIM 实施标准，对全国民用建筑的 BIM 标准编制具有极强的引导和示范作用，也体现了 BIM 实施标准先行的基本理念。

2014 年 10 月底，上海市人民政府办公厅发布了［沪府办发（2014）58 号］文件，明确提出了分阶段、分步骤推进 BIM 技术试点和推广应用的目标：到 2016 年年底，基本形成满足 BIM 技术应用的配套政策、标准和市场环境，本市主要设计、施工、咨询服务和物业管理等单位普遍具备 BIM 技术应用能力。到 2017 年，本市规模以上政府投资工程全部应用 BIM 技术，规模以上社会投资工程普遍应用 BIM 技术，应用和管理水平走在全国前列。

2014 年年底，广东省住房和城乡建设厅发布粤建科函（2014）1652 号文件，对 BIM 技术的应用情况做出了明确的规定。到 2014 年年底，启动 10 项以上 BIM 技术推广项目建设，到 2015 年年底，基本建立广东省 BIM 技术推广应用的标准体系及技术共享平台，到 2016 年年底，政府投资的 2 万平方米以上的大型公共建筑，以及申报绿色建筑项目的设计，施工应当采用 BIM 技术，省优良样板工程、省新技术示范工程，省优秀勘察设计项目在设计、施工、运营管理等环节普遍应用 BIM 技术，到 2020 年底，全省建筑面积 2 万平方米及以上的建筑工程项目普遍应用 BIM 技术。

附　　录

附录一　常用建筑材料图例

名　称	图　例	名　称	图　例
自然土壤		纤维材料	
夯实土壤		松散材料	
砂、灰土		木　材	
砂砾石、碎砖三合土		胶合板	
天然石材		石膏板	
毛　石		金　属	
普通砖		网状材料	
耐火砖		液　体	
空心砖		玻　璃	
饰面砖		橡　胶	
混凝土		塑　料	
钢筋混凝土		防水材料	
焦渣、矿渣		粉　刷	
多孔材料			

附录二　常用建筑构造及运输装置图例

名　称	图　例	名　称	图　例
底层楼梯		单扇弹簧门	
中间层楼梯		双扇弹簧门	
顶层楼梯		转　门	
检查孔		单层固定窗	
孔　洞		单层外开平开窗	
墙预留洞	宽×高 或 ϕ	左右推拉窗	
烟　道		单层外开上悬窗	
通风道		入口坡道	
新建的墙和窗		桥式起重机	$G_n=t$ $S=m$
空洞门		电　梯	
单扇门			
双扇门			
双扇推拉门			

附录三　常用结构构件代号

序号	名　称	代号	序号	名　称	代号	序号	名　称	代号
1	板	B	14	屋面梁	WL	27	支架	ZJ
2	屋面板	WB	15	吊车梁	DL	28	柱	Z
3	空心板	KB	16	圈梁	QL	29	基础	J
4	槽形板	CB	17	过梁	GL	30	设备基础	SJ
5	折板	ZB	18	连系梁	LL	31	桩	Z
6	密肋板	MB	19	基础梁	JL	32	柱间支撑	ZC
7	楼梯板	TB	20	楼梯梁	TL	33	垂直支撑	CC
8	盖板或沟盖板	GB	21	檩条	LT	34	水平支撑	SC
9	挡雨板或檐口板	YB	22	屋架	WJ	35	梯	T
10	吊车安全走道板	DB	23	托架	TJ	36	雨篷	YP
11	墙板	QB	24	天窗架	CJ	37	阳台	YT
12	天沟板	TGB	25	刚架	GJ	38	梁垫	LD
13	梁	L	26	框架	KJ	39	预埋件	M

附录四　钢筋的表示方法

名　称	图　例	说　明	名　称	图　例	说　明
钢筋横断面	·		无弯钩的钢筋搭接		
无弯钩的钢筋端部	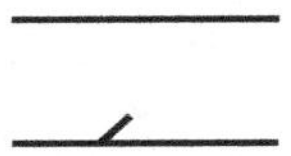	下图表示长、短钢筋投影重叠时可在短钢筋的端部用45°斜短线表示	带半圆弯钩的钢筋搭接		
带半圆形弯钩的钢筋端部			带直钩的钢筋搭接、带直钩的钢筋端部	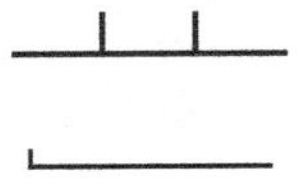	
结构平面图中双层钢筋	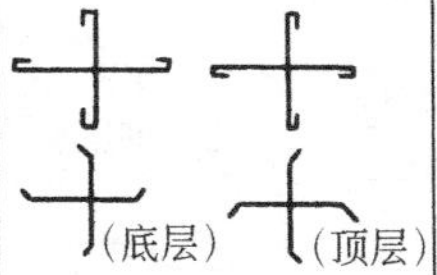 （底层）（顶层）	底层钢筋弯钩向上或向左，顶层钢筋向下或向右	断面图钢筋布置	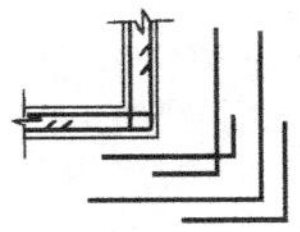	若在断面图中不能清楚表达钢筋布置，应增加钢筋大样图

附录五　常用电力、照明和电信平面布置图例

图　例	名　称	图　例	名　称	图　例	名　称
	动力或动力-照明配电箱		暗装单相两线插座		落地交接箱
	照明配电箱		暗装单相带接地插座		壁龛交接箱
	断路器		暗装三相带接地插座		室内分线盒
	隔离开关		明装单相两线插座		分线箱
	花灯		明装单相带接地插座		明装单极开关
	防水防尘灯		明装三相带接地插座		暗装单极开关
	荧光灯一般符号		防爆三相插座		明装三极开关
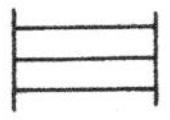	三管荧光灯		向上配线		暗装三极开关
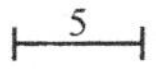	五管荧光灯		向下配线		电磁阀
	防爆荧光灯		垂直通过配线		电动阀